"十二五"国家重点图书出版规划项目

城市与建筑遗产保护实验研究

典型建筑遗产保护技术

淳 庆 著

东南大学出版社·南京

内 容 简 介

本书介绍了中国典型建筑遗产保护技术,通过典型案例分析,系统阐述了建筑遗产保护的规范流程。全书内容包括以下九个章节:(1)绪论;(2)建筑遗产检测评估技术及案例;(3)木结构遗产的保护技术及案例;(4)砌体结构遗产的保护技术及案例;(5)混凝土结构遗产的保护技术及案例;(6)地下砖构遗产的保护技术及案例;(7)土遗址的保护技术及案例;(8)砖石古塔的保护技术及案例;(9)建筑遗产平移技术、托换技术及案例。本书可为从事建筑遗产保护工程设计、施工、教学、科研等方面的技术人员提供参考。

图书在版编目(CIP)数据

典型建筑遗产保护技术/ 淳庆著. — 南京 ：东南大学出版社，2015.12
(城市与建筑遗产保护实验研究)
ISBN 978-7-5641-6274-0

Ⅰ.①典… Ⅱ.①淳… Ⅲ.①建筑—文化遗产—保护—研究—中国 Ⅳ.①TU-87

中国版本图书馆 CIP 数据核字(2015)第 313727 号

出版发行：东南大学出版社
出 版 人：江建中
社　　　址：南京四牌楼 2 号
邮　　　编：210096
网　　　址：http://www.seupress.com
电子邮箱：press@seupress.com
经　　　销：全国各地新华书店
印　　　刷：南京玉河印刷厂
开　　　本：889mm×1194mm　1/16
印　　　张：17
字　　　数：423 千
版　　　次：2015 年 12 月第 1 版
印　　　次：2015 年 12 月第 1 次印刷
书　　　号：ISBN 978-7-5641-6274-0
定　　　价：60.00 元

本社图书若有印装质量问题,请直接与营销部联系。电话(传真):025-83791830

丛书前言

  文化遗产是社会发展的一种积累性产品。显而易见,每个人从诞生之日起所接触到的事物都是前人创造的,而每个人的一生都多多少少为后人留下了些许物品,而所有这些物品的社会性积累就构成了我们的文化遗产。这其中至少有两层含义:一、文化遗产是人类社会对前人所有创造发明的淘汰性结果,只有那些经过复杂的历史选择过程并留存至今的一部分前人的遗存,才有可能进入文化遗产的行列;二、文化遗产就存在于我们身边。文化遗产的存在强化了社会的凝聚力和亲和力,使每一座城市和乡村都有可能形成与众不同的特性。唐朝诗人刘禹锡"千淘万漉虽辛苦,吹尽狂沙始到金"的诗句正可用来表达文化遗产的宝贵之处。在这个意义上,历史本身就是人类不断学习、思考和选择的过程。保护文化遗产不仅是为了保留人类过去的印记,更是为了学习和传承古代智慧,巩固现代社会发展的文化基础,为未来留下一个更加美好的生活环境。

  在所有的文化遗产中,城市与建筑遗产是其中最为显著、庞大而又十分复杂和综合的一部分。这类文化遗产包括了各种历史景观、古老城镇与乡村、传统建筑、地下文物以及在历代城市与建筑发展过程中所形成的思想、技艺、方法与传统。对城市与建筑遗产的研究与保护需要跨学科、多部门的合作,需要长时间刻苦的探究与思考,才能找到顺应社会发展趋势、符合科学规律、适应历史环境的保护方法。

  东南大学建筑学院素有重视城市与建筑历史和保护研究与实践的传统,自刘敦桢教授创系于1927年第四中山大学始,就与杨廷宝、童寯诸先生确立此研究方向,经第二代、第三代、第四代学者不懈努力,发扬光大。20世纪八九十年代,便为国家培养了四届建筑遗产保护的专业人才,目前在全国相关领域发挥着重要作用;21世纪,建筑学院招收建筑学遗产保护本科生,在建筑遗产和城市遗产保护两方面齐头并进,取得了突出成果,承担了近百项重要的城市和建筑遗产保护工程项目,出版了相关论著数十部,为我国的遗产保护作出了重要贡献,产生了较大的国际影响。

  2008年"城市与建筑遗产保护教育部重点实验室"成立,2009年进入建设期,实验室以东南大学建筑历史与理论和建筑设计与理论两个国家重点学科为主干,整合包括土木、环境、材料、化工等各相关学科,在全国许多知名学术机构和专家的支持下开展了跨学科的遗产保护研究与实践,目前已取得了丰硕的阶段性成果,成为我国城市和建筑遗产保护领域最大、最重要的教育、科研、实践和对外交流的基地之一。

  现在,其中一部分研究内容纳入了东南大学出版社出版的"十二五"国家重点图书出版规划项目:"城市与建筑遗产保护实验研究"系列丛书,与实验室的研究方向相应分为"城市与建筑遗产的理论研究"、"建筑遗产及其退化机理的实验研究"、"城市与建筑遗产保护的绿色途径"、"城市与建筑遗产保护的数字化方法研究"共四卷十余册,将陆续与读者见面,希望得到专家学者和所有读者的指正。

我们相信,城市与建筑遗产保护的未来既依赖于整个社会文化水平的提高,也在于相关技术方法和理论水平的发展与创新,更得益于家国意识、环境观念和社会组织的强化与融合。唯有此,才能形成适应我国新型城镇化条件下建立遗产保护体系的需要,以满足21世纪城乡可持续发展的国家战略。

是为序。

东南大学建筑学院教授
城市与建筑遗产保护教育部重点实验室(东南大学)主任

目　　录

1 绪论

1.1 概述

中国地大物博、历史悠久、人口众多,拥有众多的文物古迹。文物古迹是从不同侧面反映着各个历史时期人类的生产、生活和环境状况,作为一种以物质形式存在的文化遗产,它是一个国家、民族历史文化的主要载体。文物古迹的类型包括:地面与地下的古文化遗址、古墓葬、古建筑、石窟寺、石刻、近现代史迹及纪念建筑、由国家公布应予保护的历史文化街区(村镇)及其中原有的附属文物等。我国的文物古迹具有明显的多样性,即民族性、地域性、时代性。截至 2011 年 12 月 29 日,我国登记的不可移动文物总量达到近 77 万处,其中建筑遗产占多数。

建筑是人类文明的重要物质载体,也是一个国家社会财富的主要组成部分。建筑建成并投入使用后便被称为既有建筑,因此既有建筑这一概念涵盖了所有已存在的建筑。在这些建筑中,具有不同程度人文、历史、审美等价值的建筑通常被筛选出来并被赋予建筑遗产或文物建筑等其他相关名称。

国际文件和公约中提及的建筑遗产概念:国际性建筑遗产保护工作主要伴随着世界城市化进程以及一系列国际性文件和宪章的发布而成长发展。建筑遗产概念的演进轨迹大致上是从历史性纪念物修复(雅典,《关于历史性纪念物修复的雅典宪章》,1931);古建筑保护(雅典,《雅典宪章》,1933);历史古迹以及能见的某种文明或历史事件的城乡历史环境(威尼斯,《威尼斯宪章》,1964);具有审美及科学价值的自然区域、文物、建筑群及古文化遗址(巴黎,《世界遗产公约》,1972);史前遗址、历史城镇、老城区、老村庄、老村落及相似的古迹群(内罗毕,《内罗毕建议》,1976);城市和建筑遗产(北京,《北京宪章》,1999);到工业建筑和构筑物、其生产的过程与使用的生产工具,以及所在的城镇和景观(下塔吉尔,《关于工业遗产保护的下塔吉尔宪章》,2003)等。国际建筑遗产概念演进呈现出的特征是:等级规格从高到低——从保护文物古迹发展到保护普通的历史建筑;尺度范围从小到大——从保护建筑单体扩展到保护城市历史地段、历史建筑群、城镇及乡村遗产;类型品种从单一到多元——从保护王室、宗教和政治的纪念物发展到保护普通人的场所与空间;保存状态从有形到无形——从保护有形物质类遗产发展到保护无形的非物质文化遗产;年代范围从古代到近现代——从以前重点保护古代建筑遗产到现在同时重点保护古代和近现代建筑遗产;管理从宏观到微观——从中央行政机构管理发展到社区、社团及公众参与管理;保护方式从静态到动态——从单纯保护到综合保护和再利用的有机结合。在各国实际的概念掌握和实践应用中,建筑遗产的概念因其地域、文化、历史、技术等方面的特点而呈现出一定的多元差异。

普遍存在于各地的建筑遗产共同承载着人类社会的物质文明和精神文明,是世界文化多样性的真实体现。中国建筑遗产在世界文明发展历史中独树一帜,具有普世意义与重要价值,对世界特别是东亚地区产生了直接而深远的影响。不仅如此,中国建筑遗产所蕴含的中华民族特有的精神价值、思维方式、想象力和创造力,是维护国家文化身份和主权的重要依据。加强建筑遗产的保护和研究工作,不仅是国家和民族发展的需要,也是国际社会文明对话和人类社会可持续发展的必然要求。

在我国,建筑遗产不仅包括法定的文物保护单位和历史建筑,还包括一些近现代具有较高历史文化价值、值得进行保护和利用的既有建筑。文物保护单位是指定性遗产保护制度的产物,其概念伴随 1950 年《古文化遗址及古墓葬之调查发掘暂行办法》和《中央人民政府政务院关于保护古文物建筑的指示》的颁布而确定,为法定建筑遗产,产生之初类似于西方遗产保护体系中的"历史性建筑",其选择标准是建筑的尺度和规模(越大越好)和年代(越早越好)。1961 年,《文物保护管理暂行条例》颁布实施,文物保护单位分为全国重点文物保护单位、省级文物保护单位和市(县)级文物保护单位三级。而历史建筑概念的形成来源于建筑遗产保护范畴的扩充,伴随着历史城镇和历史地区的整体保护观念的发展而发展。1976 年的内罗毕会议通过的《关于历史地区的保护及其当代作用的建议》建议将古城纳入现代城市的规划发展,避免仅仅作为博物馆存在,强调对历史资产合理利用的综合方式。基于这一理论观念,西方很多国家发展出了相应地方遗产登录制度。中国自 1982 年公布首批 24 个历史文化名城以来,也逐渐开始了基于城市保护观念的遗产保护探索和实践,因而诸如"历史建筑"、"风貌建筑"、"传统建筑"等泛指大量存在的构成历史城市风貌格局的既有建筑被作为城镇建筑遗产保护的重要组成部分。2008 年国务院公布的《历史文化名城、名镇、名村保护条例》中明确了历史建筑的法定概念:经城市、县人民政府确定公布的具有一定保护价值,能够反映历史风貌和地方特色,未公布为文物保护单位,也未登记为不可移动文物的建筑物、构筑物。目前,我国已有 127 座国家级历史文化名城和 200 多座地方历史文化名城,另外还有数量更为众多的名镇名村和历史文化街区。而建筑遗产正是构成这些名城、名镇和历史街区的主要物质载体。

我国目前拥有数量众多的各类型建筑遗产,分布于全国各地。从结构学的角度来看,建筑遗产的类型包括:木结构建筑遗产、砖砌体结构建筑遗产、夯土结构建筑遗产、钢筋混凝土结构建筑遗产、钢结构建筑遗产等。以全国重点文物保护单位为例,1961 年公布的第一批全国重点文物保护单位共有 180 处,1982 年公布的第二批全国重点文物保护单位共有 62 处,1988 年公布的第三批全国重点文物保护单位共有 258 处,1996 年公布的第四批全国重点文物保护单位共有 250 处,2001 年公布的第五批全国重点文物保护单位共有 518 处,2006 年公布的第六批全国重点文物保护单位共有 1 080 处,2013 年公布的第七批全国重点文物保护单位共有 1 943 处。以江苏省文物保护单位为例,1956 年公布的第一批江苏省文物保护单位共有 152 处,1957 年公布的第二批江苏省文物保护单位共有 190 处,1982 年公布的第三批江苏省文物保护单位共有 135 处,1995 年公布的第四批江苏省文物保护单位共有 115 处,2002 年公布的第五批江苏省文物保护单位共有 163 处,2006 年公布的第六批江苏省文物保护单位共有 104 处,2011 年公布的第七批江苏省文物保护单位共有 188 处。以南京市文物保护单位为例,1982 年公布的第一批南京市文物保护单位共有 142 处,1992 年公布的第二批南京市文物保护单位共有 138 处,2006 年公布的第三批南京市文物保护单位共有 159 处,2012 年公布的第四批南京市文物保护单位共有 120 处。此外,全国各地还有大量的未被列入到各级文物保护单位名录里的建筑遗产。截至 2015 年,我国共有世界遗产 48 项,其中建筑遗产占据近半。图 1.1 和图 1.2 分别为世界文化遗产明清皇宫和皖南古村落。

图1.1 世界文化遗产——北京明清皇宫

图1.2 世界文化遗产——皖南古村落

建筑遗产具有重要的历史价值、艺术价值和科学价值,作为国家历史文化的瑰宝,由于长期的风雨侵蚀、人为和自然灾害的破坏,材料和结构性能不可避免的被削弱和损伤,大量建筑遗产已出现不同程度的损伤,如图1.3~图1.10所示,因此,对其维修保护的需求变得日益迫切。

目前,对于建筑遗产保护技术的研究主要有以下四个方面的需求:

(1)使用安全层面的需求:建筑遗产经历长期的风雨侵蚀、人为改造或战争破坏等,基本都存在不同程度的安全隐患,而这类建筑大多正在使用,一旦出现损伤,极易造成使用人员的伤亡。

(2)技术层面的需求:建筑遗产的建构特征、材料特性及设计方法一般都不同于现代建筑,技术人员迫切需要相应的安全评估方法和合理保护方法,以避免按照现代建筑的评估方法和加固方法对其造成"过度干预"或破坏其历史文化、艺术和科学价值。

图1.3 传统木构拼合柱外散

图1.4 木柱腐朽

图1.5 榫卯脱榫

图1.6 构件变形

图1.7 都江堰二王庙震害

图1.8 李白故居震害

图 1.9　混凝土开裂和剥落

图 1.10　钢筋锈蚀露筋和屋面渗水

（3）社会层面的需求：大量具有重要历史文化、艺术和科学价值的建筑遗产迫切需要更好地保护，为后人留下宝贵的文化财富。

（4）使用管理层面的需求：大量建筑遗产存在不同程度的损伤，应尽快制定相应的检测及安全评估方法、合理的保护技术，避免管理者或使用者盲目的"以安全为理由"的拆除或重建。

1.2　存在的问题

近年来，伴随着城市化、新型城镇化进程加快，产业结构重点由第二产业向第三产业转变，以及由此带来的城镇用地结构调整，中国城镇进入一个以更新再开发为主的发展阶段，如何对待这些遗留下来的建筑遗产，已成为城镇发展建设中迫切需要解决的重大问题。一方面，建筑遗产使用至今，大多作为公共建筑在使用，一般均已超过其合理使用年限，基本都存在不同程度的耐久性问题或结构安全问题，严重影响到人民群众的安全，且大多建筑遗产在建筑材料、建筑构造和建筑结构方面均不同于现代建筑结构，因此，迫切需要对这些建筑遗产进行保护技术的研究。另一方面，在可持续发展战略逐步深入的背景下，人们逐渐认识到传统的一味大拆大建、一次性推倒重建式的城镇再开发建设方式不仅造成了资源的重复浪费和对生态环境的不良影响，而且新建建筑不但没有带来城镇社会文化与环境品质的明显丰富与发展，而且造成城镇特色和文化内涵的迷失。因此，建筑遗产的保护性再利用的观念逐渐被国民接受，人们开始重新审视并挖掘一直被忽视的建筑遗产及其背后所蕴藏的人文与经济价值，越来越关注对建筑遗产的保护性再利用。

目前我国在建筑遗产的保护和再利用方面主要有以下几类方式：凝冻式保存、修旧如旧、保护前提下的适度利用、保持原有形态格局和风格等。而建筑遗产的保护修缮又有日常保养、防护加固、现状整修及重点修复四类技术方法。总体来说，目前我国建筑遗产的保护和再利用仍存在一些亟待解决的重要科学问题。

（1）缺乏对建筑遗产进行结构安全评估的科学方法。现有的建筑结构安全评估方法基本针对现代建筑，目前工程界对于建筑遗产的结构安全评估比较随意，缺乏科学化和规范化。

（2）缺乏对建筑遗产的适应性保护方法。目前，我国建筑遗产适应性保护和利用的研究多发生在单个工程案例层面，关于建筑遗产保护的现行规范和标准甚少，内容较为笼统，缺乏针对不同结构体系且较为系统具体的理论和方法的指导。

因此，综合考虑建筑遗产的历史性、艺术性、科学性，对建筑遗产保护技术进行研究，科学保护我国建筑遗产，提升建筑遗产的耐久性，确保建筑和使用人员的安全，已是当务之急。

1.3　研究意义

本书重点关注建筑遗产的结构安全评估方法、建筑遗产适应性保护技术等问题。本书的研究具有以下重要意义：

（1）建立较为科学的典型建筑遗产结构安全评估技术，能够合理地对典型建筑遗产的结构安全性进行评价，为保护方案的制订提供依据。

（2）针对我国典型建筑遗产类型，分析这些建筑遗产的常见病害和成因，建立我国典型建筑遗产适应性保护技术。

总体而言，建筑遗产保护和再利用已经成为世界建筑学科发展中的重大前沿课题，中国近年来常规的建筑遗产保护和再利用工作主要基于项目业主及决策者、专家和专业技术人员的知识水平和主观认识水平，在城市建设和建筑遗产保护实践中存在明显的个案差异性和结果不可控性，甚至出现在保护前提下的建设性破坏。本书探索了一系列的建筑遗产保护方法和技术，相较于以往，这些方法和技术避免了过多的理论内容和繁琐过程，容易为科研人员和工程技术人员所接受，可以有效地指导我国典型建筑遗产保护工程的检测评估、设计和施工。本书旨在推动建筑遗产保护理论转化为实用的工程技术，从而使建筑遗产的保护决策更加的科学化、实用化、简单化，提高建筑遗产的保护水平。

2　建筑遗产检测评估技术及案例

2.1　概述

建筑物在长期的外部环境及使用条件下,结构材料每时每刻都受到外部介质的侵蚀,引起材料性能的削弱和材料状况的恶化。外部环境对结构材料的侵蚀主要有化学作用、物理作用和生物作用三种。经年累月,结构功能逐渐下降,当达到一定程度以后,就必须进行加固修缮。我国现行的建筑规范明确规定建筑物在加固修缮前需要进行相应的检测和鉴定,例如:

《建筑结构检测技术标准》(GB/T 50344—2004)第3.1.3条:当遇到下列情况之一时,应对既有建筑结构现状缺陷和损伤、结构构件承载力、结构变形等涉及结构性能的项目进行检测:①建筑结构安全鉴定;②建筑结构抗震鉴定;③建筑大修前的可靠性鉴定;④建筑改变用途、改造、加层或扩建前的鉴定;⑤建筑结构达到设计使用年限要继续使用的鉴定;⑥受到灾害、环境侵蚀等影响建筑的鉴定;⑦对既有建筑结构的工程质量有怀疑或争议。

《混凝土结构加固设计规范》(GB 50367—2013)第1.0.3条:混凝土结构加固前,应根据建筑物的种类,分别按现行国家标准《工业厂房可靠性鉴定标准》(GB 50144)和《民用建筑可靠性鉴定标准》(GB 50292)进行可靠性鉴定。当与抗震加固结合进行时,尚应按现行国家标准《建筑抗震鉴定标准》(GB 50023)或《工业构筑物抗震鉴定标准》(GBJ 117)进行抗震能力鉴定。

《钢结构加固技术规范》(CECS 77:96)第1.0.3条:钢结构加固前,应按照《工业厂房可靠性鉴定标准》和《民用建筑可靠性鉴定标准》等进行可靠性鉴定。

《古建筑木结构维护与加固技术规范》(GB 50165—92)第6.1.2条:古建筑的维修与加固,应以结构可靠性的鉴定为依据,对每一残损点,凡经鉴定确认需要处理者,应按不同的要求,分别轻重缓急予以妥善安排。凡属情况恶化,明显影响结构安全者,应立即进行支顶或加固。

《建筑抗震加固技术规程》(JGJ 116—2009)第1.0.3条:现有建筑抗震加固前,应依据其设防烈度、抗震设防类别、后续使用年限和结构类型,按现行国家标准《建筑抗震鉴定标准》(GB 50023)的相应规定进行抗震鉴定。

《既有建筑地基基础加固技术规范》(JGJ123—2012)第3.0.2条:既有建筑地基基础加固前,应对既有建筑地基基础及上部结构进行鉴定。

2.2　检测的目的和原因

检测包括检查和测试,前者一般是指利用目测了解结构或构件的外观情况,主要是进行定性判别;后者是指通过仪器测量了解结构构件的物理、力学、化学性能和几何特性。结构的检测是结构可靠性鉴定的重要环节,检测结果是进行可靠性评定的重要指标之一,也是进行结构复核的重要依据之一。

检测的原因主要有以下几方面:①结构性能的计算结果与实测值一般有较大的差异,这是由于材料性能的离散性,施工工艺的不同,计算模型的近似性和实际结构的复杂性造成的。②目前还有一些项目只能通过检测来了解,这些是无法计算的,例如温度、钢筋锈蚀、地基变形等原因引起的混凝土构件裂缝以及砖墙裂缝等。③材料的老化。还有一些需要通过测试了解材料的性能变化。材料的性能会在恶劣的环境下退化:木材会在不良的工作条件下腐朽、虫蛀,砖石会出现风化,钢筋在潮湿的工作条件下会发生锈蚀,混凝土在有害环境下也会腐蚀。④当建筑的施工质量存在问题时就需要通过检测了解实际质量状况,如混凝土的内部缺陷、钢筋的位置和数量、结构构件的几何尺寸、材料强度等。⑤当结构出现超载现象时就需要通过现场调查和测量确定实际的作用大小。此时是由于使用功能的改变,结构的作用与原始状态相比发生了较大的变化。⑥资料不完整。在进行可靠性鉴定的过程中常常遇到原设计施工资料散失或不全的情况,特别是一些使用年限久远的建筑物或者是历史性建筑物。另外,可能缺少建筑物在使用期间的各次大修和局部改造记录。⑦遭受灾害。建筑物在遭受火灾、风暴、洪水、爆炸、冲撞等灾害后需要通过现场检测了解受灾程度。

2.3　检测的内容和方法

检测的内容可以分为两大类:结构的作用和对结构抗力的影响因素。检测内容根据属性可以分为:几何量(如地基沉降、结构变形、几何尺寸、混凝土保护层厚度、钢筋位置和数量、裂缝宽度等)、物理力学性能(如材料强度、设备重量、结构自振周期等)和化学性能(混凝土碳化、钢筋锈蚀和化学成分、有害介质等)。检测方法根据检测对结构的损伤影响大小可以分为无损检测法、微损检测法和荷载试验三种。

常用的无损检测法有测定混凝土强度的回弹法(图 2.1)、测定砖抗压强度的回弹法、测定砂浆抗压强度的回弹法(图 2.2)、测定钢材抗拉强度的里氏硬度法(图 2.3)、测定材料内部缺陷的超声脉冲法(图 2.4)、测定钢筋位置和直径的电磁波法(图 2.5)、测定结构温度分布的红外热成像法(图 2.6)、测定楼板厚度的测厚仪(图 2.7)等。微损检测法有测定混凝土抗压强度的取芯法(图 2.8)、测定砂浆抗剪强度的单砖双剪法、测定木材含水率的电子湿度计(图 2.9)、测定木材内部腐朽程度的阻力仪等。荷载试验多用于对整体结构或构件的承载力、变形等力学性能进行测定,可分为原位试验法(如测量砖砌体抗压强度的原位压力法(图 2.10)及测量楼板承载能力的堆载试验法(图 2.11)和解体试验法。

图 2.1　混凝土回弹仪

裂缝的检测包括裂缝的分布、裂缝的走向、裂缝的长度和宽度。裂宽检测主要用读数放大镜(图 2.12)、裂缝对比卡及塞尺等工具;裂缝长度可用钢尺测量;裂缝深度可以用极薄的钢片插入裂缝,粗略地量测,也可沿裂缝方向取芯或用超声仪检测;判断裂缝是否发展可以用粘贴石膏法;也可以在裂缝的两侧粘贴手持式应变仪用手持式应变仪量测变形是否发展。

图 2.2　砂浆回弹仪

图 2.3　里氏硬度计

图 2.4　超声波检测仪

图 2.5　混凝土厚度钢筋测试仪

图 2.6　红外热成像仪

图 2.7　楼板测厚仪

图 2.8　混凝土取芯机

图 2.9　电子湿度计

图 2.10　原位压力机

图 2.11　现场堆载试验

图 2.12　裂缝测宽仪

结构变形检测包括水平构件的挠度、竖向构件的侧移、地基沉降和倾斜等。常用仪器主要有水准仪、经纬仪（图 2.13）、锤球、钢卷尺、棉线等常规仪器，以及激光测距仪（图 2.14）、红外线测距仪、全站仪、GPS、激光三维扫描仪（图 2.15）等。

图 2.13　经纬仪　　　　图 2.14　激光测距仪　　　　图 2.15　三维扫描仪

结构材料性能检测包括物理性能（如木材含水率、材料密度、砖和石材的吸水性和空隙率等）、力学性能（如材料强度、弹性模量、钢材的冷弯性能等）、化学性能（如灰浆化学成分、水泥安定性、钢材化学成分等）、施工缺陷等。

结构材料的耐久性检测包括检测混凝土的碳化深度、保护层厚度、钢筋锈蚀、混凝土腐蚀深度、腐蚀性介质侵入深度、环境中有害介质的含量等；检测钢材的锈蚀程度等；检测砌体的风化（粉化）、空鼓等；检测木材的表层腐朽、心腐、虫蛀等。

2.4　木结构检测技术

木结构的检测可分为木材性能、木材缺陷、尺寸与偏差、连接与构造、变形与损伤和防护措施等项工作。

木材性能的检测可分为木材的力学性能、含水率、密度和干缩率等项目。当木材的材质或外观与同类木材有显著差异时或树种和产地判别不清时，可取样检测木材的力学性能，确定木材的强度等级。木结构工程质量检测涉及的木材力学性能可分为抗弯强度、抗弯弹性模量、顺纹抗拉强度、顺纹抗剪强度、顺纹抗压强度等检测项目。

木材缺陷检测对于圆木和方木结构可分为木节、斜纹、扭纹、裂缝和髓心等项目；对胶合木结构，尚有翘曲、顺弯、扭曲和脱胶等项目；对于轻型木结构尚有扭曲、横弯和顺弯等项目。

木结构构件尺寸与偏差检测包括桁架、梁（含檩条）及柱的制作尺寸，屋面木基层的尺寸，桁架、梁、柱等的安装的偏差等。

木结构的连接检测可分为胶合、齿连接、螺栓连接、钉连接和榫卯连接等项目。

木结构构件损伤的检测可分为木材腐朽、虫蛀、裂缝、灾害影响和金属件的锈蚀等项目；木结构的变形可分为节点位移、连接松弛变形、构件挠度、侧向弯曲矢高、屋架出平面变形、屋架支撑系统的稳定状态和木楼面系统的振动等。

2.5　砌体结构检测技术

　　砌体结构的检测包括：物理力学性能检查（对砖、砌块、石料、砂浆的强度及其风化与冻融损坏的情况进行检查，对墙基、柱脚以及经常处于潮湿、腐蚀条件下的外露砌体检查）；裂缝检查（对墙、柱受力较大的部位进行检查，对已产生裂缝的部位，应仔细测定其裂缝宽度、长度及其分布状况）；损伤检查（对于承重墙、柱及过梁上部砌体的损伤进行检测）；变形检查（承重墙、高大墙体及柱的凸、凹变形和倾斜变位等）；连接部位的检查（墙体的纵横连接、垫块的设置及连接件的滑移、松动、损坏）；圈梁检查（圈梁的布置、拉接情况及其构造要求，原材料的材质情况）；墙体稳定性检查（墙体支承约束情况和高厚比）；施工质量检查（砌筑质量、砂浆的饱满程度、砂浆与砌块的粘结性能、墙面平整度等）。

　　砌体结构的现场检测方法按对墙体损伤程度可分为无损检测方法和微损检测方法。按测试内容可分为下列几类：①检测砌体抗压强度：原位轴压法（微损）、扁顶法（微损）；②检测砌体工作应力、弹性模量：扁顶法（微损）；③检测砌体抗剪强度：原位单剪法（微损）、原位单砖双剪法（微损）；④检测砌筑砂浆强度：推出法（微损）、筒压法（微损）、砂浆片剪切法（微损）、回弹法（无损）、点荷法（无损）、射钉法（无损）。

2.6　混凝土结构检测技术

　　混凝土结构的检测可分为原材料性能、混凝土强度、混凝土构件外观质量与缺陷、尺寸与偏差、变形与损伤和钢筋配置等项目，必要时，可进行结构构件性能的实荷检验或结构的动力测试。

　　（1）混凝土结构常规检测内容

　　混凝土结构常规检测内容包括原始资料的调查、结构或构件裂缝的测定、结构或构件施工偏差的测定、结构或构件变形或位移的检测、结构和构件上荷载作用情况的调查和测定等。

　　（2）混凝土强度的检测

　　混凝土的强度是决定混凝土结构和构件受力性能的关键因素，也是评定这类结构和构件性能的主要参数。其检测手段归纳起来有无损检测、微损检测、破损检测、综合检测等。无损检测方法有回弹仪法、表面落锤法、超声波法、共振法以及目视观测法；微损检测方法有取芯法和局部破坏法；破损检测手段包括荷载破坏试验、振动破坏试验及解体法；综合检测法分超声波法和回弹仪的组合检测，取芯法和回弹仪法与超声波法的组合检测，以及无损的回弹仪法和超声波法与破损法的组合检测。

　　（3）混凝土耐久性的检测

　　混凝土结构的耐久性检测主要包括：氯离子含量及侵入深度的测定、混凝土碳化深度的测定及混凝土腐蚀层深度和钢筋保护层厚度的测定等。混凝土的碳化深度是评估既有混凝土结构的剩余寿命的重要指标之一。混凝土的碳化深度是通过凿开混凝土断面上喷洒均匀、湿润的酚酞试液检测的。如果酚酞试液变为紫红色，则混凝土未被碳化；相反，酚酞试液不变色，则说明混凝土已经被碳化，测出不变色混凝土的厚度即为碳化深度。

　　（4）混凝土中钢筋质量的检测

　　钢筋混凝土结构中的钢筋埋在混凝土中，不容易直接检查。检测钢筋锈蚀的方法有破样直接检查法和电化学综合评定法，国外还应用红外技术和电磁测定仪等。破样直接检查时,可结合检测混凝土强度的取芯法同时进行。

2.7　钢结构检测技术

钢结构的检测可分为钢结构材料性能、连接、构件的尺寸与偏差、变形与损伤、构造以及涂装等项工作,必要时,可进行结构或构件性能的实荷检验或结构的动力测试。

钢材的力学性能检测可分为屈服点、抗拉强度、伸长率、冷弯和冲击等项目。建筑遗产中钢材的抗拉强度可以采用便于现场操作的里氏硬度计进行检测。

钢结构的连接质量与性能的检测可分为铆钉连接、焊接连接、焊钉连接、螺栓连接、高强螺栓连接等项目。

钢材外观质量的检测通常为检查其均匀性,看是否有夹层、裂纹、非金属夹杂和明显偏析等。当对钢材的质量有怀疑时,应对钢材原材料进行力学性能检验或化学成分分析。

对钢结构损伤的检测可分为裂纹、局部变形、锈蚀等项目。钢材裂纹可采用目视观察的方法和渗透法检测;杆件的弯曲变形和板件凹凸等变形情况可用观察和尺量的方法检测,量测出变形的程度;螺栓和铆钉的松动或断裂可采用观察或锤击的方法检测。

2.8　地基基础检测技术

地基基础的检测可分为地基检测和基础检测。

地基检测包括地基土层的分布及其均匀性,软弱下卧层、特殊土及沟、塘、古河道、墓穴、孤石、防空洞等的检测;地基土的物理力学性能与地下水的水位及其腐蚀性的检测;砂土及粉土的液化性质、软土的震陷性质以及场地稳定性的检测等。地基的检测方法可以分为三类:①钻探、坑探、槽探或地球物理勘探等方法;②原状土室内物理力学性能试验;③原位试验。

基础检测包括基础类型、材料、尺寸及埋置深度;基础开裂、腐蚀或损坏程度;基础材料的强度等级;基础的倾斜、弯曲、扭曲等情况;桩基础的入土深度、持力层情况和桩身质量等。基础的检测一般采用局部开挖的方法。

2.9　鉴定的分类

鉴定分为结构可靠性鉴定和抗震鉴定。我国现行的《民用建筑可靠性鉴定标准》和《工业建筑可靠性鉴定标准》都指明既有建筑在改造前,要专门进行结构可靠性鉴定,对于地震区的建筑物,还应遵守国家现行有关抗震鉴定标准的要求和规定,结构可靠性鉴定与抗震鉴定结合进行,鉴定后的处理方案也应与抗震加固方案同时提出。

我国现行的鉴定标准有两套系统:《民用建筑可靠性鉴定标准》(GB 50292)和《工业建筑可靠性鉴定标准》(GB 50144);《建筑抗震鉴定标准》(GB 50023)和《工业构筑物抗震鉴定标准》(GBJ 117)。其中,《民用建筑可靠性鉴定标准》只着重对结构或构件的承载能力和正常使用性能进行鉴定,并未考虑地震下的安全性。我国地震区幅员辽阔,在地震区既有建筑的可靠性鉴定,应与抗震鉴定结合进行。

1) 结构可靠性鉴定

按照结构功能的两种极限状态,结构可靠性鉴定可以分为两种鉴定内容,即安全性鉴定(或称承载力鉴定)和使用性鉴定(或称正常使用鉴定)。根据不同的鉴定目的和要求,安全性鉴定与使用性鉴定可分别进行,或选择其一进行,或合并成为可靠性鉴定。

已有建筑物的可靠性鉴定方法,正在从传统经验法和实用鉴定法,向概率法过渡。目前采用的仍然是传统经验法和实用鉴定法,概率鉴定法尚未达到应用阶段。

（1）传统经验法

传统经验法主要是凭经验进行评估取值,然后按相关设计规范进行验算。采用传统经验法是由于现场不具备检测仪器设备,对建筑结构的材料强度及其损伤情况,按目测调查,或结合设计资料和建筑年代的普遍水平来进行经验估值;通过与设计规范做对比,从承载力、结构布置及构造措施等方面对建筑物的可靠性作出评定。传统经验法的优点是快捷、经济,该方法比较适合于对构造简单的旧房的普查和定期检查。但是由于检测仪器设备的缺乏和没有采用现代测试手段,鉴定人员的主观随意性较大,鉴定质量由鉴定人员的专业素质和经验水平决定,鉴定结论容易出现争议。

（2）实用鉴定法

实用鉴定法的特点是运用现代检测技术手段,对结构材料的强度、老化、裂缝、变形、锈蚀等通过实测确定。对于按新、旧规范设计的房屋,均按现行规范进行验算校核。实用鉴定法将鉴定对象从构件到鉴定单元划分成三个层次,每个层次划分为三个至四个等级。评定顺序是从构件开始,通过调查、检测、验算确定等级,然后按该层次的等级构成评定上一层次的等级,最后评定鉴定单元的可靠性等级。

（3）可靠度鉴定法

实用鉴定法虽然较传统经验法有较大的突破,评价的结论比传统经验法更接近实际,但是已有建筑物的作用力、结构抗力等影响建筑物的诸因素,实际上都是随机变量甚至是随机过程,采用现有规程进行应力计算、结构分析均属于定值法的范围,用定值法的固定值来估计已有建筑物的随机变量的不定性的影响,显然是不合理的。近几年,随着概率论和数理统计的应用,采用非定值理论的研究已经有所进展,对已有建筑物可靠性的评价和鉴定已形成一种新的方法——可靠度鉴定法。

已有建筑物可靠性是指建筑物在正常使用条件下和预定的使用期限内满足建筑物规定的功能要求。可靠性的评价是由已有建筑物的可靠度来衡量的,可靠度是建筑物在正常使用条件下和预定的使用期限内完成的规定概率。民用建筑可靠性鉴定,应按图2.16规定的程序进行,工业建筑应按图2.17规定的程序进行可靠性鉴定评级。

2）结构抗震鉴定

地震严重影响人们的生活和生产,给人类带来重大损失。人类的建筑史就是不断地与包括地震等灾害进行抗争,使人类的居住环境变得更加安全、舒适的一个过程。建筑物的抗震就是实现安全目标的重要措施和手段,但总有一些建筑因种种原因在设计、施工时未采取抗震措施,这就需要对这些建筑物进行抗震鉴定与加固。

抗震鉴定的目标为:经鉴定符合标准要求的建筑,在遭遇到相当于抗震设防烈度的地震影响时,一般不致倒塌伤人或砸坏重要生产设备,经修理后仍可继续使用。需要注意的是,该要求比抗震设计规范的目标偏低。抗震设计规范的目标为:当遭受低于本地区抗震设防烈度的多遇地震影响时,一般不受损坏或无需维修可继续使用;当遭受相当于本地区抗震设防烈度的地震影响时,可能损坏,经一般维修或无需维修仍可继续使用;当遭受高于本地区抗震设防烈度的罕遇地震影响时,不致倒塌或发生危及生命的严重破坏。抗震鉴定的范围为:抗震设防烈度为6～9度地区的现有建筑。

图 2.16 民用建筑可靠性鉴定程序

图 2.17 工业建筑可靠性鉴定程序

抗震鉴定方法可分为两级,这是筛选法的具体应用,分述如下:

第一级鉴定以宏观控制和构造鉴定为主进行综合评价。第一级鉴定的内容较少,方法简便,容易掌握又确保安全,当符合第一级鉴定的各项要求时,建筑可评为满足抗震鉴定。当有些项目不符合第一级鉴定要求,可在第二级鉴定中进一步判断。

第二级鉴定以抗震验算为主结合构造影响进行综合评价,它是在第一级鉴定的基础上进行的。当结构的承载力较高时,可适当放宽某些构造要求;或者,当抗震构造良好时,承载力的要求可酌情降低。

这种鉴定方法,将抗震构造要求和抗震承载力验算要求更紧密地联合在一起,具体体现了结构抗震能力是承载能力和变形能力两个因素有机结合在一起。两级鉴定的方法是用先简后繁、先易后难的办法来解决建筑物中繁杂的抗震问题。

2.10 案例1:木构遗产检测鉴定——无锡梅园诵豳堂结构安全性评价

2.10.1 工程概况

诵豳堂位于无锡市梁溪西路卞家湾13号梅园横山风景区内,为"荣氏梅园"的主体建筑,单层传统木构建筑。该建筑建成于1916年,由我国近代著名的民族工商业家荣宗敬、荣德生投资兴建,主体建筑面阔九间,中间三间为正厅,因正厅采用楠木为梁,俗称"楠木厅"。诵豳堂长约28.8 m,宽约10.2 m,建筑面积约294 m²。1995年无锡市政府将其列为市级文物保护单位。2002年,江苏省政府将其列为省级文物保护单位。2006年,该建筑被列为第六批全国重点文物保护单位。诵豳堂造型优美,为中国封建园林建筑向近代园林建筑过渡转变的杰出代表之一。图2.18为该建筑的室内外现状,图2.19为该建筑结构平面图。为了解该建筑的安全现状、提供加固修缮的技术依据,无锡市梅园公园管理处委托南京东南建设工程安全鉴定有限公司对诵豳堂建筑进行了结构安全性评价。

图2.18 诵豳堂现状图

图2.19 诵豳堂结构平面图

2.10.2 结构一般情况调查

2.10.2.1 地基与基础

该建筑使用至今未发现明显不均匀沉降迹象，基本无倾斜，上部结构也未发现地基不均匀沉降引起的斜向裂缝等现象。

2.10.2.2 主体结构

1) 墙体

该建筑墙体为围护墙，外墙厚约为 240 mm，内墙厚约为 120 mm。内外墙均为石灰抹面，北侧砖墙外侧附着一层毛石和水泥砂浆砌筑墙体。墙体材料为青砖和石灰砂浆。青砖及石灰砂浆均有一定程度的风化现象，强度较低。

现场检查发现，该建筑墙体存在一定程度的损伤，主要表现为局部墙体出现明显开裂现象，如图 2.20 所示。

图 2.20　围护墙开裂

2) 木构架（承重木柱和木梁）

该建筑属传统抬梁式木构体系，木构节点之间连接采用榫卯连接，整体性尚好。

现场发现多根木柱存在明显开裂和腐朽现象。(5)/(F)柱存在竖向裂缝，裂缝最大宽度为 0.34 cm，深约 7.00 cm；(5)/(D)柱存在多条斜向裂缝，裂缝最大宽度为 0.50 cm，深约 9.44 cm；(5)/(B)柱存在竖向裂缝，裂缝最大宽度为 0.90 cm，深约 7.30 cm；(5)/(C)柱上部存在竖向裂缝，裂缝最大宽度为 0.75 cm，深约 6.90 cm；(6)/(F)柱存在斜向裂缝，下宽上窄，裂缝最大宽度为 1.34 cm，深约 12.45 cm；(7)/(F)柱存在竖向裂缝，裂缝最大宽度为 0.30 cm，深约 3.60 cm；(8)/(B)柱存在竖向裂缝，裂缝宽度 0.41 cm，深约 7.80 cm；(7)/(B)柱根部严重腐朽，敲击有"咚咚"的空鼓声；(1)/(C)柱和(1)/(E)柱根部存在腐朽现象。此外，(8)/(C)柱、(8)/(D)柱、(8)/(E)柱下部 3 m 部分为钢筋混凝土柱，上部为木柱，(8)/(F)柱下部 2.75 m 部分为钢筋混凝土柱，上部为木柱。图 2.21 所示为木柱开裂。

承重木梁的总体现状感观良好，正厅木梁构件较为粗大，厢房木梁构件较为纤细。除两侧厢房梁上木柱有不同程度干缩开裂现象外，其余木梁构件没有明显开裂现象，但多处梁与柱连接处榫头出现拔榫现象，榫头拔出长度不等，总体上呈南侧檐口抱头梁向南拔榫，而室内五架梁北侧也向南拔榫的现象。(5)/(A—B)抱头梁在 B 端往南侧拔出约 1.4 cm；(6)/(A—B)抱头梁在 B 端往南侧拔出约 2.2 cm；(8)/(A—B)抱头梁在 B 端往南侧拔出约 1.1 cm；(6)/(B—F)五架梁在 F 端往南侧拔出约 0.7 cm；(7)/(B—F)五架梁在 F 端往南侧

图 2.21　木柱干缩开裂

图 2.22　梁柱榫卯节点拔榫

拔出约 1.6 cm。梁柱榫卯节点拔榫现象如图 2.22 所示。

3) 屋面

该建筑的屋面为小青瓦屋面,木椽为荷包椽,檩条为圆形截面。

根据现场查看,屋面无明显损坏现象,瓦件、望砖、屋脊件保存较好,但室内多根木檩条出现 8～15 mm 宽度的顺纹干缩裂缝,如图 2.23 所示。局部室外檐口檐椽出现腐朽现象。

2.10.3　结构材料抽样试验

考虑到诵幽堂建筑是文物保护单位,无法对主要承重木材进行取样试验。因此,我们仅对该建筑结构中的主要木构件的含水率和损伤情况进行了现场试验。采用电子湿度仪对木构件表层的含水率进行了现场检测,2011 年 1 月 20 日下午测试的结果详见表 2.1 所示。

图 2.23 木檩条干缩开裂

表 2.1 诵幽堂木构件表层含水率检测结果

位置	含水率（%）	位置	含水率（%）	位置	含水率（%）
3/A柱	10.0	5/E柱	14.0	东侧厢房木椽	14
3/B柱	11.3	5/D柱	12.1	东侧厢房上金檩	14
4/B柱	10.8	8/B柱	10.1	东侧厢房梁架	13～14
1/C柱	13.6	8/A柱	15.2	东侧厢房脊檩	15
1/F柱	11.7	7/A柱	11.1	东侧厢房梁上柱	13
5/B柱	14.0	6/A柱	16.1	正厅上金檩	11
5/C柱	12.1	5/A柱	13.4	正厅三架梁	16
7/F柱	13.3	10/B柱	11.5	正厅穿枋	9～11
6/F柱	13.7	11/B柱	12.8	正厅五架梁	14
12/A柱	12.0	11/E柱	12.1	5/F柱	14.5
12/E柱	13.8	12/G柱	14.4	1/3×1/E柱	12.7

2.10.4 主体结构承载力复核分析

1）结构参数

结构验算时，结构布置、构件几何尺寸、构件自重等按测绘结果取。屋面活荷载标准值(q)取 0.7 kN/m²；屋面恒荷载标准值(q_K)取 2.4 kN/m²；材料强度根据《木结构设计规范》取值，并综合考虑《古建筑木结构维护与加固技术规范》建议的折减系数，弹性模量取 8 100 N/mm²，抗弯强度取 9.9 N/mm²，顺纹抗压强度取 9.5 N/mm²，顺纹抗剪强度取 1.08 N/mm²，横纹承压强度取 1.62 N/mm²。

2）木构件验算结果

正厅椽子、脊檩、上金檩、下金檩、檐檩、三架梁、五架梁、中柱、檐柱均满足承载力要求。

厢房椽子满足承载力要求，3.6 m 跨檩条不满足承载力要求，水平梁架($D = 200$ mm)不满足承载力要求，承重横梁($b×h = 85$ mm×300 mm)不满足承载力要求，中柱不满足承载力要求，金柱及檐柱均满足承载力要求。

2.10.5 结构可靠性现状

该建筑仅包含一个鉴定单元,划分为地基基础、上部承重结构和围护系统的承重部分等三个子单元。根据本次鉴定的目的,围护系统的可靠性不作评定,而将围护系统的承重部分并入上部承重结构。

2.10.5.1 地基基础

地基基础子单元的安全性鉴定包括地基、桩基和斜坡三个检查项目,以及基础和桩两种主要构件。

该建筑场地平整,虽位于半山腰,但距离斜坡较远,故只需评定地基和基础。根据现场观测,建筑物使用至今未发现明显沉降裂缝、变形或位移等不均匀沉降迹象,表明地基是稳定的,地基的安全性等级可评为 A_u 级;基础的安全性等级可评为 B_u 级。地基基础子单元的安全性等级按地基、基础其中的最低一级确定,评为 B_u 级。

2.10.5.2 上部承重结构

上部承重结构的安全性鉴定等级根据各种构件的安全性等级、结构的整体性等级以及结构侧向位移等级进行评定。其中各种构件的安全性等级根据单个构件的安全性等级及所占比例,分主要构件和一般构件进行评定。木柱、木梁架和木檩条为主要构件,木椽为一般构件。

1)各种构件的安全性等级

木构件的安全性评级考察承载能力、构造、不适于继续承载的位移、不适于继续承载的裂缝、危险性腐朽和虫蛀等六个项目,分别评定每个受检构件的等级,并取其中最低的一级作为该构件的安全性等级。

(1)木柱

根据计算结果,除两侧厢房中柱承载力不满足要求外,其余木柱承载力均满足要求,故木柱承载能力项目的安全性等级可以评为 b_u 级。

根据现场查看,部分梁柱榫卯节点处出现拔榫现象,因此木柱构造项目的安全性等级可评为 c_u 级。

通过现场检测,木柱不适于继续承载的位移项目的安全性等级可以评为 b_u 级。

(5)/(F)柱、(5)/(D)柱、(5)/(B)柱、(5)/(C)柱、(6)/(F)柱、(7)/(F)柱、(8)/(B)柱均有不同程度开裂现象,最大裂缝宽度约1.34 cm,因此木柱不适合继续承载裂缝项目的安全性等级评为 c_u 级。

(7)/(B)柱、(1)/(C)柱和(1)/(E)柱根部出现不同程度的腐朽,故木柱危险性腐朽项目的安全性等级评为 c_u 级。

根据现场检查,木柱未见有虫蛀现象,因此,木柱危险性虫蛀项目的安全性等级可评为 b_u 级。

根据以上六个项目,木柱构件的安全性等级评为 C_u 级。

(2)木梁架

根据计算结果,两侧厢房水平梁架($D = 200$ mm)和承重横梁($b \times h = 85$ mm $\times 300$ mm)不满足承载力要求,其余梁架均满足承载力要求,故木梁架承载能力项目的安全性等级可以评为 c_u 级。

根据现场查看,(5)/(A—B)抱头梁、(6)/(A—B)抱头梁、(8)/(A—B)抱头梁、(6)/(B—F)五架梁、(7)/(B—F)五架梁均有不同程度的拔榫现象。故木梁架的构造项目的安全性等级可评为c_u级。

通过现场检测,木梁架不适于继续承载的位移项目的安全性等级可以评为b_u级。

部分木梁架有轻微的干缩裂缝,未见有斜裂缝,因此木梁架不适合继续承载裂缝项目的安全性等级评为b_u级。

木梁架基本保存较好,未见有明显腐朽现象,因此木梁架危险性腐朽项目的安全性等级评为b_u级。

根据现场检查,木梁架未见有虫蛀现象,因此,木梁架危险性虫蛀项目的安全性等级可评为b_u级。

根据以上六个项目,木梁架构件的安全性等级评为C_u级。

(3) 木檩条

根据计算结果,两侧厢房3.6 m跨檩条不满足承载力要求,其余檩条均满足承载力要求,故木檩条承载能力项目的安全性等级可以评为c_u级。

根据现场查看,木檩条与梁架连接较好,没有出现滚檩现象,因此木檩条构造项目的安全性等级可评为b_u级。

通过现场检测,木檩条不适于继续承载的位移项目的安全性等级可以评为b_u级。

室内多根木檩条出现8～15 mm宽度的顺纹干缩裂缝,因此木檩条不适合继续承载裂缝项目的安全性等级评为c_u级。

木檩条基本保存较好,未见有明显腐朽现象,因此木檩条危险性腐朽项目的安全性等级评为b_u级。

根据现场检查,木檩条未见有虫蛀现象,因此,木檩条危险性虫蛀项目的安全性等级可评为b_u级。

根据以上六个项目,木檩条构件的安全性等级评为C_u级。

(4) 木椽

根据计算结果,木椽承载力基本满足要求,故木椽承载能力项目的安全性等级可以评为b_u级。

根据现场查看,木椽与檩条连接较好,因此木椽构造项目的安全性等级可评为b_u级。

通过现场检测,木椽不适于继续承载的位移项目的安全性等级可以评为b_u级。

木椽未见有斜裂缝,因此木椽不适合继续承载裂缝项目的安全性等级评为b_u级。

除部分檐口木椽有明显腐朽现象外,其余木椽保存较好,因此木檩条危险性腐朽项目的安全性等级评为b_u级。

根据现场检查,木椽未见有虫蛀现象,因此,木椽危险性虫蛀项目的安全性等级可评为b_u级。

根据以上六个项目,木椽构件的安全性等级评为B_u级。

2) 结构的整体性等级

结构的整体性等级按结构布置、支撑系统、圈梁构造和结构间联系四个检查项目确定。若四个检查项目均不低于B_u级,可按占多数的等级确定;若仅一个检查项目低于B_u级,根据实际情况定为B_u级或C_u级;若不止一个检查项目低于B_u级,根据实际情况定为C_u级或D_u级。

该建筑的结构布置基本合理,能形成完整系统,且结构传力路线明确,故结构布置及支承系统项目评定为B_u级。

该建筑构件长细比基本符合要求,部分木柱根部有不同程度的腐朽,故支撑系统的构造项目等级评为C_u级。

该建筑属于中国传统木构建筑,故不对圈梁构造项目的等级进行评定。

该建筑结构间的联系基本合理,连接方式基本正确,部分梁架与柱之间的榫卯节点出现不同程度的拔榫现象,故结构间的联系项目评为C_u级。

结构的整体性等级评为C_u级。

3)结构侧向位移等级

根据现场观测,该建筑最大倾斜量为59.9 mm(往东南方向),结构不适于继续承载的侧向位移等级评为C_u级。

4)上部承重结构的安全性等级

一般情况下,上部承重结构的安全性等级按各种主要构件和结构侧向位移中最低一级作为评定等级。根据上述分项评定结果,上部承重结构的安全性等级为C_u级。

2.10.5.3　鉴定单元安全性评级

根据地基基础和上部承重结构的评定结果,鉴定单元的安全性等级为C_{su}级。

2.10.6　鉴定结论和加固建议

2.10.6.1　鉴定结论

(1)该建筑的安全性等级为C_{su},显著影响整体承载,应采取措施。

(2)两侧厢房3.6 m跨檩条、水平梁架($D = 200$ mm)、承重横梁($b \times h = 85$ mm $\times$ 300 mm)及中柱不满足承载力要求,必须对其进行加固,以恢复或提高其承载能力。

(3)正厅部分木柱出现的不同程度裂缝,为典型的干缩径向裂缝,这些裂缝使得木构件存在较大的安全隐患,需要对其进行修缮处理。部分木柱的根部出现不同程度的腐朽以及部分木檩条出现的干缩裂缝,这些缺陷也会使得木构件存在安全隐患,需要对其进行修缮处理。

(4)正厅部分梁柱榫卯连接处出现明显拔榫现象,影响结构整体性能,需对其进行修缮处理。

2.10.6.2　加固维修建议

根据可靠性鉴定结果,提出以下加固修缮措施,供参考:

(1)对厢房承载力不足的木檩条和木梁架,建议采用适当的加大截面法进行加固;对于木柱、木檩条出现的干缩裂缝,建议按照《古建筑木结构维护与加固技术规范》的要求对其进行处理;对于柱脚腐朽严重者,腐朽部位自柱底面向上未超过柱高的1/4时,建议采用墩接的方法进行修缮,可采用"巴掌榫"或"抄手榫"式样。

(2)梁、枋与柱榫卯连接处,建议在修缮过程中增设硬木暗销,以提高榫卯的连接性能,增强结构的整体性能。

(3)对于(8)/(C)柱、(8)/(D)柱、(8)/(E)柱及(8)/(F)柱,在混凝土柱和木柱交接处采取加固措施增强柱的整体性。

2.11　案例2:砖构遗产检测鉴定——金陵中学钟楼结构安全性评价

2.11.1　工程概况

金陵中学钟楼,又名汇文书院钟楼,位于南京市鼓楼区中山路169号金陵中学校园内,是金陵中学的标志性建筑之一。清光绪十四年(1888 年)美国基督教传教士傅罗先生创办汇文书院,同年兴建钟楼。该建筑是南京市 19 世纪末的最高层建筑,也是基督教在南京建造的现存最早的学校建筑。钟楼主体原为三层,1917 年 9 月屋顶失火,由美国教会拨款重建,重建时主体改为二层,原第三层改为阁楼,大钟在最高层。钟楼虽体量不大,但平面及造型比较灵活,有陡峭的屋顶,清水砖墙面,圆拱形窗,并在勒脚等处有精细的装饰线脚,顶部为法国双折式坡顶,主楼东西两间房设有壁炉和烟囱。根据现存之建筑特点分析,该建筑形式是属于美国殖民期的建筑风格。该建筑为南北向的短内廊式建筑布局,主体为二层砖木混合结构。汇文书院钟楼于 1991 年被国家建设部、国家文物局评为近代优秀建筑。2006 年作为金陵大学旧址被列入全国重点文物保护单位。该建筑平面近似方形,面阔约 18.2 m,进深约 12.4 m,总建筑面积约 642 m²,总高度约 16.1 m,其中一层层高为 5.28 m,二层层高为 3.27 m。该建筑为纵横墙承重体系,墙体为青砖和石灰砂浆砌筑,外墙厚度 460 mm,内墙厚度 270 mm。基础为砖砌大放脚形式。图 2.24 为该建筑的外貌。金陵中学计划对该建筑进行加固修缮,修缮后的钟楼作为办公室使用。为了了解该建筑的安全现状,为加固修缮工作提供技术依据,金陵中学委托南京东南建设工程安全鉴定有限公司对该建筑进行安全性现状评价。

图 2.24　钟楼外貌

2.11.2 结构一般情况调查

2.11.2.1 地基与基础

该建筑使用至今未发现明显不均匀沉降的迹象,房屋基本无倾斜,上部结构也未发现地基不均匀沉降引起的裂缝等现象。墙基础为砖砌大放脚形式。据了解,该建筑加固修缮后,仍作为校史展览馆使用,荷载并未增加,故未对该场地提出地质勘察要求。

现场检查发现,局部散水开裂。

2.11.2.2 主体结构

1)墙体

该建筑为纵横墙承重体系,外墙厚度为 460 mm,内墙厚度为270 mm。墙体外侧为清水墙,内侧石灰抹面。墙体材料为黏土青砖、石灰砂浆。青砖规格基本为 290 mm × 140 mm × 65 mm。砖块的质量尚好,但砂浆强度较低。现场检查发现,局部外墙砖块风化较为严重,如图 2.25 所示。部分窗洞角部出现斜裂缝,如图 2.26 所示。

图 2.25 外墙风化

图 2.26 窗洞角部斜裂缝

2)木搁栅

该建筑楼面由木搁栅和木地板组成,木搁栅尺寸为 50 mm × 300 mm,间距 500 mm 左右。

从现场检查来看,木搁栅的材质总体尚好,构件大部分没有明显的表层腐朽或开裂现象,但有少数构件存在腐朽或开裂现象。

3)木屋架

该建筑屋面采用三角形组合屋架、木檩条、木椽子、木望板和平瓦。木屋架跨度约11.90 m,矢高约 2.20 m,屋架间未设垂直支撑和横向水平支撑。

从现场检查来看,木屋架的材质总体尚好,构件大部分没有明显的腐朽或开裂现象,但有少数构件存在腐朽或开裂现象。

2.11.3 结构材料抽样试验

根据初步调查得到的结构基本情况和组成特点,对砖砌体等进行了材料性能试验。

1)砌体强度

砖的抗压强度检测采用回弹法,现场抽取 4 片墙体,其中一层、二层墙体各 2 片,参照

《回弹仪评定烧结普通砖强度等级的方法》(JC/T 796—1999)，初步判定砖的强度等级能达到 MU 7.5。砂浆强度检测采用贯入法。现场同样抽取 4 片墙体，其中一层、二层墙体各 2 片，测得砂浆抗压强度最小值为 0.90 MPa。

2）木材含水率

考虑到金陵中学钟楼是文物保护单位，无法对主要承重木材进行取样试验。因此，我们仅对该建筑结构中的主要木构件的含水率进行了现场试验。采用电子湿度仪对木构件表层的含水率进行了现场检测，木构件最大含水率为 15%。

2.11.4　主体结构承载力复核分析

1）结构参数

结构验算时，结构布置、构件几何尺寸等按测绘结果取。活荷载取值：屋面按南京市基本雪压(q)取 0.65 kN/m²；楼面活荷载标准值(q_k)取 3.5 kN/m²；基本风压(w)取 0.40 kN/m²；考虑 7 度抗震设防。

材料强度根据检测结果并结合工程经验取值，其中砌体按 MU 7.5 砖，砂浆强度按 M 0.9 考虑；木材强度根据《木结构设计规范》取值，并综合考虑《古建筑木结构维护与加固技术规范》建议的折减系数，弹性模量取 8 100 MPa，抗弯强度取 9.9 MPa，顺纹抗压强度取 9.5 MPa，顺纹抗剪强度取 1.08 MPa，横纹承压强度取 1.62 MPa。

2）墙体验算结果

一层和二层个别墙段受压承载力验算结果不满足现行规范要求；一层个别墙段的抗震承载力验算结果略低于现行规范要求。

3）木搁栅验算结果

6.8 m 跨和 6.9 m 跨木搁栅的承载能力不满足国家现行规范要求，其余木搁栅承载力满足国家现行规范要求。

4）木屋架验算结果

木屋架的承载能力基本能满足国家现行规范要求。

2.11.5　结构安全性现状评价

该房屋仅包含一个鉴定单元。每个鉴定单元划分为地基基础、上部承重结构和围护系统的承重部分等三个子单元。根据本次鉴定的目的，围护系统的可靠性不作评定，而将围护系统的承重部分并入上部承重结构。

2.11.5.1　地基基础

该建筑场地平整，无斜坡，墙体采用砖砌大放脚基础。根据现场观测，房屋使用至今未发现明显沉降裂缝、变形或位移等不均匀沉降迹象，表明地基是稳定的，地基基础子单元的安全性等级可评为 B_u 级。

2.11.5.2　上部承重结构

上部承重结构的安全性鉴定等级根据各种构件的安全性等级、结构的整体性等级以及结构侧向位移等级进行评定。其中各种构件的安全性等级根据单个构件的安全性等级及所占比例，分主要构件和一般构件进行评定。

1）各种构件的安全性等级

本工程的结构构件主要包括砖墙、木搁栅、木屋架，均为主要构件。

（1）砖墙

砖墙的安全性鉴定，按承载能力、构造以及不适于继续承载的位移和裂缝等四个检查项目，分别评定每一受检构件等级，并取其中最低一级作为该构件的安全性等级。

地震作用下一层局部墙体的抗力与荷载效应之比小于 0.9，故这些部位墙体的承载能力项目等级为 d_u 级。

墙的高厚比符合要求，连接及砌筑方式正确，构造项目的安全性等级可以定为 b_u 级。

根据现场观察，可以判断外墙的侧向位移小于 40 mm，不适合继续承载力的位移和变形等级项目安全性等级可以定为 b_u 级。

墙体基本完好，但部分窗洞角部出现斜裂缝。故墙体裂缝项目的安全性等级可定为 b_u 级。

根据以上四个检查项目的等级，评为 d_u 的砌体结构构件数量约占同类构件的 15%。砌体构件的安全性等级评为 C_u 级。

（2）木搁栅

木搁栅的安全性鉴定，按承载能力、构造以及不适于继续承载的位移和裂缝以及危险性的腐朽和虫蛀等六个检查项目，分别评定每一受检构件等级，并取其中最低一级作为该构件的安全性等级。

6.8 m 跨和 6.9 m 跨木搁栅的抗力与荷载效应之比小于 0.9，故承载能力项目的安全性等级可以定为 c_u 级；木搁栅基本满足规范规定的构造要求，故构造项目的安全性等级可定为 b_u 级；没有明显挠度，变形项目的安全性等级定为 b_u；木搁栅未见明显裂缝，裂缝项目的安全性等级可定为 b_u；部分木搁栅表层有轻微腐朽，腐朽面积不超过原截面的 5%，安全性等级可以定为 b_u，木搁栅未发生严重腐朽，危险性腐朽的安全性等级定为 b_u；虫蛀项目的安全性等级定为 b_u。

综合以上六个项目，木搁栅的安全性等级评为 C_u 级。

（3）木屋架

木屋架的安全性鉴定，按承载能力、构造、不适于继续承载的位移和裂缝，以及危险性的腐朽和虫蛀等六个检查项目，分别评定每一受检构件等级，并取其中最低一级作为该构件的安全性等级。

该建筑屋架为三角形木屋架，其承载能力项目的安全性等级可以定为 a_u 级。

三角形木屋架连接方式正确，构造基本合理，故构造项目的安全性等级可定为 b_u 级。

木屋架没有明显挠度，不适于继续承载的位移项目的安全性等级可以定为 b_u 级。

屋架局部弦杆和腹杆有干缩裂缝，但未发现斜裂缝，故不适于继续承载的裂缝项目可以定为 b_u 级。

屋架的腐朽轻微，没有心腐，故危险性腐朽项目的安全性等级可以定为 b_u 级；屋架未发现有虫蛀现象，故危险性虫蛀项目的安全性等级可以定为 b_u 级。

综合以上六个项目，屋架的安全性等级评为 B_u 级。

2）结构的整体性等级

结构的整体性等级按结构布置、支撑系统、圈梁构造和结构间联系四个检查项目确定。若四个检查项目均不低于 B_u 级，可按占多数的等级确定；若仅一个检查项目低于 B_u 级，根据实际情况定为 B_u 级或 C_u 级；若不止一个检查项目低于 B_u 级，根据实际情况定为 C_u 级或 D_u 级。

该建筑墙体布置合理，抗震墙间距满足抗震要求，故结构布置及支承系统项目评定为 C_u 级。

该建筑未设置构造柱，屋架未设置垂直支撑和横向水平支撑，故支撑系统的构造项目等级评为 C_u 级。

该建筑楼盖、屋盖处未设置圈梁,该建筑的整体性较差,故圈梁构造项目的等级评为 C_u 级。

该建筑结构间的联系设计合理、无疏漏,连接方式基本正确,故结构间的联系项目评为 B_u 级。

结构的整体性等级评为 C_u 级。

3)结构侧向位移等级

根据现场观测,该建筑最大倾斜率为 1.6‰(往东西方向),结构侧向位移值小于限值,结构不适于继续承载的侧向位移等级评为 B_u 级。

4)上部承重结构的安全性等级

一般情况下,上部承重结构的安全性等级按各种主要构件和结构侧向位移中较低一级作为评定等级。根据上述分项评定结果,上部承重结构的安全性等级为 C_u 级。

2.11.5.3　鉴定单元安全性评级

根据地基基础和上部承重结构的评定结果,鉴定单元的安全性等级为 C_{su} 级。

2.11.6　鉴定结论及加固建议

2.11.6.1　鉴定结论

(1)该建筑的安全性等级为 C_{su},影响整体承载,应采取措施。

(2)影响该建筑结构安全性的主要因素包括(局部)墙体的承载力、结构耐久性等,应结合修缮进行必要的加固处理。

(3)由于当时设计未考虑抗震设防要求,结构整体性抗震能力较差,应结合修缮进行必要的抗震加固才能基本达到现行国家规范要求。

2.11.6.2　加固维修建议

根据上述安全性评价(鉴定)结果,针对该建筑的特殊情况,提出以下加固修缮措施,供修缮设计参考:

(1)对该建筑主体结构进行整体性和抗震性加固,提高结构的抗震能力。可采用钢筋网水泥砂浆面层(内侧)进行加固、钢板组合墙加固等有效方法。

(2)对 6.8 m 和 6.9 m 跨木搁栅进行加固处理;对已出现裂缝的木构件可以采用环箍等方法进行加固;对腐朽严重的木构件,应予以更换。

(3)对主要结构构件进行必要的耐久性维护,提高结构的耐久性。

2.12　案例3:混凝土结构遗产检测鉴定——绍兴市大禹陵禹庙大殿结构安全性评价

2.12.1　工程概况

绍兴大禹陵禹庙大殿位于浙江省绍兴市东南 6 km 的会稽山麓,现为全国重点文物保护单位。该大殿系民国二十二年(1933 年)重建,为钢筋混凝土仿清初木构建筑形式,建筑面积 512 m²,主体结构系二重檐歇山顶仿古钢筋混凝土框架结构,外填充墙为青砖砌体。该建筑气势雄伟,斗拱密集,画栋朱梁,高 20 m,宽 23.9 m,进深 21.45 m,正中央大禹塑像高 5.85 m,是近代最早的几个钢筋混凝土仿传统木构形式建筑之一,是近代民族形式建筑的重要实例，也是研究近代建筑彩绘艺术发展、演变不可多得的实物资料，具有重要的文物价值。该建筑的外观见图 2.27 所示，结构平面图见图 2.28 所示。绍兴市文物管理局计划

图 2.27　大禹陵禹庙大殿外观图

图 2.28　大禹陵禹庙大殿平面图

对该建筑进行修缮改造。为了解该建筑的安全现状、提供修缮改造的技术依据,绍兴市旅游集团有限公司委托南京东南建设工程安全鉴定有限公司对该建筑进行可靠性鉴定。

2.12.2　结构一般情况调查

2.12.2.1　地基与基础

该建筑使用至今未发现明显不均匀沉降的迹象,也基本无明显倾斜,上部结构也未发现地基不均匀沉降引起的裂缝等现象。从现场部分基础开挖情况看,该建筑基础为柱下独立基础,基础基本完好,无明显损伤,基础持力层为基岩。

2.12.2.2　主体结构

1) 混凝土柱

该建筑为典型的重檐歇山钢筋混凝土框架结构,共有 4 根中柱($D = 784$ mm),12 根金柱($D = 668$ mm),20 根檐柱($b \times h = 350$ mm $\times$ 350 mm)。

对主要钢筋混凝土柱的配筋情况进行了现场检测。(3)轴/(C)轴中柱所配箍筋为 $\phi8@120$,纵筋为 12 根边长为 25 mm 的方钢,保护层厚度为 35 mm,碳化深度 36 mm,纵筋和箍筋未见明显锈蚀;(3)轴/(E)轴金柱所配箍筋为 $\phi6@150$,纵筋为 12 根边长为 25 mm 的方钢,保护层厚度为 47 mm,碳化深度 40 mm,纵筋和箍筋未见明显锈蚀;(3)轴/(F)轴檐柱所配箍筋为 $\phi6@150$,纵筋为 8 根边长为 25 mm 的方钢,保护层厚度为 41 mm,碳化深度 23 mm,纵筋和箍筋未见明显锈蚀。

根据现场查看,混凝土柱外观较完整,无明显损伤现象。

2) 混凝土梁

该建筑为二重檐歇山钢筋混凝土框架结构,穿枋、梁架和檩条均为钢筋混凝土构件。

对主要混凝土梁的配筋情况进行了现场检测。标高 4.40 m 处(5)-(6)轴/(C)轴梁所配箍筋为 $\phi6@160$,底部纵筋为 2 根边长为 20 mm 的方钢,顶部纵筋为 2 根边长为 18 mm 的方钢,保护层厚度为 37 mm,碳化深度 50 mm,纵筋和箍筋已出现轻微锈蚀;标高 6.88 m 处(5)-(6)轴/(B)轴梁所配箍筋为 $\phi6@160$,底部纵筋为 2 根边长为 25 mm 的方钢,顶部纵筋为 2 根边长为 16 mm 的方钢,保护层厚度为 36 mm,碳化深度 32 mm,纵筋和箍筋未见明显锈蚀;标高 8.80 m 处(3)-(4)轴/(D)轴梁所配箍筋为 $\phi4@160$,底部纵筋为 2 根边长为 25 mm 的方钢,顶部纵筋为 2 根边长为 16 mm 的方钢,保护层厚度为 26 mm,碳化深度 43 mm,纵筋和箍筋出现轻微锈蚀;标高 8.80 m 处(D)-(E)轴/(4)轴梁所配箍筋为 $\phi4@180$,底部纵筋为 2 根边长为 25 mm 的方钢,顶部纵筋为 2 根边长为 25 mm 的方钢,保护层厚度为 53 mm,碳化深度 49 mm,纵筋和箍筋未见明显锈蚀;标高 8.80 m 处(C)-(D)轴/(5)轴梁所配箍筋为 $\phi6@160$,底部纵筋为 3 根边长为 25 mm 的方钢,顶部纵筋为 2 根边长为 25 mm 的方钢,侧边另有 3 排 $\phi12$ 腰筋,保护层厚度为 39 mm,碳化深度 49 mm,纵筋和箍筋出现轻微锈蚀;标高 14.65 m 处(C)-(D)轴/(3)轴梁所配箍筋为 $\phi6@160$,底部纵筋为 3 根边长为 25 mm 的方钢,顶部纵筋为 2 根边长为 25 mm 的方钢,侧边另有 2 排 $\phi12$ 腰筋,保护层厚度为 29 mm,碳化深度 33 mm,纵筋和箍筋出现轻微锈蚀;标高 14.65 m 处(3)-(4)轴/(C)轴梁所配箍筋为 $\phi6@160$,底部纵筋为 3 根边长为 22 mm 的方钢,顶部纵筋为 2 根边长为 20 mm 的方钢,侧边另有 3 排 $\phi12$ 腰筋,保护层厚度为 33 mm,碳化深度 38 mm,纵筋和箍筋出现轻微锈蚀;标高 11.93 m 处(B)-(C)轴/(4)轴梁所配箍筋为 $\phi6@170$,底部纵筋为 2 根边长为 16 mm 的方钢,顶部纵筋为 2 根边长为 16 mm 的方钢,保护层厚度为 44 mm,碳化深度 40 mm,纵筋和箍筋未出现明显锈蚀;标高 12.15 m 处(2)-(3)轴/(C)轴梁所配箍筋为 φ10@160,底部纵筋为 3 根边长为25 mm 的方钢,顶部纵筋为 3 根边长为 18 mm 的方钢,侧边另有1排φ12腰筋,保护层厚度为 41 mm,碳化深度 45 mm,纵筋和箍筋出现轻微锈蚀。

根据现场查看,混凝土梁外观较完整,但局部已出现开裂露筋的现象。收到现场检查条件的限制,对标高 8.80 m 处的梁裂缝情况进行了详细检测,结果如下:D/2-3 梁端部出现竖向裂缝;2/C-D 梁端部与柱连接处有竖向裂缝,靠近 D 轴约 1.8 m 处出现 1 条竖向裂缝,裂宽 0.6 mm,中间出现 1 条竖向裂缝,裂宽 1.2 mm,靠近 C 端出现 2 条斜裂缝,裂宽 0.2 mm,距 C 轴1.8 m 出现 1 条竖向裂缝,裂宽 0.5 mm;2-3/C 梁端与柱连接部位出现竖向开裂;标高8.80 m 处 2/B-C 梁端与柱连接部位出现竖向开裂,中部竖向裂缝 1 条,宽度约 1.0 mm;2-3/B 梁三分点处出现竖向裂缝,裂宽大于 0.3 mm;标高 8.80 m 处 3-4/B 梁两端均有 1 条斜裂缝,宽度在1.0~1.2 mm 之间,中部竖向裂缝 3 条,宽度为 0.6~1.0 mm;4-5/B 梁端部出现斜向裂缝,裂宽 0.6 mm,中部竖向裂缝 3 条,宽度在 0.4~0.6 mm 之间;5/B-C 梁端竖向裂缝 1 条,宽度0.2 mm,中部竖向裂缝 1 条,宽度 0.4 mm,靠近 C 轴斜裂缝 1 条,宽度 0.4 mm;C/4-5 梁端出现 1 条斜裂缝,裂宽 0.3 mm;5/C-D 梁身出现 4 条竖向裂缝,裂宽 1.0~1.2 mm;5/D-E 梁中部出现竖向裂缝 1 条,裂宽 1.0 mm,表层砼脱落;E/4-5 梁上部局部砼保护层胀裂,梁身出现 5 条竖向裂缝,裂宽 0.6 mm 左右;E/3-4 梁身有 3 条竖向裂缝,裂缝宽 1.0 mm,梁端与柱交接处有 1 条竖向裂缝;E/2-3 梁侧局部砼剥落,中部有 1 条竖向裂缝,裂宽约 0.4 mm;2/D-E 梁中部有 2 条竖向裂缝,裂宽约 0.8 mm;C/3-4 梁身竖向裂缝多条,宽度约 0.6 mm。此外,上下层与屋面板相交的梁均有竖向裂缝,裂宽 0.3~1.2 mm 不等。图 2.29 为混凝土梁开裂现象,图 2.30 为混凝土梁露筋现象。

图 2.29　混凝土梁开裂

3)现浇混凝土屋面板

该建筑为二重檐歇山钢筋混凝土框架结构,两层屋面均为钢筋混凝土现浇楼板,板厚约 105 mm。屋面面层采用的是预制半圆形瓦拼装而成,单块长度为 1.0 m。

对混凝土板的配筋情况进行了现场检测。受力方向配筋为 φ10(方钢)@150,分布筋为φ6@220(单层双向),保护层厚度为 30 mm,碳化深度 40 mm,板筋已开始锈蚀。

图 2.30 混凝土梁露筋

根据现场检查情况,屋面板底部普遍存在渗水、老化、局部剥落、开裂露筋现象。B-C/1-2轴板钢筋锈蚀严重,混凝土疏松,手抠即脱落,板面也多处出现钢筋锈涨开裂现象。屋面瓦普遍存在风化、剥落、砂浆层开裂、内部钢筋锈蚀严重的现象。屋面板露筋现象如图2.31所示,屋面板渗水现象如图 2.32 所示,屋面面层损坏现象如图 2.33所示。

图 2.31 屋面板露筋

图 2.32 屋面板渗水

图 2.33　屋面面层损坏

2.12.2.3　围护系统

该建筑围护墙采用青砖砌筑,厚度约 300 mm。经现场检查,该建筑四周围护墙体完好,未见明显的开裂和风化现象。但铺作层的混凝土斗拱破损较为严重,多数出现混凝土剥落和露筋的现象,如图 2.34 所示。

图 2.34　混凝土斗拱破损

2.12.3　结构材料抽样试验

根据初步调查得到的结构基本情况和组成特点,对混凝土和钢筋进行了材料性能试验。

2.12.3.1　混凝土强度

对混凝土梁和柱的材性检测采用了钻孔取芯法,共抽取了 3 根柱和 6 根梁,每根柱和梁各取 2 个芯样,共 18 个试样,测得混凝土抗压强度最小值为 12.4 MPa。对混凝土板的材性检测采用了回弹法,共抽取了 2 块板,测得混凝土抗压强度最小值为 10.7 MPa。

2.12.3.2　钢筋强度

钢筋强度检测采用现场取样法,根据现场实际情况,从破损的半圆形屋面瓦处,抽取了 2 根钢筋,对其力学性能进行了试验。

2.12.4 主体结构承载力复核

1) 结构参数

结构验算时,结构布置、构件几何尺寸、构件自重等按测绘结果取。活荷载取值:屋面活荷载(s_0)取 0.70 kN/m²,屋面恒荷载(s_1)取 2.0 kN/m²(不包括屋面板自重);基本风压(w_0)取 0.45 kN/m²;考虑 6 度抗震设防。材料强度根据检测结果并结合工程经验取值,梁、柱混凝土强度按 C12.4,板混凝土强度按 C10.7,钢筋的抗拉强度设计值根据检测结果结合其他同一时期民国建筑的钢筋强度值综合考虑取 220 MPa。

2) 验算结果

混凝土柱、梁和板的承载力基本能满足现行规范要求。

中柱最大轴压比为 0.10,金柱最大轴压比为 0.19,檐柱最大轴压比为 0.20,满足现行规范要求。

结构第一阶自振周期 T_1 为 0.634 5 s(平动,X 方向),结构第二阶自振周期 T_2 为 0.627 7 s(平动,Y 方向),结构第三阶自振周期 T_3 为 0.579 9 s(扭转,T 方向),满足现行规范要求。

2.12.5 结构可靠性现状

该房屋仅包含一个鉴定单元,划分为地基基础、上部承重结构和围护系统的承重部分等三个子单元。根据本次鉴定的目的,围护系统的可靠性不作评定,而将围护系统的承重部分并入上部承重结构。

2.12.5.1 地基基础

地基基础子单元的安全性鉴定包括地基、桩基和斜坡三个检查项目,以及基础和桩两种主要构件。

该建筑场地平整,虽位于山坡顶部,但距离斜坡较远,故只需评定地基和基础。根据现场观测,建筑物使用至今未发现明显沉降裂缝、变形或位移等不均匀沉降迹象,表明地基是稳定的,且根据现场基础开挖情况分析,建筑基础的持力层为基岩,因此地基的安全性等级可评为 A_u 级;基础的安全性等级可评为 B_u 级。地基基础子单元的安全性等级按地基、基础其中的最低一级确定,评为 B_u 级。

2.12.5.2 上部承重结构

上部承重结构的安全性鉴定等级根据各种构件的安全性等级、结构的整体性等级以及结构侧向位移等级进行评定。其中各种构件的安全性等级根据单个构件的安全性等级及所占比例,分主要构件和一般构件进行评定。

1) 各种构件的安全性等级

本工程的结构构件包括钢筋混凝土构件(混凝土柱、梁、板)。其中混凝土柱、梁、板均为主要构件。

(1) 混凝土柱

混凝土柱的安全性鉴定,应按承载能力、构造以及不适于继续承载的位移(或变形)和裂缝等四个检查项目,分别评定每一受检构件的等级,并取其中最低一级作为该构件安全性等级。

混凝土柱承载能力项目的安全性等级定为 b_u 级。柱混凝土抗压强度较低,且碳化深度接近或超过钢筋保护层厚度,故混凝土柱构造项目的安全性等级定为 c_u 级。根据现场观测,混凝土柱没有明显的变形,不适合继续承载的位移和变形等级项目安全性等级可以定为 b_u 级。未见明显受力裂缝及不适合继续承载的裂缝,故裂缝项目的安全性等级可定为b_u。

混凝土柱属主要构件,混凝土柱构件的安全性等级评为C_u级。

（2）混凝土梁

混凝土梁的安全性鉴定,应按承载能力、构造以及不适于继续承载的位移（或变形）和裂缝等四个检查项目,分别评定每一受检构件的等级,并取其中最低一级作为该构件安全性等级。

混凝土梁承载能力项目的安全性等级定为b_u级。梁混凝土抗压强度较低,箍筋布置未考虑端部加密,且碳化深度接近或超过钢筋保护层厚度,故构造项目的安全性等级定为c_u级。根据现场观察,混凝土梁没有明显的挠度,不适合继续承载的位移和变形等级项目安全性等级可以定为b_u级。部分混凝土梁出现竖向或斜向裂缝或由于内部钢筋锈蚀而导致的混凝土保护层严重脱落或露筋现象,故裂缝项目的安全性等级可定为d_u。

混凝土梁属主要构件,评为d_u级的构件数量较少,故混凝土梁构件的安全性等级综合评为C_u级。

（3）混凝土板

混凝土板的安全性鉴定,应按承载能力、构造以及不适于继续承载的位移（或变形）和裂缝等四个检查项目,分别评定每一受检构件的等级,并取其中最低一级作为该构件安全性等级。

混凝土板承载能力项目的安全性等级定为b_u级。板混凝土抗压强度较低,且碳化深度基本已超过钢筋保护层厚度,故混凝土板构造项目的安全性等级定为c_u级。根据现场观察,混凝土板没有明显的挠度,不适合继续承载的位移或变形项目安全性等级可以定为b_u级。部分混凝土屋面板因为主筋锈蚀而导致混凝土保护层严重脱落,部分屋面板已出现开裂渗水的现象,故裂缝项目的安全性等级可定为d_u。

混凝土板属主要构件,评为d_u级的构件数量较少,混凝土板构件的安全性等级综合评为C_u级。

2）结构的整体性等级

结构的整体性等级按结构布置、支撑系统、圈梁构造和结构间联系四个检查项目确定。若四个检查项目均不低于B_u级,可按占多数的等级确定;若仅一个检查项目低于B_u级,根据实际情况定为B_u级或C_u级;若不止一个检查项目低于B_u级,根据实际情况定为C_u级或D_u级。

该建筑的结构布置基本满足规范要求,故结构布置及支承系统项目评定为B_u级。

该建筑混凝土构件长细比及连接构造基本符合规范要求,整体结构能传递各种侧向荷载。故支承系统的构造项目等级评为B_u级。

该建筑结构构件截面尺寸基本满足规范要求,梁箍筋布置不满足抗震构造要求,混凝土抗压强度较低,部分混凝土梁存在明显的竖向或斜向裂缝,故构造项目的等级评为C_u级。

结构间的联系设计基本合理,连接方式基本正确,故结构间的联系项目评为B_u级。

结构的整体性等级评为C_u级。

3）结构侧向位移等级

根据现场观测,该建筑除个别柱（柱C/3、柱E/5、柱C/5）由于当初建造原因造成的最大倾斜率超过4‰外,其余柱的最大倾斜率均在4‰以内,因此结构不适于继续承载的侧向位移等级综合评为B_u级。

4）上部承重结构的安全性等级

一般情况下,上部承重结构的安全性等级按各种主要构件和结构侧向位移中最低一级作为评定等级。根据上述分项评定结果,上部承重结构的安全性等级为C_u级。

2.12.5.3 鉴定单元安全性评级

根据地基基础和上部承重结构的评定结果,鉴定单元的安全性等级为 C_{su} 级。

2.12.6 结论及建议

根据上述现场检查、检测及安全性鉴定结果,对绍兴大禹陵禹庙大殿结构可以得出如下结论:

(1) 该建筑的安全性等级为 C_{su},影响整体承载,应采取措施。

(2) 与现行国家相关标准和要求相比,该大殿结构目前存在的主要问题是:

① 由于建造年代久远,柱、梁、板及斗拱等混凝土构件碳化严重,部分构件已经出现严重的钢筋锈蚀甚至胀裂等现象,耐久性遭受严重损伤。

② 由于原设计(建造)标准偏低,该大殿主体结构材料实际强度(混凝土)普遍偏低,其混凝土强度低于现行标准的最低要求。

③ 部分构件由于钢筋锈蚀严重,其承载力已经不满足要求。

结合上述鉴定结果和结构特点,同时考虑该建筑系全国重点文物保护单位,建议结合此次文物修缮,重点对混凝土构件的耐久性进行全面维护,延长耐久年限;对钢筋严重锈蚀的构件进行局部加固(补强),以力求达到或基本达到现行标准对安全性的要求。

2.13 案例4:建筑遗产抗震鉴定——南京市大华电影院门厅结构抗震鉴定

2.13.1 工程概况

大华电影院位于南京市中山南路 67 号,原名大华大戏院,于 1934 年开始建造,是由美籍华人司徒英铨集资建造,著名建筑大师杨廷宝主持设计的,1936 年 5 月 29 日对外营业,是当时南京最大、最豪华的影剧院。解放后改名为大华电影院。2002 年 12 月,大华电影院被江苏省人民政府列为省级文物保护单位。大华电影院门厅东西朝向,长约 21.3 m,宽约 33.0 m,建筑面积约 1 136 m²。主体结构为二层(局部三层),系钢筋混凝土框架结构,除二层南北两侧耳房楼面为木楼面外,其余楼屋面均为现浇钢筋混凝土。底层层高 4.20 m,二层层高 3.81 m。柱基础均为钢筋混凝土独立基础(下设木桩),南北两侧外墙基础为钢筋混凝土条形基础(下设木桩)。该建筑的现状见图 2.35 所示。南京文化投资控股(集团)有限

图 2.35 大华电影院现状图

责任公司计划对该建筑进行加固修缮,前期已进行了结构安全性鉴定,为更加深入细致地了解该建筑的抗震性能,为加固修缮提供更完善的技术依据,南京文化投资控股(集团)有限责任公司再次委托南京东南建设工程安全鉴定有限公司对该建筑进行结构的抗震鉴定。

2.13.2 建筑概况及现场调查

2.13.2.1 建筑概况(表2.2)

表2.2 建筑概况

建筑名称	大华电影院门厅	使用功能	电影院	建筑面积	1 136 m²
建造年代	1934	改造情况	有	鉴定类别	A类
设计单位	南京基泰工程司	施工单位	上海建华建筑公司	监理单位	—
勘察资料	有	设计资料	不全	施工资料	无
房屋层数	主体2层,局部3层	总高(m)	11.4	各层层高(m)	4.2、3.8、3.4
房屋宽度(m)	21.3			高宽比	0.54
建筑体型	矩形			建筑布置	无廊式
退层情况	无			错层情况	无

2.13.2.2 结构普查(表2.3、表2.4)

表2.3 结构普查(1)

地基基础	场地类型	Ⅱ类	基础类型	混凝土独立基础
	受力层范围内是否存在软弱土、饱和砂土			不详
	有无严重静载缺陷			无
结构体系	楼盖类型	现浇砼板	屋盖类型	现浇砼板
	承重方案	纵横向承重	施工方法	—
	平面布置	规则、均匀	局部突出	无
	立面缩进	有		
	砖填充墙平均间距	—	抗震墙之间楼盖长宽比	—
构件几何尺寸	框架梁	254 mm×508 mm,等等		
	框架柱	中柱 D=609 mm,边柱 305 mm×305 mm,等等		
配筋情况	框架柱	边柱纵筋 4Φ22 中柱纵筋 8Φ20 箍筋 Φ6@100(边) Φ8@100(中)		
	框架梁	正筋 4Φ22 负筋 4Φ22 箍筋 Φ10@130/250		

表 2.4　结构普查（2）

短柱	有无全高加密		—	数量/分布		—
节点 加密区	梁端	加密区长度 （mm）	1 400	箍筋间距 （mm）		130
	柱端	加密区长度	通长加密	箍筋间距 （mm）		100
填充墙与 主体结构 的拉结	砖墙厚度（mm）		外墙砖 300	砂浆强度		M0.8
	2φ6 拉结筋	无	入墙长度	无	沿墙高间距	无
	高墙拉结		无	长墙拉结		无
非结构 构件的 拉结	女儿墙、门脸等装饰物			无可靠锚固		
	突出屋面的小房间			无有效拉结		
	楼梯间填充墙			无有效拉结		

2.13.2.3　结构损伤检查

现场检查结果表明，门厅梁、柱承重构件外观虽然较完整，但部分构件内部已开始出现钢筋锈蚀，部分板构件出现明显露筋现象，局部外墙出现渗水现象。见图 2.36～图 2.38 所示。

图 2.36　内部钢筋锈蚀

图 2.37　钢筋锈涨开裂

图 2.38　钢筋露筋

2.13.2.4　检测结果

现场采用钻芯法实测混凝土的抗压强度,混凝土抗压强度推定值为 14.1 MPa;采用贯入法实测外墙的砂浆强度,砂浆抗压强度推定值为 0.8 MPa。

2.13.3　抗震鉴定

2.13.3.1　地基和基础

根据《建筑抗震鉴定标准》GB 50023—2009 第 4.2.2 条,本建筑可不进行地基基础的抗震鉴定。

2.13.3.2　上部结构

1) 抗震措施(表 2.5)

表 2.5　抗震措施检查

检查项目		实际情况	鉴定结果
最大高度及层数		11.4 m,主体 2 层,局部 3 层	满足第 6.1.1 条要求
外观和内在质量		梁、柱及其节点的混凝土基本无剥落,钢筋无露筋情况;填充墙无明显开裂或与框架脱落;主体结构构件无明显变形、倾斜和歪扭	满足第 6.1.3 条要求
结构体系	承重方案	双向框架承重	满足第 6.2.1 条第 1 款要求
	结构布置	非单跨框架结构	满足第 6.2.1 条第 2 款要求
梁柱混凝土强度等级		C14	满足第 6.2.2 条要求
构件配筋	梁纵筋在柱内锚固长度	锚固长度 15d 左右	不满足第 6.2.3 条第 1 款要求
	配筋量	纵向钢筋总配筋率:2.3%;箍筋最大间距 200 mm,最小直径 8 mm	满足第 6.2.4 条第 2 款要求
	梁端加密区	加密区箍筋间距 130 mm	满足第 6.2.4 条第 1 款要求
构件配筋	柱端加密区	加密区箍筋最大间距为 100 mm,直径为 6 mm	满足第 6.2.4 条第 2 款要求
	短柱	无	满足第 6.2.4 条第 3 款要求
	柱截面尺寸	边柱截面宽度为 305 mm	满足第 6.2.4 条第 5 款要求
填充墙连接构造	砖填充墙	填充墙嵌砌于框架平面内,厚度 300 mm,砂浆强度 M0.8	不满足第 6.2.7 条第 1 款要求
	填充墙连接	无拉结筋	不满足第 6.2.7 条第 2 款要求

2）抗震承载力验算

采用 PKPM 设计软件对门厅建模进行分析,结果表明:部分混凝土构件的配筋验算结果不满足要求。

2.13.3.3 综合抗震能力评定

综合考虑抗震承载力验算结果和上述抗震构造措施的不足项,大华电影院门厅不能满足后续使用年限为 30 年(A 类房屋)的抗震鉴定要求。

2.13.4 结论及建议

综合上述检查、检测、分析与评价的结果,可以得到如下结论与建议:

(1)大华电影院门厅不满足后续使用年限为 30 年(A 类房屋)的抗震鉴定要求。

(2)建议根据门厅文物建筑的特点及适修性原则,在不违背文物保护法的前提下制定适度的抗震加固措施。

2.14 案例 5:建筑遗产在相邻施工影响下评估——深圳格坑村老围屋在相邻强夯施工影响下的检测评估

2.14.1 工程概况

在第 26 届世界大学生运动会主体育场(位于深圳市龙岗区)的建设过程中发现了清代建造的格坑村老围屋(图 2.39)。格坑村老围屋为三栋砖混结构,始建于清代,距今已有百年历史,为典型岭南建筑。建筑物底部墙体为砂石夯土墙,上部墙体为砖砌体,砖砌大放脚基础,埋深 0.8 m。由于大运城内新建项目的基础较差,填土较厚,业主单位选用了较经济的强夯法对地基进行处理。考虑到格坑村老围屋距离最近的夯击点只有 10 m 左右,为减小强夯施工对该历史建筑的破坏程度,业主单位决定在该建筑周围设置减振沟。

图 2.39 深圳格坑村老围屋现状图

强夯施工过程中,当夯锤以冲击力贯入地基时,能量通过夯锤底部和侧面以弹性波传播的应变能形式向外扩散和传递,能量转化为体波和面波传到土里,压缩波首先到达,剪切波次之,瑞利波最后到达。从振波特点来看,主要成分是瑞利波,占到振动能量的67%,剪切波占26%,压缩波波占7%。振源能量的2/3由表面波沿地面表层在大约一个波长区域深度内向四周传播引起环境振动,其余1/3由体积波向纵深传播起压实作用。随着夯锤入土深度的增加,强夯振动在地面的影响范围也增大。减振沟是降低强夯振动效应的有效措施,减振沟主要起到消波、滤波的作用,将大部分振动波的水平分量产生的能量降低到最低限度,同时也使竖向能量有了很大的衰减。为研究影响减振沟减振效果的各种因素,首先通过数值模拟进行了参数分析,为减振沟的设计提供参考;在减振沟施工完成后,通过现场测试考察了减振沟在强夯施工时的实际减振效果。

2.14.2 减振沟减振效果理论计算

减振沟的深度一般可以按瑞利波的1/3波长或现有的基础埋置深度考虑,强夯时的瑞利波波长通常在8~12 m之间。为了解强夯施工对老建筑的影响,根据工程地勘报告及相关文献,对格坑村老围屋减振几种模型进行了显式动力有限元分析。前处理采用 Ansys 11.0™,求解器采用 Ls-dyna 971R2™,后处理主要采用 Ls-prepost 2.1。Ls-dyna 是一个显式为主的非线性动力分析通用程序,可以求解各种二维和三维非弹性结构的高速碰撞、爆炸和模压等大变形动力响应。

2.14.2.1 有限元模型

1) 基本模型

考虑到对称性,只取四分之一模型进行分析,有限元模型的基本尺寸为30 m长、30 m宽、20 m深。共计算了6个模型:①不设减振沟;②减振沟边缘离夯击点6 m,深3 m,宽1 m;③减振沟边缘离夯击点6 m,深4 m,宽1 m;④减振沟边缘离夯击点5 m,深3 m,宽1 m;⑤减振沟边缘离夯击点5 m,深4 m,宽1 m;⑥减振沟边缘离夯击点5 m,深4 m,宽2 m。这6个模型的有限元模型如图2.40所示。

(a) 模型1　　　　　　(b) 模型2　　　　　　(c) 模型3

(d) 模型4　　　　　　(e) 模型5　　　　　　(e) 模型6

图2.40　计算模型

2）网格划分

采用 Solid164 单元,这是一种 8 节点 6 面体单元,默认采用减缩积分选项。根据有关文献,合适的单元长度和波长的关系为:

$$\Delta x \leqslant \left(\frac{1}{6} \sim \frac{1}{12}\right)\lambda \tag{2.1}$$

式中:Δx 为单元边长,λ 为所需考虑的波长,由于强夯问题瑞利波影响最大,而强夯引起的瑞利波长一般为 8~12 m,因此取单元边长为 1 m 进行网格划分。

3）材料模型

由于夯锤变形相对较小,简化为刚体。对于土壤的模拟,Ls-dyna 中有第 3 号、5 号、147 号、193 号材料模型可选,本次分析选用 193 号即 Drucker-Prager 弹塑性模型,该模型的主要参数有:密度、剪切模量、泊松比、黏聚力、内摩擦角等。对于地勘报告中没有给出的参数例如地表填土层的材性,参照有关文献取值。弹性模量按压缩模量放大 5 倍到 10 倍取值,再换算成剪切模量。

4）荷载和边界

在两个对称面施加法向位移约束,在除了地表之外的其他表面施加无反射边界。对夯锤施加 15.65 m/s 的初速度。由于强夯引起的动力响应峰值通常发生在撞击后的 0.5 s 内,因此计算截止时间取前 0.5 s。

2.14.2.2 计算结果

从计算结果可以看出,由于填土层较松软,夯击点的变形是很大的。从各时刻的变形看,夯锤撞击地表之后,压实过程在前 0.05 s 内完成,之后根据填土层所取材料参数的不同,开始不同程度的回弹。考察距离夯击点 10 m 处的地表节点的径向即 x 向响应,图 2.41~图 2.46 分别为六种模型前 0.5 s x 向位移、速度和加速度曲线。

数值模拟结果表明:①减振沟的减振效果可达 60%~80%;②减振沟的减振效果随其深度增加而增加;③减振沟的宽度基本不影响减振效果,可以不考虑减振沟宽度的影响;④减振沟的减振效果同夯击点与减振沟的距离、拾取点与减振沟的距离以及减振沟的深度近似呈线性关系。

通过线性回归得出求解水平径向加速度减振程度和竖向加速度减振程度的近似公式,分别见式 2.2 和式 2.3:

$$e_H = 0.065x - 0.0248y + 0.0951z \tag{2.2}$$

$$e_V = 0.0223x - 0.0344y + 0.0761z \tag{2.3}$$

式中:e_H 和 e_V——分别为水平径向加速度减振程度和竖向加速度减振程度,$\in$（0~1）;

x——夯击点到减振沟的距离(m);

y——拾取点到减振沟的距离(m);

z——减振沟的深度(m)。

2.14.3 减振沟减振效果现场检测

为弄清强夯施工时减振沟的实际减振效果以及对该历史建筑的影响程度,在减振沟施工完成后,对最靠近老围屋的两排夯击点的现场强夯施工过程进行了监测。

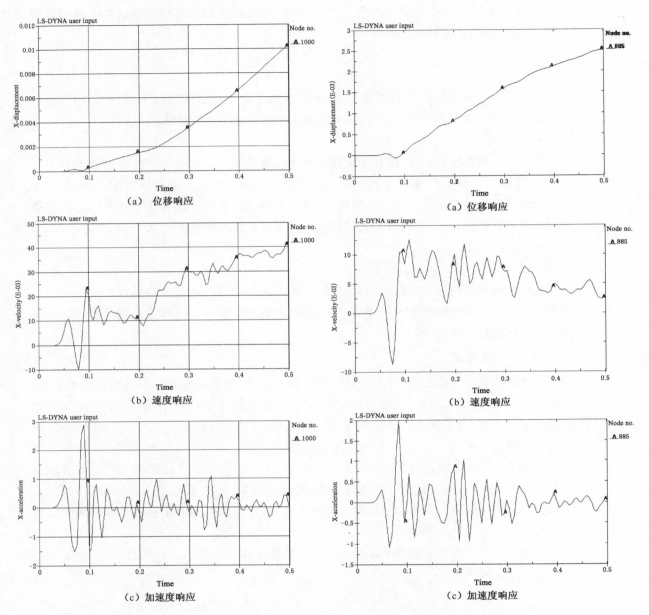

图 2.41　模型 1 距离夯击点 10 m 处的节点 x 向响应　　图 2.42　模型 2 距离夯击点 10 m 处的节点 x 向响应

大运城内新建项目的强夯施工采用二遍点夯和一遍满夯,点夯单击能为 2 500 kN·m,第一遍点夯击数 8～10 击,第二遍点夯击数 6～8 击;满夯单击能 1 500 kN·m,每点 2 击。强夯重锤 20 t,锤底面积 4 m² 左右。采用强夯处理后的地基承载力特征值将达到 140 kPa,变形模量将达到 15 MPa。

该工程主要地层有:

(1)素填土(①):灰黄、褐黄、褐红、灰黑等色,由黏性土含少量砂砾组成,层厚 0.3～6.5 m。

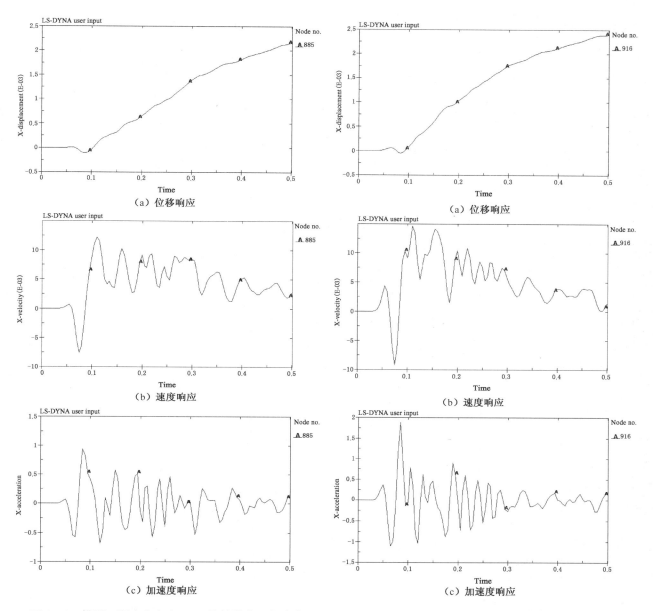

图 2.43　模型 3 距离夯击点 10 m 处的节点 x 向响应　　图 2.44　模型 4 距离夯击点 10 m 处的节点 x 向响应

（2）粉质黏土（⑤₁）：褐灰，褐黄色，稍有光滑，湿，可塑状，摇振反应无，干强度高，韧性高，层厚 0.3～28.1 m。

（3）细砂（⑤₂）：灰白，褐黄色，主要成分为石英质，局部含黏性土 5%左右，分选性较差，饱和、松散～稍密，层厚 0.2～19.5 m。

（4）淤泥质黏土（⑥₁）：黑色，含腐木，具臭味，饱和，软塑状，光滑，摇振反应中等，干强度高，韧性中等，层厚 0.5～29.5 m。

（5）粉质黏土（⑥₂）：灰白、灰黄色，局部含 20%左右砂，底部偶夹卵石，湿，可塑～硬塑，稍光滑，摇振反应无，干强度高，韧性高，层厚 0.5～29 m。

图 2.45　模型 5 距离夯击点 10 m 处的节点 x 向响应　　图 2.46　模型 6 距离夯击点 10 m 处的节点 x 向响应

（6）黏土（⑨）：灰黑色、褐色，主要成分为黏土，含少量灰岩质尖棱状角砾及玻璃碴、铁丝等杂物，偶含卵石，饱和，软塑，稍光滑，摇振反应无，干强度中等，韧性中等。

格坑村老围屋的减振沟开挖方案如图 2.47 所示，现场开挖施工见图 2.48 所示。

2.14.3.1　检测设备

主要设备为：DH5937 型 8 通道动态信号采集仪（图 2.49）和 DH202 型加速度传感器。数据处理软件为 DHDAS 数据采集系统，它具有对仪器的参数设置、数据采集和对数据基本的统计分析等功能。

图 2.47 格坑村老围屋减振沟开挖方案图

图 2.48 格坑村老围屋减振沟开挖施工图

图 2.49 DH5937 型 8 通道动态信号采集仪

2.14.3.2　传感器布置

共对 10 个最靠近老围屋的夯击点进行了现场监测,图 2.50 为这 10 个测点的传感器布置图,图 2.51 为 4♯夯击点在第 7 次点夯时的传感器加速度记录。

图 2.50　各测点传感器布置示意图

2.14.3.3　检测结果

从现场监测数据分析整理,可得出如下主要结果:

减振沟的实际减振效果达 50%～90%,与本书给出的近似公式(式(2.2)、式(2.3))计算结果较吻合。

此外,还观测到如下规律:强夯振动持时在 0.2 s 至 0.5 s 之间,峰值加速度一般出现在前 0.1 s 内;径向水平加速度的幅值最大,竖向加速度次之,环向水平加速度相对较小;点夯引起的最大振动通常发生在对同一夯击点的第 6 下夯击时,满夯引起的最大振动发生在对同一夯击点的第 2 下夯击时;点夯引起老围屋底部地表径向水平振动加速度最大值为 0.271 g,竖向振动加速度最大值为 0.180 g,满夯引起老围屋底部地表径向水平振动加速度最大值为 0.237 g。

截至最靠近老围屋的夯击点(距离老围屋约 10 m 至 20 m)的强夯施工完成为止,通过现场观察和检测发现,除局部少量粉饰面层松动掉落外,未发现原有裂缝的扩大、扩展和明

图 2.51　4 夯击点第 7 次点夯时的加速度记录

显的新裂缝的产生,未发现影响主体结构安全的现象发生。

2.14.4　结论

通过数值模拟发现,强夯施工时,减振沟的减振效果显著,减振可达 $60\%\sim80\%$;减振沟的减振效果随减振沟的深度增加而增加,而减振沟的宽度基本不影响减振效果;减振沟的减振效果同夯击点与减振沟的距离、拾取点与减振沟的距离以及减振沟的深度近似呈线性关系。基于此,首次提出了水平径向加速度减振程度和竖向加速度减振程度的计算公式。

现场监测数据验证了数值模拟结果及减振程度计算公式的正确性,并发现如下规律:强夯振动持时在 0.2 s 至 0.5 s 之间,峰值加速度一般出现在前 0.1 s 内;强夯引起的径向水平加速度的幅值最大,竖向加速度次之,环向水平加速度相对较小;点夯引起的最大振动通常发生在对同一夯击点的第 6 下夯击时,而满夯引起的最大振动发生在对同一夯击点的第 2 下夯击时。

3 木结构遗产的保护技术及案例

3.1 概述

  木材是人类建筑史上应用时间最长的建筑材料之一,已有数千年的应用历史。在我国现存的古建筑中,木结构和砖木混合结构占有相当的比例,如天津蓟县的独乐寺观音阁(图3.1)和山西应县木塔(图3.2)等都有数百年的历史。木材作为建筑材料有一系列的优点,如承载能力好,容重小,可就地取材,便于加工,化学性能比较稳定等。木结构的建筑也有缺点,如在潮湿状态下易腐蚀,开裂,易遭虫害和木材本身易燃等。木材的缺点使其应用受到限制,结构使用年数也受到影响。中国传统木构建筑的各个构件之间一般采用榫卯的构造连接方式。木构榫卯由榫头和卯孔组成,形成传递荷载的构造节点,既可以承受一定的荷载,也具有很好的弹性和较好的抵消水平推力的作用,表现出较强的半刚性连接特性,并且由于允许产生一定的变形,可以吸收部分能量,减少结构的在动力状态下的响应。作为一种节点方式,榫卯既承担着木构体系中力的传递与分配的秩序,也影响着结构整体的稳定,是结构体系成立的基本前提。

图 3.1　天津蓟县独乐寺观音阁

图 3.2　山西应县木塔

  对于这些传统木构建筑的研究,应该遵循历史性、艺术性和科学性的三大原则,而长期以来人们对古建筑的研究多从其历史性和艺术性入手,就其科学性方面的研究则相对较少。木构建筑遗产由于长期的风雨侵蚀、人为和自然灾害的破坏,材料和结构性能不可避免的减弱和损伤,大量传统木构建筑已出现险情,对其加固修缮的要求日益迫切。例如,在2008年汶川地震中,传统木构建筑损毁较严重,其中包括:世界文化遗产都江堰二王庙、青城山道教古建筑群、李白故居、杜甫草堂等等。因此,综合考虑历史性、艺术性和科学性,对这些传统木构建筑的保护技术进行科学研究,为维修和保护提供科学依据,已是当务之急。

3.2　木结构遗产的常见病害

1) 干缩开裂

木材在干燥过程中,因为水分蒸发而产生变形收缩,如图 3.3 所示。木材干裂的规律是:一般裂缝均为径向,由表及里的向髓心发展。一般密度较大的木材,因其收缩变形较大而易于开裂。制作时含水率低的木材,干缩裂缝较轻微。有髓心的木材,裂缝较严重;没髓心的木材,裂缝较轻微。制作时,可采用"破心下料"的方法,将木材从髓心处锯开,获得径向材,减小木材干缩时的内应力,大大降低裂缝出现的可能性。

图 3.3　干缩开裂

2) 疵病

由于构造不正常,或由于不佳的环境等外来因素,导致正常的木材材质改变,木材的利用价值降低甚至木材完全不能使用的情况称为木材的疵病,又称木材的缺陷。主要分为木节和斜理纹。

木节指的是包围在树干中的树枝基部的缺陷,是一种天然缺陷,如图 3.4 所示。木节在

图 3.4　木节

很多情况下会降低木材的力学性能,是因为木节破坏了木材的均匀性和完整性。木节对顺纹抗拉强度的影响最大,而对顺纹抗压强度影响最小。木节越接近受拉边部,影响越大,位于受压区时,影响较小,木节对抗弯强度的影响与木节在构件截面高度上的位置有很大关系。

斜理纹是木材的一种常见缺陷,简称斜纹或扭纹。木材的强度各向异性就是由于斜理纹的存在,如力的作用方向与木纹方向之间的角度不同,它的强度有很大的差别。斜理纹的存在使得木材的顺纹抗拉、顺纹抗压和抗弯强度均有所降低,纹理斜度越大,影响就越大,如图3.5所示。斜理纹还会使板材容易开裂和翘曲,使柱材严重弯曲。因此,使用木材时应特别注意木纹的方向。

图3.5 木材强度与斜纹角度之间关系

3)腐朽现象

腐朽是木结构最严重的一个缺点,木结构的使用寿命主要取决于腐朽的速度。木材的腐朽是由于真菌在木材中寄生而引起的。侵蚀木材的真菌有三类,即木腐菌、变色菌及霉菌。

木腐菌:菌丝(营养器官)伸入木材细胞壁内,分解细胞壁的成分作为养料,造成木材的

图3.6 木腐菌

腐朽。木材腐朽后,细胞被彻底破坏,使木材的力学性质发生改变,如图3.6所示。

变色菌:最常见于边材中,以细胞腔内含物(如淀粉、糖类等)为养料,不破坏细胞壁。变色菌使边材变成红、蓝、绿、黄、褐或灰等颜色,除影响外观外,对木材强度影响不大,如图3.7所示。

霉菌:生长在木材表面上,是一种发霉的真菌,对材质无甚影响。将木材表面刮净就可清除,如图3.8所示。

图3.7 变色菌

图3.8 霉菌

防止腐朽的方法：

（1）限制木腐菌生长的条件

木材腐朽是由于木腐菌寄生繁殖所致，所以，可以通过破坏木腐菌在木材中的生存条件，达到防止腐朽的目的。温度：木腐菌能够生长的适宜温度是 25～30℃，当温度高于 60℃时，木腐菌不能生存，在 5℃ 以下一般也停止生长。含水率：通常木材含水率超过 20%～25%，木腐菌才能生长，但最适宜生长的含水率在 40%～70%，也有少量木腐菌的含水率在 25%～35%。不同的木腐菌有不同的要求。一般情况，木材含水率在 20% 以下木腐菌就难以生长。

（2）构造上的防腐措施

屋架、大梁等承重构件的端部，不应封闭在砌体或其他通风不良的环境中，周围应留出不小于 5 cm 的空隙，以保证具有适当的通风条件。同时，为了防止受潮腐朽，在构件支座下，还应设防潮层或经防腐处理的垫木。木柱、木楼梯等与地面接触的木构件，都应设置石块垫脚，使木构件高出地面，与潮湿环境隔离。

（3）防腐的化学处理

木结构在使用过程中，若不能用构造措施达到防腐目的，则可采用化学处理的方法进行防腐。木材防腐剂的种类一般分为水溶性防腐剂、油溶性防腐剂、油类防腐剂和浆膏防腐剂。木材防腐的处理方法有：涂刷法、常温浸渍法、热冷槽浸注法、压力浸渍法。

4）蛀蚀现象

木材除受真菌的侵蚀而被腐朽外，还会遭受昆虫的蛀蚀。昆虫在树皮内或木材细胞中产卵，孵化成幼虫，幼虫蛀蚀木材，形成大小不一的虫孔，如图 3.9 和图 3.10 所示，蛀蚀木结构的昆虫主要是白蚁和木蜂。世界上已知危害房屋建筑的白蚁约 100 多种，主要危害品种有 47 种。我国常见危害房屋建筑的白蚁有 6 种，包括黄胸散白蚁（图 3.11）、家白蚁（图 3.12）、木白蚁、黑翅土白蚁等。

防治白蚁是一项长期工作，必须贯彻"预防为主，防治结合"的方针。预防的方法有两种：①生态预防。对于木构建筑，设计上要注意通风、防潮、防漏和透光；选用具有抗御白蚁的树种；避免木材与土壤直接接触。②药物处理。对房屋易受白蚁蛀蚀的部位如木楼梯下、木柱根部、梁柱节点、木屋架端节点等处，应喷洒或涂刷防蚁药物进行预防。

5）燃烧

木材本身可以燃烧，而且在燃烧过程中产生热量，助长火焰的发展。这对木结构的防火是十分不利的。木材的燃烧，是由外向内使木材逐渐炭化，减小了构件的有效截面面积，使结构失去承载力。普通木材为燃烧体，耐火极限一般为 0.25 h。

图 3.9　白蚁蛀蚀

图 3.10　木蜂蛀蚀

图 3.11　黄胸散白蚁　　　　　　　　　　图 3.12　家白蚁

　　木结构的防火,首先要考虑防火间距、设置防火墙、消防给水等措施,还要根据结构本身考虑如下措施:

　　(1) 在设计与施工时,应使木构件远离热源,若必须紧贴高热设备时,应采取局部隔热措施。

　　(2) 对木结构进行药剂防火处理,变燃烧体为难燃体。防火药剂处理的方法有两种,即涂刷和浸渍。

3.3　木结构建筑遗产的计算

　　在木结构验算前,首先应了解木材的受力性能、破坏特征和影响因素。木结构中的木材主要承受拉应力、压应力、剪切应力和局部压应力的作用。

　　木结构的验算主要参考以下规范:《木结构设计规范》(GB 50005—2003)、《建筑结构荷载规范》(GB 50009—2012)、《古建筑木结构维护与加固技术规范》(GB 50165—92)。

　　对于现行国家标准《建筑结构荷载规范》中未规定的永久荷载,可根据古建筑各部位构造和材料的不同情况,分别抽样确定。每种情况的抽样数不得少于 5 个,以其平均值的 1.1 倍作为该荷载的标准值。

　　对古建筑木结构的屋面,其水平投影面上的屋面均布活荷载标准值可取 $0.7 \, kN/m^2$,当施工荷载较大时,可按实际情况采用。验算屋面木构件时,施工或检修的集中荷载可取 0.8 kN,并以出现在最不利位置进行验算。

　　基本风压和基本雪压的重现期定为 100 年,按现行国家标准《建筑结构荷载规范》取值。

　　验算古建筑木结构时,其木材设计强度和弹性模量应符合下列规定:

　　(1) 按现行国家标准《木结构设计规范》的规定采用,并乘以结构重要性系数 0.9。

　　(2) 对外观已显著变形或木质已老化的构件,尚应乘以表 3.1 中考虑荷载长期作用和木质老化影响的调整系数。

　　梁、柱结构按现行国家标准《木结构设计规范》的有关规定验算其承载能力,并应遵守下列规定:①当梁过度弯曲时,梁的有效跨度应按支座与梁的实际接触情况确定,并应考虑支座传力偏心对支撑构件受力的影响;②柱应按两端铰接计算,计算长度取侧向支撑间的距离,对截面尺寸有变化的柱可按中间截面尺寸验算稳定;③若原有构件已部分缺损或腐朽,应按剩余的截面进行验算。

表 3.1　考虑荷载长期作用和木质老化影响的调整系数

建筑物修建距今的时间（年）	调 整 系 数		
	顺纹抗压设计强度	抗弯和顺纹抗剪设计强度	弹性模量和横纹承压设计强度
100	0.95	0.90	0.90
300	0.85	0.80	0.85
≥500	0.75	0.70	0.75

古建筑木结构中的斗拱的各部件尺寸,应按各时期的建筑法式确定,不作结构验算。

在古建筑木结构中,垂直荷载一般由柱承受,墙体仅起稳定结构与传递水平力的作用。对一般古建筑木结构可不进行水平荷载验算。对特别重要的古建筑木结构应进行水平荷载验算,包括抗震性能验算和抗风性能验算,此时,梁柱榫卯节点连接应按半刚性节点进行考虑,半刚性数据可通过试验或参考相关文献获得。

3.4　木结构建筑遗产的保护技术

3.4.1　木构架的整体维修和加固

应根据其残损程度分别采用下列的方法:

(1) 落架大修,即全部或局部拆落木构架,对残损构件或残损点逐个进行修整、更换残损严重的构件,再重新安装,并在安装时进行整体加固。

(2) 打牮拨正,即在不拆落木构架的情况下,使倾斜、扭转、拔榫的构件复位,再进行整体加固。对个别残损严重的梁枋、斗拱、柱等应同时进行更换或采取其他修补加固措施。

(3) 修整加固,即在不揭除瓦顶和不拆动构架的情况下,直接对木构架进行整体加固。这种方法适用于木构架变形较小,构件位移不大,不需打牮拨正的维修工程。

对木构架进行整体加固应符合下列要求:

(1) 加固方案不得改变原来的受力体系。

(2) 对原来结构和构造的固有缺陷,应采取有效措施予以消除,对所增设的连接件应设法加以隐蔽。

(3) 对本应拆换的梁枋、柱,当其文物价值较高而必须保留时,可另加支柱,但另加的支柱应能易于识别。

(4) 对任何整体加固措施,木构架中原有的连接件,包括椽、檩和构架间的连接件,应全部保留。若有短缺时,应重新补齐。

(5) 加固所用材料的耐久性不应低于原有结构材料的耐久性。

3.4.2　木柱的加固

对于木柱的干缩裂缝,当其深度不超过柱径(或该方向截面尺寸)1/3 时,可按下列嵌补方法进行修补:

(1) 当裂缝宽度不大于 3 mm 时,可在柱的油饰或断白过程中,用腻子勾抹严实。

(2) 当裂缝宽度在 3~30 mm 时,可用木条嵌补,并用耐水性胶粘剂粘牢。

（3）当裂缝宽度大于 30 mm 时,除用木条以耐水性胶粘剂补严粘牢外,尚应在柱的开裂段内加铁箍 2～3 道。若柱的开裂段较长,则箍距不宜大于 0.5 m。铁箍应嵌入柱内,使其外皮与柱外皮齐平。

当木柱有不同程度的腐朽而需整修、加固时,可采用下列剔补或墩接的方法处理:

（1）当柱心完好,仅有表层腐朽,且经验算剩余截面尚能满足受力要求时,可将腐朽部分剔除干净,经防腐处理后,用干燥木材依原样和原尺寸修补整齐,并用耐水性胶粘剂粘接。如系周围剔补尚需加设铁箍 2～3 道。

（2）当柱脚腐朽严重,但自柱底面向上未超过柱高的 1/4 时,可采用墩接柱脚的方法处理。

若木柱内部腐朽、蛀空,但表层的完好厚度不小于 50 mm 时,可采用不饱和聚酯树脂进行灌浆加固。

当木柱严重腐朽、虫蛀或开裂,而不能采用修补、加固方法处理时,可考虑更换新柱。

3.4.3　梁、枋的加固

当梁枋构件有不同程度的腐朽而需修补、加固时,应根据其承载能力的验算结果采取不同的方法。若验算表明其剩余截面面积尚能满足使用要求时,可采用贴补的方法进行修复。贴补前,应先将腐朽部分剔除干净,经防腐处理后,用干燥木材按所需形状及尺寸,以耐水性胶粘剂贴补严实,再用铁箍或螺栓紧固。若验算表明,其承载能力已不能满足使用要求时,则须更换构件。更换时,宜选用与原构件相同树种的干燥木材,并预先做好防腐处理。

对梁枋的干缩裂缝应按下列要求处理:

（1）当构件的水平裂缝深度(当有对面裂缝时,用两者之和)小于梁宽或梁直径的 1/4 时,可采取嵌补的方法进行修整,即先用木条和耐水性胶粘剂,将缝隙嵌补粘结严实,再用两道以上铁箍或玻璃钢箍箍紧。

（2）若构件的裂缝深度超过上款的限值,则应进行承载能力验算,若验算结果不能满足受力要求时,可在梁枋下支顶立柱或更换构件或埋设型钢等加固件。

3.4.4　木屋架的加固

整体性加固:增加或更换水平支撑系统和垂直支撑系统,提高屋架系统的整体性及空间刚度。支撑系统可采用钢结构,钢构件与木构件采用螺栓加连接件连接。

构件加固:受压杆件,可采用局部加木夹板并以螺栓联结的加固方法;受拉杆件,可采用局部加木夹板,也可采用钢拉杆的加固方法。端部节点,可采用钢夹板的加固方法。

3.4.5　木檩条的加固

当木檩条的承载力或刚度不满足要求时,可采用增大截面、增设随檩枋、粘贴纤维布、中间夹钢板等方法进行加固。

3.4.6　传统加固方法的不足

传统的木构建筑加固修复方法主要有:加钉法、螺栓加固法、加箍法、拉杆法、附加梁板法、加位板法、附加断面法等。这些传统加固修复方法容易使古建筑木结构改变原貌,而且操作稍有不慎将导致构件新的破坏。

（1）在对木结构进行加固维修时，一般要采取渗透扩散、喷涂或压注喷雾的方法对构件使用低毒高效的防腐防虫药剂来进行必要的防腐防虫害处理。但是防腐剂防虫剂等有毒物质长时间在空气中扩散，会对文物管理工作人员的身体造成极大的伤害。

（2）在加设铁箍时，铁箍加设前必须进行除锈及抗腐蚀的处理，并且将铁箍嵌入木结构中，使其外皮与梁柱外皮齐平，以便油饰。加设铁箍这一程序工作繁琐而且稍有操作不慎会导致构件产生新的破坏。

（3）在采用墩接的方法加固木柱及用拉杆和夹接加固梁枋时，不仅使用受到严格的条件限制，不易被广泛推广使用，而且即使被采用了，也易使古建筑改变原貌，违反了"修旧如旧"的原则。

3.4.7 木结构的化学加固及纤维布的运用

木材内部因虫蛀或腐朽形成中空时，若柱表层完好厚度不小于 50 mm，可采用不饱和聚酯树脂进行灌注加固。梁枋内部因腐朽中空截面面积不超过全截面面积 1/3 时，也可采用环氧树脂灌注加固。

近些年来，随着纤维增强聚合物（Fibre Reinforced Polymer，简称 FRP）技术的不断完善，FRP 材料越来越多地被用在木结构的加固工程上。FRP 由于具有几何可塑性大、轻薄、易剪裁成型等优点，非常适用于非规则断面的传统木结构表面粘贴，而且用纤维布加固木结构后经油漆涂刷不会影响外观，也几乎没有增加重量，是木结构加固的首选材料。目前 FRP 主要用于木构件和节点的加固，从而提高木结构的承载力、刚度和抗震性能。

FRP 加固技术是指采用高性能粘结剂将纤维布粘贴在建筑结构构件表面，使两者共同工作，提高结构构件的（抗弯、抗剪）承载能力，由此而达到对建筑物进行加固、补强的目的。

常见的 FRP（图 3.13）主要有芳纶纤维 AFRP、碳纤维 CFRP、玻璃纤维 GFRP 和玄武岩纤维 BFRP。目前，在木结构加固工程中应用的最多的还是 CFRP。

（a）芳纶纤维AFRP（黄色）

（b）碳纤维CFRP（黑色）

（c）玻璃纤维GFRP（白色）

图 3.13　FRP 材料

FRP 是由环氧树脂粘结高抗拉强度的纤维束而成的。使用纤维布加固具有以下几个优点:①强度高(强度约为普通钢材的 10 倍),效果好;②加固后能大大提高结构的耐腐蚀性及耐久性;③自重轻($200\sim300$ g/m²),基本不增加结构自重及截面尺寸;柔性好,易于裁剪,适用范围广;④施工简便(不需大型施工机构及周转材料),易于操作,经济性好;⑤施工工期短。碳纤维加固技术适用于各种结构类型、各种结构部位的加固修补,如梁、板、柱、屋架、桥墩、桥梁、筒体、壳体等结构,也是木结构加固的首选材料。

国际上,首例采用 FRP 加固的木结构为瑞士 Sins 木桥(1992 年,CFRP),该桥建于1807 年,双跨拱桥 2×31 m,CFRP 主要用于桥面板的加固。国内曾对天安门城楼大型木柱采用 CFRP 布进行加固尝试。我们在全国重点文物保护单位南京甘熙故居的木构修缮中采用了 CFRP 对木柱墩接部位进行了加固,在全国重点文物保护单位苏州留园曲溪楼和马鞍山采石矶太白楼的修缮中采用 CFRP 对木梁进行了抗弯及抗剪加固。

FRP 在增强木结构方面有以下优点:①提高木构件的承载能力,降低截面尺寸。②便于裁剪,易于施工。③提高木结构的耐腐蚀性。

FRP 加固木结构的主要方法见图 3.14 所示。

图 3.14　CFRP 加固木结构方法

3.5　外贴碳-芳混杂纤维布加固木结构设计研究

3.5.1　前言

在国外,尤其在美国和加拿大,对 CFRP 加固木结构进行了一些研究,但主要针对胶合木结构。Blas 等对 CFRP 增强胶合层木的抗弯性能进行实验研究并比较了底板粘贴和夹心粘贴的参数影响,证明对于胶合层木与 FRP 组合后同样有很好的增强效果。Plevris 等对两根以 1.18%体积率的 CFRP 增强的木梁和 1 根对比试件进行了 10 个月的恒温恒湿恒载实验,结果表明 CFRP 加固后可减少 40% 的初始变形和 50% 的徐变变形,从而表明 CFRP 能够提高木梁的刚度和减少徐变影响,而且其效果是非常可观的。Taheri 等进行了 CFRP 加固长细比为 16 的胶合方木柱的试验研究,加固后胶合方木柱的极限承载力提高了 60%～70%。Dagher 等和 Brunner 等分别进行了 FRP 布加固简支胶合木梁的试验研究。研究表明,所有加固试件的破坏均由受拉面木材的脆性断裂引起;FRP 布加固胶合木梁后受弯承载力提高 22%～51%,刚度提高 25%～37%;对 FRP 布施加预应力可提高加固效果。Triantafillou 进行了粘贴不同厚度(0.167 mm、0.334 mm)和方向(0°、90°)CFRP 布加固木梁受剪承载力的试验研究,为保证试件发生剪切破坏,剪跨内试件宽度由 65 mm 减至 25 mm,研究表明,所有试件均在剪跨内发生剪切破坏,粘贴 CFRP 布后木梁受剪承载力提高 4.8%～42.8%,提高幅度与理论分析结果符合较好。Hay 等进行了 GFRP(竖向和斜向)加固木梁受剪承载力的试验研究,结果表明,GFRP 斜向粘贴木梁的受剪承载力提高 34.1%,而 GFRP 竖向粘贴木梁的受剪承载力仅提高 16.4%,斜向粘贴比竖向粘贴的加固效果更好。Carradi 等进行了 GFRP 加固既有木楼面抗剪承载力的研究,粘贴 GFRP 后木楼面的抗剪承载力得到明显提高。Svecova 等研究了在木梁剪跨区内或全长范围设置 GFRP 剪切销对提高木梁承载力的效果,并提出了设置的建议。

而我国在这方面的研究甚少。近年来,同济大学、西安交通大学、西安建筑科技大学、上海建科院和南京工业大学才陆续有学者对此开展研究。张大照进行了 CFRP 布加固圆形木柱的试验研究,粘贴 CFRP 布后承载力提高 10%～20%,且圆木柱的变形能力得以提高。马建勋等进行了 CFRP 布加固圆形木柱的试验研究,CFRP 布满布或间隔成条布置。研究表明,粘贴 CFRP 布能有效约束圆木柱的横向变形,显著提高木柱的延性;用 CFRP 布加固后圆形木柱轴压承载力提高 18%～33%。许清风等进行了 CFRP 加固短方木柱的试验研究,加固后短方木柱的极限承载力和延性系数提高程度均与 CFRP 的层数明显相关。粘贴 1 层 CFRP 短木柱的极限承载力提高 5.2%,延性系数提高 40.7%;粘贴 2 层 CFRP 短木柱的极限承载力提高 17.4%,延性系数提高 71.6%。周钟宏等进行了 CFRP 加固圆木柱(杉木)的试验研究,加固后木柱的承载力和延性有显著提高,提高幅度与 CFRP 的规格、层数以及方向有关;并根据试验结果提出了 CFRP 约束圆木柱抗压强度的计算模型。张大照进行了 CFRP 加固圆形木梁的试验研究,研究表明,用 CFRP 布加固圆形木梁后其受弯承载力提高 40%～50%,同时刚度和延性也得到提高。许清风等进行了 CFRP 加固受拉区带有明显木节的木梁受弯承载力的试验研究。对比试件和粘贴 CFRP 布加固试件均发生由木节引起的脆性破坏,破坏没有明显的征兆。粘贴 CFRP 加固带木节试件的受弯承载力显著提高,提高幅度达 53%～109%,明显大于 CFRP 加固没有明显木节试件的提高幅度。杨会峰等进行了 CFRP 加固杨木胶合木梁受弯承载力的试验研究,加固后其极限承载力提高 18%～63%,刚度提高 32%～88%,延性系数提高 33%～133%,比国外胶合木梁提高的幅度大。许清风等进行了 13 根粘贴 CFRP 布加固木梁受剪承载力的对比试验研究,研究了粘贴 CFRP 布加固木梁受剪承载力的效果,结果表明,粘贴 CFRP 布加固木梁不仅可提高其承载力,还可提高其刚度。王鲲进行了 7 根 CFRP 加固矩形木梁受剪承载力的试验研究,得到了木梁在受剪切荷载作用时的两种破坏形态:一种是沿木纤维顺纹方向的剪切破坏,另一种为梁的斜截面剪切破坏,从理论计算上分析两种不同破坏形态发生的条件,并针对两种不同的破坏形态提出了相应的加固方法。

国内外学者对 FRP 加固木结构的研究基本都是针对单一 FRP 材料加固木结构的性能研究,而对混杂纤维的研究刚刚开始,对混杂纤维加固木结构的研究也鲜有报道。综合承载能力、经济性、延性、耐腐蚀性等多方面考虑，我们提出采用碳纤维材料和芳纶纤维材料混杂加固木结构的设想，使用两种纤维的协调匹配，取长补短，产生混杂的效应，改善结构的性能。本书重点阐述碳-芳混杂纤维加固圆木柱的轴心抗压性能、加固矩形木梁的抗弯和抗剪性能。

3.5.2 碳-芳混杂纤维最优混杂比的研究

为了得到适用于木结构加固用的最优性能的碳-芳混杂纤维，南京海拓复合材料有限责任公司通过对不同混杂比的碳-芳混杂纤维性能的比较，最后试验选用综合性能最好的碳-芳为2：1混杂比的混杂纤维布加固，相关材料的材性如表3.2所示。碳-芳混杂纤维名义厚度为0.155 mm。底胶、浸渍胶采用配套胶（Lica建筑结构胶）。

表3.2 纤维布材性

品种	拉伸强度（MPa）	拉伸模量（MPa）	延伸率（%）
纯芳纶	2 267.70	137 051.82	1.67
纯碳纤维	4 274.83	278 377.87	1.68
碳芳 1：1	3 375.30	216 904.40	1.70
碳芳 1：2	2 635.50	191 950.16	1.75
碳芳 2：1	3 585.56	225 962.22	2.20
碳芳 3：1	2 966.02	192 967.40	2.59

3.5.3 碳-芳混杂纤维加固木柱轴心受压性能研究

3.5.3.1 试验设计

中国传统木构建筑承重用材主要选用松木和杉木，因此，本试验所用的木材是松木和杉木两种。试件分为：未加固柱4根；加固柱（粘贴1层碳-芳混杂纤维布）4根；加固柱（粘贴2层碳-芳混杂纤维布）4根，其中松木和杉木各2根。外贴纤维布的试件均为环向满贴，沿环向的搭接长度为100 mm。当采用多层纤维布时，各层纤维布的搭接位置要相互错开。为防止发生端部局部破坏，在粘贴主要受力纤维布之后，在上下端分别用同种纤维布粘贴一层50 mm宽的环箍。每个试件贴4个应变片，其中两个纵向，两个横向，分别设置在木柱中部和环向碳-芳混杂纤维布的表面，以量测柱中截面的轴向压应变和横向拉应变。图3.15和图3.16分别为未加固和加固试件的示意图。

图3.15 未加固试件示意图　　　　　图3.16 加固试件示意图

本试验选用同一批次的木材,松木和杉木干燥后并且进行了加工处理。通过材性试验,得到松木试验材料的力学参数:顺纹抗拉强度 115.5 MPa,顺纹抗压强度 44.8 MPa,抗弯强度 116.8 MPa,顺纹抗剪强度 8.4 MPa,抗弯弹性模量 11 978.6 MPa;杉木试验材料的力学参数:顺纹抗拉强度 79.0 MPa,顺纹抗压强度 28.0 MPa,抗弯强度79.1 MPa,顺纹抗剪强度 3.9 MPa,抗弯弹性模量 8 837.4 MPa。

本次试验的试件设计方案见表 3.3 所示。

表 3.3　试件设计方案

	木材 种类	试件 编号	FRP 布层数(层)	试件直径 (mm)
未加固柱	松木	C1	无	100
	松木	C2	无	100
加固柱	松木	C3	1	100
	松木	C4	1	100
	松木	C5	2	100
	松木	C6	2	100
未加固柱	杉木	C7	无	100
	杉木	C8	无	100
加固柱	杉木	C9	1	100
	杉木	C10	1	100
	杉木	C11	2	100
	杉木	C12	2	100

试验在南京航空航天大学土木工程实验室 2 000 kN 万能试验机上进行。采用几何对中方法对中后,先进行预载对试验仪器和数据采集仪进行检验是否正常。正常后卸载至零,然后对试件重新从荷载为零时加载直至试件破坏。数据采集采用 TDS - 602 计算数据采集仪。试验装置如图 3.17 所示。

图 3.17　试验装置图

3.5.3.2 试验现象

对于未加固的松木试件 C1、C2 和杉木试件 C7、C8,在荷载加至极限荷载的 40%～60% 时,开始发出"吱吱"的断裂声。随着荷载的增大,木材断裂逐渐增多,断裂声变大,达到极限荷载时,试件中部压溃,产生多条竖向裂缝,试件破坏。其中,C7 试件在破坏时,端部出现压皱现象。图 3.18 为未加固试件的破坏形态。

|（a）试件C1 |（b）试件C2 |（c）试件C7 |（d）试件C8 |

图 3.18 未加固试件的破坏形态

对于混杂纤维加固的松木试件 C3、C4、C5、C6 和杉木试件 C9、C10、C11、C12,在荷载加至极限荷载的 40%～60% 时,开始发出"吱吱"的断裂声。随着荷载的增大,木材断裂逐渐增多,断裂声变大,达到极限荷载时,试件中部纤维布环向发生断裂、剥离,试件破坏。其中,C5、C9、C12 试件在破坏时,端部出现压皱现象。图 3.19 为混杂纤维加固试件的破坏形态。

|（a）试件C3 |（b）试件C4 |（c）试件C5 |（d）试件C6 |
|（e）试件C9 |（f）试件C10 |（g）试件C11 |（h）试件C12 |

图 3.19 混杂纤维加固试件的破坏形态

3.5.3.3 试验结果

1) 轴心抗压承载力

试验结果表明:木柱经碳-芳混杂纤维布环向粘贴加固后,其轴心抗压承载力有了明显的提高,提高幅度在 6.6%～16.8% 之间(松木)和 5.0%～16.9% 之间(杉木)。由于木材力学性能的离散性,材料材质的好坏,以及加载方式的偏差对试验结果均有一定影响。具体试验结果见表 3.4 所示。

表 3.4　主要试验结果（轴心抗压承载力）

木柱	试件编号	FRP布层数（层）	极限承载力（kN）	提高幅度（%）
未加固柱（松木）	C1	无	276.5	—
	C2	无	273.0	—
加固柱（松木）	C3	1	294.8	6.6
	C4	1	300.1	8.2
	C5	2	320.8	16.8
	C6	2	312.7	13.8
未加固柱（杉木）	C7	无	250.5	—
	C8	无	250.2	—
加固柱（杉木）	C9	1	271.4	8.4
	C10	1	262.9	5.0
	C11	2	277.8	11.0
	C12	2	292.7	16.9

注：木柱极限承载力的提高幅度是把加固柱与未加固柱比较而言的。

2）荷载-应变曲线

试验结果表明：木柱经碳-芳混杂纤维布环向粘贴加固后，其峰值压应变有了明显的提高，提高幅度在 8.9%～60.2% 之间（松木）和 11.5%～56.8% 之间（杉木）。圆木柱在轴心受压时，荷载-应变曲线基本是线性的，塑性变形较小，木柱的纵向压应变大于横向拉应变。具体试验结果见表 3.5 和图 3.20 所示。

表 3.5　主要试验结果（极限压应变）

木柱	试件编号	FRP布层数（层）	极限压应变（×10^{-6}）	提高幅度（%）
未加固柱（松木）	C1	无	4194	—
	C2	无	4072	—
加固柱（松木）	C3	1	4591	11.1
	C4	1	4500	8.9
	C5	2	6620	60.2
	C6	2	6319	52.9
未加固柱（杉木）	C7	无	3013	—
	C8	无	2913	—
加固柱（杉木）	C9	1	3603	21.6
	C10	1	3303	11.5
	C11	2	4646	56.8
	C12	2	4235	42.9

注：木柱极限压应变的提高幅度是把加固柱与未加固柱比较而言的。

图 3.20　荷载-压应变曲线

3）理论分析

用碳-芳混杂纤维布加固圆木柱，由于泊松效应、木材横向膨胀，混杂纤维布沿环向张紧，产生径向约束力，提高木柱轴心抗压强度。考虑环向碳-芳混杂纤维布对构件抗压强度的贡献，建议碳-芳混杂纤维布加固圆木柱的轴心抗压承载力计算采用下面公式：

$$f_{uc} = f_{w0} + \alpha f_{w0} \left(\frac{2f_\theta t_\theta}{d f_{w0}} \right)^{0.7} \tag{3.1}$$

式中：f_{uc}——约束木材的极限抗压强度（MPa）；

f_{w0}——无约束木材的极限抗压强度（MPa）；

f_θ——碳-芳混杂纤维布的极限抗拉强度（MPa）；

t_θ——环向纤维布的名义厚度（mm）；

d——圆木柱的直径（mm）。

对试验数据进行回归分析，得到碳-芳混杂纤维加固圆木柱的轴心抗压承载力计算公式：

对于松木构件：

当环向粘贴 1 层碳-芳混杂纤维时，

$$f_{uc} = f_{w0} + 0.185 f_{w0} \left(\frac{2f_\theta t_\theta}{d f_{w0}} \right)^{0.7} \tag{3.2}$$

当环向粘贴 2 层碳-芳混杂纤维时，

$$f_{uc} = f_{w0} + 0.341 f_{w0} \left(\frac{2f_\theta t_\theta}{d f_{w0}} \right)^{0.7} \tag{3.3}$$

对于杉木构件：

当环向粘贴 1 层碳-芳混杂纤维时，

$$f_{uc} = f_{w0} + 0.140 f_{w0} \left(\frac{2f_\theta t_\theta}{d f_{w0}} \right)^{0.7} \tag{3.4}$$

当环向粘贴 2 层碳-芳混杂纤维时，

$$f_{uc} = f_{w0} + 0.291 f_{w0} \left(\frac{2f_\theta t_\theta}{d f_{w0}} \right)^{0.7} \tag{3.5}$$

3.5.4　碳-芳混杂纤维加固矩形木梁抗弯性能研究

3.5.4.1　试验设计

中国传统木构建筑承重用材主要选用松木和杉木,因此,本试验所用的木材是松木和杉木两种。试件分为:未加固梁 4 根;加固梁(粘贴 1 层碳-芳混杂纤维布)4 根;加固梁(粘贴 2 层碳-芳混杂纤维布)4 根,其中松木和杉木均各两根。本书中的试件采用矩形截面简支梁,木梁的尺寸设计为长 1 700 mm,宽 100 mm,高 150 mm,有效长度为 1 500 mm。为研究受拉区 HFRP 加固层数的影响,本书中共设计了 4 组 HFRP 加固木梁(松木和杉木均各 2 组),每组 2 根。为防止 FRP 发生剥离破坏,弯剪区均采用环形箍对受拉区加固层进行锚固。每个试件贴 6 个应变片(梁跨中截面位置两个侧面各贴 3 片)。图 3.21 和图 3.22 分别为未加固和加固试件的示意图。

图 3.21　未加固试件示意图

图 3.22　加固试件示意图

本试验选用同一批次的木材,松木和杉木干燥后并且进行了加工处理。通过材性试验,得到松木试验材料的力学参数:顺纹抗拉强度 115.5 MPa,顺纹抗压强度 44.8 MPa,抗弯强度 116.8 MPa,顺纹抗剪强度 8.4 MPa,抗弯弹性模量 11 978.6 MPa;杉木试验材料的力学参数:顺纹抗拉强度 79.0 MPa,顺纹抗压强度 28.0 MPa,抗弯强度 79.1 MPa,顺纹抗剪强度 3.9 MPa,抗弯弹性模量 8 837.4 MPa。

本次试验的试件设计方案见表 3.6 所示。

表 3.6　试件设计方案

	木材种类	试件编号	加固方式
参照梁	松木	A1	未加固
	松木	A2	未加固
加固梁	松木	A3	粘贴 1 层 HFRP
	松木	A4	粘贴 1 层 HFRP
	松木	A5	粘贴 2 层 HFRP
	松木	A6	粘贴 2 层 HFRP

	木材种类	试件编号	加固方式
参照梁	杉木	A7	未加固
	杉木	A8	未加固
加固梁	杉木	A9	粘贴 1 层 HFRP
	杉木	A10	粘贴 1 层 HFRP
	杉木	A11	粘贴 2 层 HFRP
	杉木	A12	粘贴 2 层 HFRP

试验在南京航空航天大学土木工程实验室 2 000 kN 万能试验机上进行。加载方式为两点加载,由荷载分配梁来实现两点加载。在木梁各集中受力点垫上钢板以防止木梁被横向压坏。采用千斤顶进行分级加载,通过力传感器来显示每一级荷载。在正式加载之前,对测试仪表进行检查确保仪表工作正常,保证数据正确无误。梁的受压区被压皱褶前,每一级荷载增值为 5.0~8.0 kN;梁被压皱褶后,每一级荷载增值为 4.0~5.0 kN;每一级荷载持续时间为 3 min。试验装置如图 3.23 所示。

试验量测的主要内容有:在加载过程中,每加载一次,记录梁跨中位移、梁跨中截面上木纤维的应变,并观察和记录木梁的破坏情况。

图 3.23　试验装置图

3.5.4.2　试验现象

对于未加固的松木试件 A1、A2 和杉木试件 A7、A8:在荷载加至极限荷载的 30%~50% 时,开始发出轻微响声;在荷载加至极限荷载的 50%~70% 时,木梁跨中底部或受拉边一些缺陷(如节疤、斜理纹)处首先出现开裂;随着荷载的增大,木材断裂声变大,跨中底部裂缝沿梁长度和梁高度方向同时增大;达到极限荷载时,产生剧烈响声,木梁断裂,变形很大,发生脆性破坏。图 3.24 为未加固试件的破坏形态。

对于 HFRP 加固的松木试件 A3~A6:A3 在荷载加至极限荷载的 45% 左右时,开始发出轻微响声;在荷载加至极限荷载的 65% 左右时,木梁跨中底部出现开裂现象;随着荷载的增大,断裂声不时出现并且增大,裂缝沿梁长度和梁高度方向同时增大;达到极限荷载时,产生剧烈响声,木梁断裂,纤维布未拉断。A4 在荷载加至极限荷载的 45% 左右时,开始发出轻微响声;随着荷载的增大,断裂声不时出现并且增大;在荷载加至极限荷载的 90% 左右时,木梁上部受压处开始出现裂缝;随着荷载的增大,支座处环箍出现剥离破

|（a）试件A1|（b）试件A2|
|（c）试件A7|（d）试件A8|

图 3.24　未加固试件的破坏形态

坏；达到极限荷载时，产生剧烈响声，木梁跨中底部断裂，且纤维布局部崩裂。A5 在荷载加至极限荷载的 65％左右时，开始发出轻微响声；随着荷载的增大，响声不时出现并且增大；达到极限荷载时，产生较大响声，跨中底部节疤处出现较大裂缝，纤维布基本未拉断。A6 在荷载加至极限荷载的 35％左右时，开始发出轻微响声；随着荷载的增大，响声不时出现并且增大；达到极限荷载时，产生剧烈响声，木梁跨中底部出现裂缝，并迅速沿水平向扩展至端部，局部纤维布出现脱落并有拉断现象，端部环箍纤维布部分损坏。

对于 HFRP 加固的杉木试件 A9～A12：A9 在荷载加至极限荷载的 35％左右时，开始发出轻微响声；在荷载加至极限荷载的 60％左右时，木梁跨中底部出现开裂现象；随着荷载的增大，断裂声不时出现并且增大，裂缝沿梁长度和梁高度方向同时增大；达到极限荷载时，产生剧烈响声，木梁断裂，纤维布未拉断，端部环箍纤维布部分损坏。A10 在荷载加至极限荷载的 25％左右时，开始发出轻微响声；随着荷载的增大，断裂声不时出现并且增大；在荷载加至极限荷载的 75％左右时，木梁跨中开始出现水平裂缝；随着荷载的增大，支座处环箍出现局部破坏；达到极限荷载时，产生剧烈响声，木梁底部出现通长水平裂缝，纤维布未拉断。A11 在荷载加至极限荷载的 40％左右时，开始发出轻微响声；随着荷载的增大，响声不时出现并且增大；达到极限荷载时，产生剧烈响声，木梁底部出现通长水平裂缝，纤维布未拉断，端部环箍纤维布部分损坏。A12 在荷载加至极限荷载的 35％左右时，开始发出轻微响声；随着荷载的增大，响声不时出现并且增大；达到极限荷载时，产生剧烈响声，木梁底部出现水平裂缝，并迅速沿水平向扩展至端部，端部环箍纤维布部分损坏。图 3.25 为碳-芳混杂纤维布加固木梁试件的破坏形态。

| （a）试件A3 | （b）试件A4 | （c）试件A9 | （d）试件A10 |
| （e）试件A5 | （f）试件A6 | （g）试件A11 | （h）试件A12 |

图 3.25　混杂纤维加固试件的破坏形态

3.5.4.3　试验结果

1）极限承载力

试验结果表明：木梁经碳-芳混杂纤维布粘贴加固后，其抗弯承载力有了明显的提高，提高幅度在 18.1%～62.0%之间（松木）和 7.7%～29.7%之间（杉木）。具体试验结果见表 3.7 所示。

表 3.7　主要试验结果（抗弯承载力）

木柱	试件编号	FRP布层数（层）	抗弯承载力（kN·m）	提高幅度（%）
未加固梁 （松木）	A1	无	13.03	—
	A2	无	16.48	—
加固梁 （松木）	A3	1	17.43	18.1
	A4	1	20.80	41.0
	A5	2	23.13	56.8
	A6	2	23.90	62.0
未加固梁 （杉木）	A7	无	10.48	—
	A8	无	11.85	—
加固梁 （杉木）	A9	1	12.65	13.3
	A10	1	12.03	7.7
	A11	2	14.48	29.7
	A12	2	14.10	26.3

注：木梁极限承载力的提高幅度是把加固梁与未加固梁比较而言的。

2）荷载-挠度曲线

图 3.26 为所有梁的荷载-挠度曲线。可以看出，所有梁的荷载与挠度基本呈线性关系，加固梁的极限荷载和挠度要比未加固梁的大一些。此外，加固梁的刚度也有一定程

度的提高,对于松木构件,底部粘贴 1 层 HFRP 时,刚度提高 13% 左右,粘贴 2 层 HFRP 时,刚度提高 21% 左右。对于杉木构件,底部粘贴 1 层 HFRP 时,刚度提高 6% 左右,粘贴 2 层 HFRP 时,刚度提高 10% 左右。

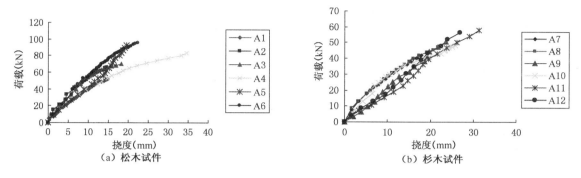

(a) 松木试件　　　　　　　　　　(b) 杉木试件

图 3.26　荷载-挠度曲线

3) 平截面假定的验证

图 3.27 为部分未加固梁和加固梁在跨中截面沿高度方向的应变分布。从图中可以看出,未加固梁和加固梁的应变沿高度方向的分布基本符合平截面假定,因此在计算和分析时可以把平截面假定作为一个基本假定。

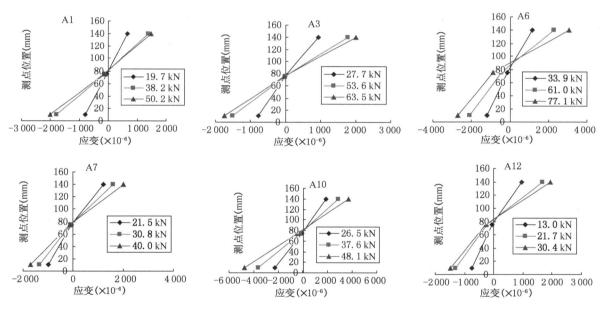

图 3.27　跨中截面上应变分布

4) 理论分析

(1) 基本假定

承载力计算推导过程中采用的基本假定为:①木梁受弯后,截面应变分布符合平截面假定;②木材材质均匀,无节疤、虫洞、裂缝等天然缺陷;③木材在拉、压、弯状态下的弹性模量相同;④木材在受拉时表现为线弹性,受压时表现为理想弹塑性;⑤HFRP 材料采用线弹性应力-应变关系;⑥达到受弯承载力极限状态之前,HFRP 与木材粘结可靠,不发生滑移,保持应变协调;⑦粘贴的 HFRP 较薄,近似认为 HFRP 中心离梁顶的距离与梁高相等。

（2）抗弯承载力计算公式

由于试件在试验过程中的破坏现象基本为木材受拉边脆断破坏，顶部木材的压应变小于木材的极限压应变。参考相关文献，由平截面假定、力学平衡方程和变形协调关系可得：

$$c = \frac{f_{te}bh^2}{2E_f \frac{f_{te}}{E_t}A_f + 2f_{te}bh} \tag{3.6}$$

$$M_u = \frac{f_{te}bc^2}{3} + \alpha\frac{f_{te}E_fA_fc}{E_t} + \frac{f_{te}b\ (h-c)^3}{3c} \tag{3.7}$$

式中：c——木梁截面受拉区高度；

b——木梁截面宽度；

h——木梁截面高度；

f_{te}——木材抗弯强度（MPa）；

E_t——木材抗弯弹性模量（MPa）；

E_f——混杂纤维布的弹性模量（MPa）；

A_f——混杂纤维布的面积（mm²）；

α——考虑混杂纤维影响程度的经验系数；

M_u——木梁抗弯承载力。

对试验数据进行回归分析，得到碳-芳混杂纤维布加固矩形木梁的抗弯承载力计算公式：

对于松木构件：

当粘贴 1 层碳-芳混杂纤维时，

$$M_u = \frac{f_{te}bc^2}{3} + 4.79\frac{f_{te}E_fA_fc}{E_t} + \frac{f_{te}b\ (h-c)^3}{3c} \tag{3.8}$$

当粘贴 2 层碳-芳混杂纤维时，

$$M_u = \frac{f_{te}bc^2}{3} + 4.89\frac{f_{te}E_fA_fc}{E_t} + \frac{f_{te}b\ (h-c)^3}{3c} \tag{3.9}$$

对于杉木构件：

当粘贴 1 层碳-芳混杂纤维时，

$$M_u = \frac{f_{te}bc^2}{3} + 1.00\frac{f_{te}E_fA_fc}{E_t} + \frac{f_{te}b\ (h-c)^3}{3c} \tag{3.10}$$

当粘贴 2 层碳-芳混杂纤维时，

$$M_u = \frac{f_{te}bc^2}{3} + 1.46\frac{f_{te}E_fA_fc}{E_t} + \frac{f_{te}b\ (h-c)^3}{3c} \tag{3.11}$$

3.5.5　碳-芳混杂纤维加固木梁抗剪性能研究

3.5.5.1　试件设计

中国传统木构建筑承重用材主要选用松木和杉木，因此，本试验所用的木材是松木和杉木两种。试件分为：未加固梁 4 根；加固梁（粘贴 1 层碳-芳混杂纤维布）4 根；加固梁（粘贴2层碳-芳混杂纤维布)4根,其中松木和杉木均各2根。本书中共进行了12根木梁粘贴碳-芳混杂纤维布加固受剪承载力的对比实验研究,试件尺寸为100 mm×150 mm×1 700 mm,两端削弱处的尺寸为40 mm×150 mm×300 mm。其中B1和B2,B7和B8为未加固对比试件;B3和B4,B9和B10分别在凹槽处粘贴两道100 mm宽的1层纤维布环箍,B5和B6,B11和B12分别在凹槽处粘贴两道100 mm宽的2层纤维布环箍。图3.28和图3.29分别为未加固和加固试件的示意图。

图3.28 未加固试件示意图

图3.29 加固试件示意图

本试验选用同一批次的木材,松木和杉木干燥后并且进行了加工处理。通过材性试验,得到松木试验材料的力学参数:顺纹抗拉强度115.5 MPa,顺纹抗压强度44.8 MPa,抗弯强度116.8 MPa,顺纹抗剪强度8.4 MPa,抗弯弹性模量11 978.6 MPa;杉木试验材料的力学参数:顺纹抗拉强度79.0 MPa,顺纹抗压强度28.0 MPa,抗弯强度79.1 MPa,顺纹抗剪强度3.9 MPa,抗弯弹性模量8 837.4 MPa。

本次试验的试件设计方案见表3.8所示。

表3.8 试件设计方案

	木材种类	试件编号	加固方式	剪跨比
参照梁	松木	B1	未加固	1.5
	松木	B2	未加固	1.5
加固梁	松木	B3	粘贴1层HFRP	1.5
	松木	B4	粘贴1层HFRP	1.5
	松木	B5	粘贴2层HFRP	1.5
	松木	B6	粘贴2层HFRP	1.5

续表

	木材种类	试件编号	加固方式	剪跨比
参照梁	杉木	B7	未加固	1.5
	杉木	B8	未加固	1.5
加固梁	杉木	B9	粘贴1层HFRP	1.5
	杉木	B10	粘贴1层HFRP	1.5
	杉木	B11	粘贴2层HFRP	1.5
	杉木	B12	粘贴2层HFRP	1.5

试验在南京航空航天大学土木工程实验室2 000 kN万能试验机上进行。加载方式为两点加载,由荷载分配梁来实现两点加载。采用千斤顶进行分级加载,通过力传感器来显示每一级荷载。在正式加载之前对试件进行预加载,之后缓慢加载直至木梁破坏。实验测量内容为梁跨中位移、剪跨区域内木纤维的应变,以及观察和记录木梁的破坏情况。所有数据均由数据采集仪自动记录。试验装置如图3.30所示。

试验量测的主要内容有:在加载过程中,每加载一次,记录梁跨中位移、梁截面上木纤维的应变,并观察和记录木梁的破坏情况。

图3.30　试验装置图

3.5.5.2　试验现象

对于未加固的松木试件B1、B2和杉木试件B7、B8,在荷载加至极限荷载的30%~45%时,开始发出轻微响声;在荷载加至极限荷载的60%~80%时,木梁变截面处的中和轴附近首先出现水平裂缝;随着荷载的增大,木材断裂声变大,水平裂缝同时向两侧扩展;达到极限荷载时,产生剧烈响声,木梁断裂,变形很大,发生脆性破坏。图3.31为未加固试件的破坏形态。

对于HFRP加固的松木试件B3~B6,在荷载加至极限荷载的30%~50%时,开始发出轻微响声;在荷载加至极限荷载的60%~80%时,木梁变截面处的中和轴附近首先出现水平裂缝;随着荷载的增大,木材断裂声变大,水平裂缝向未加固部位扩展;达到极限荷载时,产生剧烈响声,木梁断裂,变形很大,发生脆性破坏。

对于HFRP加固的杉木试件B9~B12,在荷载加至极限荷载的30%~40%时,开始发出轻微响声;在荷载加至极限荷载的50%~70%时,木梁变截面处的中和轴附近首先出现水平裂缝;随着荷载的增大,木材断裂声变大,水平裂缝向未加固部位扩展;达到极限荷载时,产生剧烈响声,木梁断裂,变形很大,发生脆性破坏。

（a）试件B1　　　　　　　　　（b）试件B2

（c）试件B7　　　　　　　　　（d）试件B8

图 3.31　未加固试件的破坏形态

图 3.32 为碳-芳混杂纤维布加固木梁试件的破坏形态。

（a）试件B3　　　（b）试件B4　　　（c）试件B9　　　（d）试件B10

（e）试件B5　　　（f）试件B6　　　（g）试件B11　　　（h）试件B12

图 3.32　混杂纤维加固试件的破坏形态

3.5.5.3　试验结果

1）极限承载力

试验结果表明：木梁经碳-芳混杂纤维布粘贴加固后，其抗剪承载力有了明显的提高，提高幅度在 6.9%～109.6% 之间（松木）和 11.9%～103.6% 之间（杉木）。具体试验结果见表 3.9 所示。

表 3.9　主要试验结果（抗剪承载力）

木柱	试件编号	FRP布层数（层）	抗剪承载力（kN）	提高幅度（%）
未加固梁（松木）	B1	无	14.7	—
	B2	无	13.6	—
加固梁（松木）	B3	1	15.1	6.9
	B4	1	17.6	24.2
	B5	2	29.6	109.6
	B6	2	27.1	91.9

续表

木柱	试件 编号	FRP 布层数（层）	抗剪承载力 （kN）	提高幅度 （%）
未加固梁 （杉木）	B7	无	9.1	—
	B8	无	10.3	—
加固梁 （杉木）	B9	1	10.9	11.9
	B10	1	11.6	19.6
	B11	2	18.7	92.3
	B12	2	19.8	103.6

注：木梁极限承载力的提高幅度是把加固梁与未加固梁比较而言的。

2）荷载-应变曲线

图 3.33 为所有梁的荷载-应变曲线。可以看出，所有梁的荷载与应变基本呈线性关系，拉应变与压应变基本相等，加固梁的拉应变和压应变要比未加固梁的稍大一些。

图 3.33　荷载-应变曲线

3）理论分析

（1）基本假定

承载力计算推导过程中采用的基本假定为：①木材为匀质弹性体；②木材无节疤、虫洞、裂缝等天然缺陷；③木材在拉、压、弯状态下的弹性模量相同；④HFRP 材料采用线弹性应力-应变关系；⑤HFRP 与木材粘结可靠，不发生滑移，保持应变协调。

（2）抗剪承载力计算公式

参考相关文献，在考虑 HFRP 对木梁抗剪截面宽度 b、全截面惯性矩 I 和面积矩 S 的贡献的基础上，引入经验系数，得到碳-芳混杂纤维布加固矩形木梁的抗剪承载力计算公式为：

$$V = \frac{\alpha f_{v,n} I_n b_n}{S_n} \tag{3.12}$$

式中：V——抗剪承载力；

α——考虑不同树种和 HFRP 影响程度的经验系数；

$f_{v,n}$——HFRP 加固木梁的抗剪强度，可偏保守取 $f_{v,n}$ 为木材顺纹抗剪强度；

b_n——考虑 HFRP 贡献的等效宽度；

$b_n = b + 2tE_{FRP}/E_w = b + 2nt$；

b——木梁截面宽度；

n——HFRP 与木材的弹性模量之比；

t——单侧 HFRP 的厚度；

I_n——考虑 FRP 贡献的等效全截面惯性矩；

$I_n = (bh^3 + 2tnh_{HFRP}^3)/12$；

h——木梁截面高度；

h_{HFRP}——HFRP 高度，与木梁等高时 $h_{HFRP} = h$；

S_n——考虑 HFRP 贡献的等效面积矩；

$S_n = (bh^2 + 2tnh_{HFRP}^2)/8$。

对试验数据进行回归分析，得到碳-芳混杂纤维布加固矩形木梁的抗剪承载力计算公式：

对于松木构件：

当粘贴 1 层碳-芳混杂纤维时，

$$V = 0.42 \frac{f_{v,n}I_n b_n}{S_n} \tag{3.13}$$

当粘贴 2 层碳-芳混杂纤维时，

$$V = 0.65 \frac{f_{v,n}I_n b_n}{S_n} \tag{3.14}$$

对于杉木构件：

当粘贴 1 层碳-芳混杂纤维时，

$$V = 0.60 \frac{f_{v,n}I_n b_n}{S_n} \tag{3.15}$$

当粘贴 2 层碳-芳混杂纤维时，

$$V = 0.88 \frac{f_{v,n}I_n b_n}{S_n} \tag{3.16}$$

3.5.6 木构件粘贴碳-芳混杂纤维布加固工艺研究

3.5.6.1 设计建议

（1）木构件的各项参数尤其是材性参数对其极限承载力和破坏模式均有很大影响，因此，对木构件进行加固设计前，必须详细调研其各项参数。

（2）采用碳-芳混杂纤维布加固木梁，应对纵向纤维布采用环向加箍等方式进行可靠锚固，可抑制纵向纤维布发生剥离破坏，充分发挥纵向纤维布的高抗拉强度，保证加固效果。

（3）采用碳-芳混杂纤维布加固木梁，对木梁的刚度提高较小，故对实际工程中的构件进行加固设计时,暂不考虑纤维布加固对刚度的提高效果。

(4) 环向粘贴碳-芳混杂纤维布加固木柱,有条带式和全裹式两种方式,优先采用全裹式,包裹纤维布的层数不宜少于两层。

3.5.6.2 施工准备

认真阅读设计施工图,充分理解设计意图和要求。视施工现场和被加固构件木材的实际状况,拟定出施工方案和施工计划。对所使用纤维片材、配套树脂、机具等做好施工前的准备工作。

(1) 材料检验和试验

材料的采购进场必须随货附带有产品出厂合格证和出厂检验报告,以初步判断该材料是否满足本加固工程的品质要求。材料进场后应立即抽样送检,待检验合格后方可投入使用。

(2) 拟定施工方案,搭设施工平台

根据施工现场和被加固构件的实际情况,拟定施工方案和施工计划。可以根据施工现场地形情况,采用脚手架或其他方式搭设,需注意平台的稳固性和作业高度。

(3) 测量放线

按设计图纸,在需粘贴纤维布的木材表面放线标出粘贴纤维布的位置。

(4) 准备施工机具

对所使用的纤维片材、配套树脂、机具等做好施工前的准备工作。纤维布加固施工需要使用的机具主要有砂轮机、搅拌器、称量器、刮刀、滚筒、油刷等。

3.5.6.3 卸载

加固前应对所加固的构件尽可能卸载。为了减轻纤维材料的应力和应变滞后现象,粘贴纤维材料前应对构件进行适量卸载。卸载分直接卸载和间接卸载两种。直接卸载是全部或部分地直接搬走作用于原结构上的可卸荷载。直接卸载直观、准确,但可卸荷载量有限,一般只限于部分活荷载。间接卸载是借助一定设备,加反向力施加于原结构,以抵消或降低原有作用效应。间接卸载量值较大,甚至可使作用效应出现负值。间接卸载有楔升卸载和顶升卸载两种,前者以变形控制,误差较大;后者以力控制,较为准确。一般而言,对于承受均布荷载的构件,应采用多点均布顶升。

3.5.6.4 表面处理

为了保证碳-芳混杂纤维布和木构件间有可靠的粘结性能,需要对木构件和纤维布的粘贴界面进行界面处理。

(1) 按设计要求对裂缝进行灌缝或封闭处理,如裂缝在 0.2 mm 以上,采用专用化学裂缝灌注胶灌注裂缝,以低压注射为主,固化后打磨修饰平坦,如裂缝宽度小于 0.2 mm,采用封胶表面封闭。

(2) 修角加工。对于内凹角,纤维布在粘结时容易剥离或扯起,可采用修补胶修补成圆角,圆角半径 R 大于 20 mm;对于菱形柱或有尖锐凸角的结构,在尖角处的纤维有较大的应力集中,容易使纤维折断,可用研磨机将棱角修饰成半径 R 大于 20 mm 的弧形。用修补胶做表面修饰,用弧形量具检测,保证修饰角半径 R 大于 20 mm。特种结构按相关规范要求。

(3) 表面污垢处理。处理成平坦规整、无松动、无脆弱碎块及无污物的表面,以盘式打磨机、喷砂、高压水冲洗等方法,不可因研磨产生尖锐的端部及棱角,油渍类污物用中性洗涤剂脱脂,用高压气枪消除灰尘,粘结纤维布前表面必须充分干燥。

3.5.6.5 配制并涂刷底层树脂

基底树脂的作用是提高表层木材的强度,底胶的涂刷对保证FRP加固木材的效果十分重要。

(1)应按产品生产厂提供的工艺规定配制底层树脂。按规定比例将主剂与固化剂先后置于容器中,用弹簧秤计量,电动搅拌器均匀搅拌。

(2)环境温度、湿度和木材表面的干燥程度影响底胶粘结性能,施工环境温度不低于5℃,湿度应不高于85%,木材表面含水量应在10%以下的干燥情况。

(3)根据现场实际气温决定用量并严格控制使用时间。一次配胶量不宜过多,一般情况下1 h内用完。胶的搅拌采用低速机械搅拌,搅拌时可能发热,搅拌时间不宜过长,以3 min为宜。

(4)应采用滚筒刷将底层树脂均匀涂抹于木材表面。待胶固化后(固化时间视现场气温而定,以指触干燥为准)再进行下一工序施工。一般固化时间为2～3 d。

3.5.6.6 粘贴面找平处理

(1)应按产品生产厂提供的工艺规定配制找平材料。

(2)木材表面凹陷部位用找平材料填补平整,有段差或转角部位,应抹成平滑曲面。尽量减小高度差,且不应有棱角。

(3)转角处应用找平材料修复为光滑的圆弧,半径不小于20 mm。

(4)用刀头宽度不小于100 mm的刮刀对凹坑实施填塞修补、找平,找平程度按眼观目测无明显的刮板或刮刀痕迹,纹路平滑为准。

(5)粘贴面修补找平基底树脂干燥后,表面存在凹凸不平现象,为保证粘结质量,用细砂纸对其进行打磨,打磨效果要达到手感较为光滑。然后尽快进行下一工序的施工。

3.5.6.7 碳-芳混杂纤维布剪裁

(1)按设计规定尺寸剪裁纤维布,除非特殊要求,纤维布长度一般应在3 m之内。裁减时特别注意不能割断纵向纤维丝,切记必须满足设计尺寸,严禁斜切纤维布,保证剪裁后的纤维加固方向与粘贴部位的方向一致,并防止出现拉丝现象。

(2)裁剪尺寸须包含纵横向重叠部分,剪裁下来的纤维布不能折叠,粘贴前必须注意保护洁净。

3.5.6.8 配制并涂刷浸渍树脂或粘贴树脂

(1)配制粘结剂前应仔细阅读其使用说明书。

(2)按粘贴面积确定每次用量,以防失效浪费。

(3)严格按重量比计量使用配制。

(4)按厂家配合比和工艺要求进行配制,且应有专人负责。搅拌应顺时针一个方向搅拌,直至颜色均匀,无气泡产生,并应防止灰尘等杂质混入。

(5)调制好的粘结剂抓紧使用。

3.5.6.9 粘贴纤维布

(1)粘贴纤维前应对木构件表面再次擦拭,确保粘贴面无粉尘。

(2)木材表面涂刷结构胶,必须做到涂刷稳、准、匀的要求,即:稳,涂刷用力适度,尽量不流不坠不掉;准,涂刷不出控制线;匀,涂刷范围内薄厚较一致。拐角部位适当多涂抹一些(75％的面胶涂抹在纤维布的粘贴面,当粘贴后,剩余的25％面胶涂抹于纤维布外表面)。

(3) 纤维布粘贴时,同样要稳、准、匀,核心要求做到放卷用力适度,使纤维布不皱、不折,展延平滑顺畅。保证在规定时间内,将已按设计尺寸裁剪好的FRP布条迅速粘贴到位。

(4) 滚压纤维布必须用特制滚子反复沿纤维方向从一端向另一端滚压,不宜在一个部位反复滚压揉搓,目的是为了挤出气泡,使FRP与木构件表面紧密粘合,同时保证树脂充分渗入纤维间的缝隙。滚压中让胶渗透纤维布,做到浸润饱满。纤维布需要搭接时,必须满足搭接长度 不小于 100 mm。

(5) 多层粘贴应重复上述步骤,待纤维布表面指触干燥方可进行下一层的粘贴。如超过 40 min,则应等 12 h 后再涂刷粘结剂粘贴下一层。

(6) 在最后一层FRP布条表面还要再均匀涂抹一层浸润树脂。

3.5.6.10　养护

为保证施工质量,整个过程的操作最好是在10～30℃的室内环境温度下进行。施工时为不使雨水、灰尘附着在纤维布上,须用塑料布养护,纤维布贴上后,用塑料布覆盖24 h 以上进行养护。平均温度10℃以下,初期固化时间约 2 d;平均温度10～20℃,初期固化时间1～2 d;平均温度在20℃以上;初期固化约 1 d。

完全固化要求时间较长,一般固化80％以上就可以受力,平均温度在 20℃以上时需固化 7 d,平均温度在 10℃时需固化 2 周才能受力使用。当需要做表面防护时,应按有关规范的规定处理,以保证防护材料与纤维之间粘结可靠。

3.5.6.11　检验和验收

(1) 目测检验:仔细观测补强区域外观上的缺陷,包括是否有间隙、孔洞、气泡等,如若发现则必须补好。

(2) 检验时可用小锤轻击或手压粘贴面判断粘贴效果,总有效粘结面积不应小于95％,如出现轻微空鼓(面积小于 100 cm²)可采取针管注胶的方法进行补救。若空鼓面积大于 100 cm²,宜将空鼓处的纤维布切除,补粘四周搭接长度大于 0.2 m 的纤维布块。

3.6　案例 1:世界文化遗产——留园曲溪楼加固修缮

3.6.1　工程概况

留园始建于明万历二十一年(1593 年),坐落于苏州古城区西阊门外留园路 338 号,现有面积约 2.3 hm²,园林建筑以清代风格为主,是一座集住宅、祠堂、家庵、庭院于一体的大型私家园林。曲溪楼始建于嘉庆初年,楼南北走向,高二层,单坡歇山顶,楼北与“西楼”相接连成一体。曲溪楼结构为典型的苏州地区厅堂升楼做法,建造工艺精良。建筑外观以白墙、短窗和花窗等为基本组合元素,造型古朴典雅。1961 年,留园被列为第一批全国重点文物保护单位。1997 年,留园和其他几座苏州园林一同被列入世界文化遗产名录。

曲溪楼曾经多次修缮,1953 年整修留园时对曲溪楼进行落架大修,后一直维持至今未作更改。直至目前,曲溪楼构架保存尚完整,但出现了柱、梁、枋等诸多构件潮湿腐烂、地基不均匀沉降、墙体倾斜等结构问题,以及木楼板虫蛀破损,油漆和粉刷剥落等构造问题,急待修缮。图 3.34 为曲溪楼现状外貌,图 3.35 为曲溪楼一层平面图。

图 3.34 曲溪楼现状外貌

图 3.35 曲溪楼一层平面图

3.6.2 残损状况及原因分析

曲溪楼自 1953 年大修至今,结构和构造上出现了诸多问题,不仅存在安全隐患,亦不能满足游客游览需求。对其进行仔细勘查后发现,残损状况主要有以下几点:

(1)曲溪楼整体向西侧倾斜。究其原因,一方面曲溪楼下部地基土层分布厚薄不均,西侧软土较厚,东侧软土较薄,因此西侧沉降变形较大;另一方面由于曲溪楼西侧的池塘水位随着季节不同发生变化,而池塘驳岸为乱石堆砌而成,很容易造成曲溪楼基础下部水土流失。两方面原因共同造成曲溪楼西侧沉降较大,从而致使承重木结构发生倾斜。图 3.36 和图 3.37 为曲溪楼倾斜状况。

(2)墙壁潮湿,与墙体接触的木柱、木梁、砖细或粉刷受潮、生霉或腐烂。由于曲溪楼紧临水池,水池周围地下水位较高,加之传统砌造方法中墙体未做防水处理。图 3.38 为与墙体接触的木构件腐朽状况。

(3)与屋面接触的檩条、椽子、望板、角梁等构件有不同程度腐朽。主要由于构件承载力不足和材料性能退化导致屋面变形损坏、屋面排水系统老化引起局部雨水渗漏,导致屋面构件潮湿腐朽。

(4)木构件油漆和墙面粉刷损坏严重,地板油漆完全磨损,木柱和梁架表面油漆剥落、开裂,墙面粉刷受潮、空鼓、大面积脱落。

(5)部分木构件由于材料性能退化和承载力不足而导致开裂变形。图 3.39 为木柱和木梁开裂状况。

图 3.36 柱向西侧倾

图 3.37 木构架由于不均匀沉降采用剪刀撑支撑

图 3.38 墙壁潮湿导致木构件腐朽

图 3.39 木柱和木梁开裂

3.6.3 加固修缮设计的原则

传统木构建筑的加固修缮设计有别于现代木构和混凝土结构的加固修缮设计,它必须遵守下面四点原则。

3.6.3.1 依法保护的原则

根据《中华人民共和国文物保护法》第二章第二十一条规定:"对不可移动文物进行修缮、保养、迁移,必须遵守不改变文物原状的原则。"依法保护、未雨绸缪是保护工作的基本要求,也是本修缮设计的基本遵循原则。

3.6.3.2 真实性的原则

坚持原材料、原尺寸、原工艺原则,保护文物建筑的建筑风格和特点,除设计中为了更好地保护文物建筑的安全而采用的加固材料外,其他所有维修更换的材料均应坚持使用原材料、原工艺、原型制。

3.6.3.3 可识别的原则

此次维修更换添加的部分,可分别根据不同的材料采用刻字、墨书、模印等方法在适当部位作出标识。

3.6.3.4 安全与有效的原则

留园作为对外开放的公共园林,曲溪楼作为留园游览路线中的一个重要建筑,承担了日常大量的人流穿行,因此必须考虑游人的安全,通过加固修缮维持建筑在结构安全、安全疏散要求、消防要求等方面的可靠性也是本次加固修缮的基本目标。

3.6.4 加固修缮设计

(1)本次加固修缮为揭顶不落架的大修。对发生不均匀沉降的基础采取往基础土层里打石钉的传统方法进行加固,对沉降的木柱采用神仙葫芦(手拉葫芦)进行提升,提升高度根据检测结果确定,现场采用经纬仪校核。木构架进行打牮拨正,局部柱、梁更换或墩接。为解决曲溪楼墙体受潮问题,在围护墙室内地面下-0.06 m处设一道防水层,采用20厚1:2水泥砂浆掺5%防水剂。与墙体和地面接触的木构件作防潮处理。在脚手架搭好之后,对建筑进行全面的检测,进一步勘查建筑破损情况,根据破损情况参照《古建筑木结构维护与加固技术规范》要求进行修缮。

(2)基础加固:由于曲溪楼西侧临近水池,基础下部土体流失和地基软土层厚薄不均,导致曲溪楼整体向西倾斜,原先采用压密注浆方法对曲溪楼西侧地基进行加固,固化西侧土体,但考虑到压密注浆可能会对旁边古树名木产生影响,故采用在曲溪楼西侧墙体两侧增设石桩,以挤压土体增加土体的密实度,同时阻止土体的流动。为确保结构安全,压桩过程采取跳打的方式。图3.40为基础加固示意图,图3.41为现场施工场景。

(3)木构件加固:尽量保留原构件,视木构件糟朽及开裂程度,根据《古建筑木结构维护与加固技术规范》要求进行墩接、灌注、拼绑或更换。梁枋等构件损坏程度较轻者填充不饱和聚酯树脂或粘贴碳纤维布进行加固。屋面檩条根据现状及计算结果,采取中间夹钢板、周围包裹碳纤维布进行加固。屋面椽子受潮腐烂者需更换。图3.42为木柱、木梁墩接做法,图3.43为楼面搁栅加固方法,图3.44为大梁加固方法,图3.45为檩条加固方法。

(4)木构架整体加固:曲溪楼为中国传统木构建筑,梁柱均为榫卯连接,为提高曲溪楼的整体稳定性,我们在梁柱节点处增设镀锌扁铁加不锈钢螺丝的方法进行整体性加固,如图3.46所示。

(5)更换构件选用优质杉木,地板依原件采用优质洋松。木材进场前做好干燥处理,柱、梁、枋含水率不超过25%,檩条含水率不超过20%,椽、板类构件含水率不超过18%。

基础加固平面图　　　　　　　　　　　　　　　1—1

图 3.40　基础加固示意图

图 3.41　基础加固施工场景

桩墩接做法　　　　　　　　　　　梁墩接做法

注:①新旧木料搭接处采用结构胶粘结;　　　注:①新旧木料搭接处采用结构胶粘结;
　　②碳纤维布环向搭接长度不小于100 mm。　　②碳纤维布环向搭接长度不小于100 mm。

图 3.42　墩接做法

图 3.43 楼面搁栅加固

图 3.44 大梁加固

图 3.45 檩条加固

图 3.46 木构架整体性加固

（6）拆除屋顶时详细记录屋面构件尺寸、样式,按原尺寸、原样式重新烧制屋面瓦,要求使用密实度高、质量好的小青瓦。修缮后的屋面应整洁平整,瓦档均匀,排水通畅。

（7）对门窗、砖细、石作构件中受损者依原样原工艺进行修补。

（8）按照建筑原做法重做墙体粉刷和木构件油漆。采用传统粘结材料及粉刷材料，新材料新工艺使用时必须充分论证其可靠性。保留的大、小木构件重做油漆，不得使用调和漆，应使用传统工艺调制广漆，选用稳定的无机颜料，做漆前需做样板，颜色与现状一致。

3.6.5 结语

留园曲溪楼加固修缮工程竣工后结构状况良好，说明本书中所述加固修缮设计方法合理，可为同类传统木构建筑修缮提供一些经验：

（1）对于传统木构建筑的修缮，在设计前需对其进行全面的检测、计算和鉴定，再制定相应的修缮方案。

（2）对于传统木构建筑的修缮，需满足文物保护法规定的几个基本原则。修缮施工时，尽量使用原材料，保留和延续传统工艺做法。

（3）对于传统木构建筑的地基加固，当周围有古树名木的时候，可以采用增设石钉的传统方法进行加固，避免对古树名木造成损伤。

（4）木柱、木梁的加固修缮采用传统方法（墩接）与新材料（碳纤维）相结合的方法，效果良好。

（5）对传统木构建筑梁柱节点处可以采用增设镀锌扁铁加不锈钢螺丝的方法进行加固以提高木构架的整体稳定性，既方便施工，又起到很好的效果。

3.7 案例2：全国重点文物保护单位——南京甘熙故居加固修缮

3.7.1 工程概况

木材是人类建筑史上应用时间最长的建筑材料之一，已有数千年的应用历史。在我国现存的古建筑中，木结构和砖木混合结构占有相当的比例。甘熙故居就是其中较为典型的传统木构建筑群，其位于南京市南捕厅 15 号、17 号、19 号和大板巷 42 号、46 号，始建于清嘉庆年间，占地达到 12 000 m²，现存古建筑占地 9 500 多 m²，建筑面积 5 400 多 m²，保存至今，极为难得。甘熙故居 1982 年被列为南京市文物保护单位，1995 年被公布为江苏省文保单位，2006 年 5 月升为全国重点文物保护单位。图 3.47 为该建筑的平面和全貌。

3.7.2 现状评估

甘熙故居历经了百余年的沧桑，整个房屋除了受到风雨侵蚀外，还有着许多复杂的历史因素，目前建筑外观现状破损较为严重。

3.7.2.1 墙体

原有墙体采用 2～3 cm 厚的望砖砌筑，内填碎砖石，墙体厚度有 240 mm、340 mm 以及 370 mm 不等，砌筑方法为空斗墙砌法。

现场检查发现，墙体均存在一定程度的损伤，主要损伤表现为外砖松动、脱落以及表面一般风化，集中体现在暴露于外面的墙体上。除此之外，局部墙体因多年无人管理，在墙体上生长出杂树杂草等植物，植物根系发展胀裂墙体。墙体的损伤状况见图 3.48 所示。

图 3.47　该建筑的平面和全貌

图 3.48　墙体损伤状况图

3.7.2.2　木构架

木构架节点之间连接采用榫卯连接,整体性较好。除了部分木梁外表出现较多顺纹干缩裂缝外(干缩裂缝宽度最大 10 mm 左右),并没有发现榫头松动或其他异常现象。

多数木柱根部由于与地面接触,长期得不到有效保护,已发生不同程度的腐朽,其腐朽程度远超过《古建筑木结构维护与加固技术规范》(GB 50165—92)中第 4.1.5 条的规定。现场发现多根木柱外表出现腐朽现象,尤其是根部,严重的柱子腐朽截面超过了柱子整个截面的 1/2 甚至更多,之所以没有倒塌,主要由于柱间填充墙体起了有效的支撑作用。木柱腐朽状况见图 3.49 所示。

图 3.49　木柱腐朽状况图

3.7.2.3　地面

大板巷 42 号从大门进入轴线上共五进建筑单体,总体格局保存完整。由于城市环境的巨大变化,周围道路抬高,地下水位提升,原有柱础已被埋在地下,院落地下水必然影响建筑墙体和地面,造成木柱根部的腐朽。以甲方提供的市政管网图为依据,按现状测量绝对标高设计排水,势必需要将现有传统建筑的地面抬高。

3.7.3　修缮设计

3.7.3.1　修缮设计的原则

1) 依法保护及有效保护的原则

依据和遵循文物法及相关法规,有效保护文物本体,关注文物本体获得有效的修缮,是本设计的基本工作原则。

2) 真实性的原则

最大限度地保存全国重点文物保护单位甘熙故居的历史信息与原真性,尽量保存遗存构件的全部或大部,当构件缺少安全保障时,采用原材料、原工艺、原型制修缮、更换和补强。

3) 可识别的原则

在原状无法确定时,根据实际情况,非加不可时,使新构件与旧构件有所区别。

4) 最小干扰的原则

在做到修缮充分可靠有效治本的前提下,减少其他不必要的修缮,减少修缮对原状的干扰。

3.7.3.2　基础加固

根据岩土工程勘察报告,该组建筑物的地基承载力特征值约为 70 kPa,持力层为杂填土层,为确保建筑物的安全性和整体性,我们在木柱底部增设了钢筋混凝土独立基础,见图 3.50 所示。

3.7.3.3　木构架修缮

根据其残损程度,确定了采用打牮拨正的方法进行修缮,即在不拆落木构架的情况下,使倾斜、扭转、拔榫的构件复位,再进行整体加固。对个别残损严重的梁枋、斗拱、柱等应同

图 3.50　钢筋混凝土独立基础

时进行更换或采取其他修补加固措施。

在木结构验算前,首先应了解木材的受力性能、破坏特征和影响因素,需考虑荷载长期作用和木质老化影响的调整系数。

对于木柱,当其干缩裂缝深度不超过柱径(或该方向截面尺寸)1/3 时,对于梁枋,当其干缩裂缝深度小于梁宽或梁直径的 1/4 时,可采用嵌补的方法进行修补。

当木柱有不同程度的腐朽而需整修、加固时,可采用剔补或墩接的方法处理。当梁枋构件有不同程度的腐朽而需修补、加固时,可采用贴补或拼帮的方法进行修复。

此次修缮工程中木构件的维修,根据不同情况,采取了三种处理方法。

1) 柱的墩接

传统建筑由于年久失修,柱子受干湿影响往往有劈裂、糟朽现象。尤其是包在墙内的柱子和直接接触柱础的柱跟部位,由于缺乏防潮措施,更容易腐朽,丧失了承载能力。

木料墩接:露明柱最宜使用此法,先将糟朽部分剔除,依据剩余完好的木柱情况选择墩接柱的榫卯式样,以尽量多保留原有构件为原则。墩接后柱子的强度会减弱,一般柱子的墩接长度不得超过其柱高的 1/3,通常是明柱以 1/5 为限,暗柱以 1/3 为限。

墩接处榫卯的做法有多种,此次工程采用了巴掌榫,即刻半墩接。把所要接在一起的两截木柱,都刻去柱子直径的 1/2,搭接长度至少应为 40 cm。在两截木柱的断面上分别刻阴阳十字榫,使其咬合更紧密。由于柱径较小,可以直接用长钉钉牢。拼接后,若两段木柱直径有出入,以原有柱为基准,先用斧粗略砍削,再用电刨刨圆。传统做法还会再以两道铁箍加固,此次工程中采用的是碳纤维布加固。木柱的墩接做法见图 3.51 所示。

碳纤维加固时,对木构件先要做好表面处理,对于表面的蜂窝、虫孔、腐蚀、裂缝应进行剔除、灌缝或封闭处理,再用找平胶填平。构件表面不能有明显的凹面。在粘贴面上用毛刷分别打上底胶,干后再打上找平胶。待找平胶干后,刷上粘贴胶,铺上碳纤维布,用毛刷沿纤维方向多次涂刷,直至纤维布完全浸润并展平。等干后,再进行表面油漆和装饰。

2) 柱的拼帮

木柱通常情况下都是整根木材做成,但在需要较大的断面而整根木材不易取得时,则可用几根断面较小的木材拼合而成。或木柱腐朽情况不是很严重的情况下,可将腐朽部分剔除,外面拼合几根断面较小的木材。常见的拼合方法有两拼、三拼、四拼、多拼。此次修缮工程中采用了多拼的方法,即以一根原料为轴心柱,外用几根扁料合抱拼成,见图 3.52 所示。

图 3.51　木柱的墩接

图 3.52　木柱的拼帮

3）檩条的加固

通过计算分析,部分挑檐檩不满足承载力和正常使用要求。在不允许增大截面尺寸和不改变建筑物原有外貌的前提下,可采用中间夹钢板的加固方法对挑檐檩进行加固,具体做法见图 3.53 所示。

注:①钢板采用Q235B;
　　②钢板表面打毛,钢板与木材之间采用结构胶粘结。

图 3.53　挑檐檩的加固方法

3.7.3.4 整体提升

因大板巷街道地面比42号第一进建筑室内地面高约32 cm,从地形图上看42号周边其他方位地势也高于42号室内外地面,42号处于洼地,从市政排水及保护建筑要求,抬高整个42号建筑,室外亦抬高现地面,前三进建筑抬高30 cm,后两进抬高40 cm,两侧院建筑抬高30 cm,室外抬高现地面5～10 cm。46号建筑抬高20 cm。木构建筑采取揭顶整体提升的方式进行抬高。

整体提升的过程:①用木枋把柱与柱、柱与梁等各个节点部位连接固定,使整个木架确保稳定,确定整体稳定。②地坪铺设50厚的垫板,并搭设满堂脚手架。③在二楼木架下放置槽钢或工字钢,搭设提升三角架,用神仙葫芦起吊。④提升时,确保每个葫芦的同步起吊。整体提升具体做法见图3.54、图3.55所示。

图 3.54 整体提升示意图

图 3.55 整体提升现场施工图

3.7.3.5 围护墙加固

原有墙体为空斗墙做法,根据民用建筑修缮设计规范,当抗震设防烈度大于6度时,空斗墙必须改为实心墙,考虑到本工程为文物建筑,为最大限度地保留其原有工艺,我们仍采用空斗墙砌法,但采用碎砖和M7.5混合砂浆填充空隙,并增设构造柱和圈梁,以确保墙体的安全性和稳定性。

3.7.4 结语

甘熙故居二期修缮工程于2009年竣工,目前结构状况良好,说明本书中所述修缮设计方法合理,可为同类传统木构建筑修缮提供一些经验:

（1）对于传统木构建筑的修缮,在设计前需对其进行全面的检测、计算和鉴定,再制定相应的修缮方案。

（2）对于传统木构建筑的修缮,需满足文物保护法规定的几个基本原则。修缮施工时,尽量使用原材料,保留和延续传统工艺做法。

（3）木柱的加固采用传统方法（墩接和拼帮）与新材料（碳纤维）相结合的方法,效果良好。

（4）对于传统木构建筑而言,采用神仙葫芦进行整体提升的方法既方便省时又经济实用。

3.8 案例3:全国重点文物保护单位——金陵中学钟楼木构件加固修缮

3.8.1 工程概况

金陵中学钟楼位于南京市鼓楼区中山路169号金陵中学校园内,建于1888年,迄今已有一百二十余年历史。建筑标高16.76 m,面积921 m²,主体结构为三层砖木混合结构,楼面由木格栅和木地板组成,屋面为三角形木屋架,四层钟楼悬挂大铜钟,墙体为清水砖墙面,第三层阁楼设有老虎窗,北面中部设有木楼梯。金陵中学钟楼于2002年被公布为江苏省文物保护单位,2006年又被公布为全国第六批全国重点文物保护单位。由于建造年代久远,当时没有考虑任何抗震构造措施,加上年久失修、破损严重,在使用安全性上存在较大隐患。为了更好地保护金陵中学钟楼文物建筑,于2011年12月至2012年7月,对金陵中学钟楼进行了加固修缮,包括结构抗震加固、木构件的加固修缮两大部分。本书此章节重点研究钟楼木构件的加固修缮施工工艺。图3.56为钟楼外貌。

图3.56 钟楼外貌

3.8.2 钟楼木构件加固修缮施工工艺

3.8.2.1 钟楼木楼面加固修缮

1）木格栅端部角钢支座加固

（1）木格栅端部需加固的原因

① 由于木格栅端部长期埋置于墙体内，因潮湿原因而造成部分木格栅端部受潮腐朽断裂。（注：原木格栅尺寸为 50 mm×300 mm@500 mm 左右布置，如图 3.57 所示）。②因受弯构件木格栅的挠度和侧向变形，造成部分木格栅端部在墙体内的支承长度少于100 mm，端部出现松脱现象，因此，对木楼盖整体稳定性有一定的影响。

（2）木格栅加固修缮方法

针对上述原因，对木格栅端部采取了角钢支座的加固方法，角钢规格为∟140×90×8，以 90 mm 宽面作为支座面，使木格栅端部两头有效支承长度增加了 90 mm，同时角钢对墙体 3 m 左右高度的水平位置形成了一道钢圈梁，在加固木结构时，也对墙体起到加固作用，可谓一举两得。角钢支座加固如图 3.58 所示。

图 3.57 钟楼木格栅端部腐朽开裂

图 3.58 钟楼木格栅端部角钢支座加固

（3）木格栅加固修缮施工工艺

① 制作材料：现场制作角钢材料∟140×90×8，8 mm 厚的加劲肋@600，钻孔 M18@400，涂刷两遍防锈漆。②墙体加固：先对墙体进行钢筋网聚合物砂浆加固，强度必须达到80％以上。（注：φ6 钢筋网@200×200，聚合物砂浆厚 40 mm）。③安装角钢支座：角钢∟140×90×8 以 140 mm 宽面与墙面贴紧，上部 90 mm 宽面顶住木格栅梁底，然后用化学锚栓 M16@400 与墙体锚固。④垫木块：角钢与木格栅梁底缝隙之间垫防腐木块，并用耐水性胶粘剂将木垫块与角钢和木格栅粘连在一起。其一，防止防腐木垫块滑动或脱落；其二，保证角钢加固对所有木格栅均起作用；其三，避免因角钢支座加固原因而导致对木格栅梁底产生锈蚀作用。⑤预埋注胶管：用嵌缝胶封堵角钢缝隙，预埋注胶管。⑥注胶：用压力泵从预埋注胶管灌注改性环氧树脂。⑦检验。

2）跨度不小于 6.8 m 木格栅的加固

（1）跨度不小于 6.8 m 木格栅需加固的原因

① 钟楼加固修缮后，除三层将作为办公功能使用外，其余楼层均作为校史展览馆功能使用，这样随时有大量参观人员往来，因此会增加木楼面的活荷载，该木楼面活荷载标准值取 3.5 kN/m²，经鉴定，跨度不小于 6.8 m 木格栅需要加固。②木楼面因大量参观人

员往来走动,会引起木楼面振动而降低舒适度,经计算,跨度 不小于 6.8 m 木格栅需要加固。

(2) 跨度不小于 6.8 m 木格栅加固修缮方法

① 一层木格栅加固:采取在架空层木格栅跨中垂直方向增设地垄墙加固(架空层净高度为 1.75 m),如图 3.59 所示。②二层木格栅加固:因一层层高较大,净高度为 3.63 m,采取木格栅跨中垂直方向增设钢梁加固(H 形钢规格:HM300×200×8×12),如图 3.60 所示。③三层木格栅加固:因二层层高较小,净高度为 2.96 m,不适合 H 形钢钢梁加固,而采用粘贴碳纤维布加固,梁底通长粘贴:—150×0.167×2T,U 形箍—100×0.167@1000,如图 3.61 所示。④二层、三层木格栅内填充玻璃棉,厚度 200 mm,起到隔音阻燃作用,如图 3.62 所示。

图 3.59 钟楼木格栅跨中地垄墙加固

图 3.60 钟楼木格栅跨中钢梁加固

图 3.61 钟楼木格栅碳纤维布加固

图 3.62 钟楼木格栅内填充玻璃棉

通过①、②采用地垄墙和钢梁加固的方法,减少了木格栅原有跨度,增强了木格栅的承载力和刚度。通过③采用的碳纤维布加固方法,一是提高了木格栅的承载力和刚度;二是碳纤维布与木构件的相融性好,重量轻,方便施工;三是最大限度减少加固对建筑空间的影响。总之,以上四种加固修缮方法,既满足了木楼面的荷载要求,又提高了木楼面的舒适度,还起到了木楼面的隔音阻燃效果。

3) 木格栅端部开裂加固

部分木格栅端部因干缩和材料缺陷引起开裂,对安全造成严重影响,因此必须进行加固处理。先用耐水性胶粘剂涂刷在开裂的两个面上,然后采用两道以上的钢箍,将开裂木构件箍紧,最后用碳纤维布缠绕粘牢,如图 3.63 和图 3.64 所示。

图 3.63　钟楼木格栅开裂钢箍加固

图 3.64　钟楼木格栅开裂钢箍碳纤维布加固

3.8.2.2　钟楼木屋盖加固修缮

在钟楼木屋盖揭除瓦顶之后,在木构架加固之前,由金陵中学组织设计、监理和施工人员共同检查和确定木构架加固修缮方案,并通过对构造的分析核算,以确定具体的加固细节。一是针对木构件干缩裂缝,采取碳纤维布 U 形箍缠绕粘牢,碳纤维布设计为 $-100 \times 0.167@400$,进行耐久性修缮。二是针对梁枋、檩、柱、椽条榫卯节点的加固修缮,采用粘贴碳纤维布加固,增强木屋盖的整体性。下面根据钟楼木屋盖加固修缮工程实例,列出几种典型的木构件加固修缮的现场施工图。

（1）木构架加固,如图 3.65、图 3.66 所示。

（2）主斜梁与椽条加固,如图 3.67、图 3.68 所示。

图 3.65　钟楼木构架碳纤维布加固（一）

图 3.66　钟楼木构架碳纤维布加固（二）

图 3.67　钟楼主斜梁与椽条加固之前

图 3.68　钟楼主斜梁与椽条加固之后

（3）平梁与斜梁节点加固，如图 3.69 所示。

（4）老虎窗木构架加固，如图 3.70、图 3.71 所示。

（5）屋面采用增设防腐望板，其规格 10 mm×100 mm；并在防腐望板上铺设防水卷材，采用三元乙丙橡胶防水卷材，对木屋盖实现有效地防水渗漏保护，如图 3.72 所示。

（6）斜梁枋端部腐朽断裂加固施工工艺

① 先顶撑，后加固：加固修缮工程施工的程序，一般都应遵照"先顶撑，后加固"的程序，一是充分保证加固修缮施工全过程的安全；二是保证所有更换或者新增加的木构件在加固后的木结构中充分发挥作用，如图 3.73 所示。

② 将梁枋端部腐朽的部分切除，并做成斜面搭接，与新更换的防腐梁枋搭接（新梁枋与原梁枋材质相同，尺寸相同），接合面应采用耐水性胶粘剂粘接牢固，如图 3.74 所示。

图 3.69　钟楼平梁与斜梁节点加固

图 3.70　钟楼老虎窗木构架加固（一）

图 3.71　钟楼老虎窗木构架加固（二）

图 3.72　屋面望板铺设三元乙丙橡胶防水卷材

图 3.73　钟楼斜梁端部腐朽断裂加固之前

图 3.74　钟楼斜梁端部斜面搭接加固

③ 再采用夹板方法,用两块防腐木枋(长度超过搭接头 1 m 以上)将新旧搭接的梁枋夹住,并用耐水性胶粘剂粘接牢固,然后用对穿螺栓紧固,如图 3.75 所示。

④ 最后用碳纤维布在梁底粘贴通长布置,接着用碳纤维布箍将搭接处缠紧粘牢,如图 3.76 所示。

图 3.75 钟楼斜梁端部夹板加固

图 3.76 钟楼斜梁端部碳纤维布加固

⑤ 粘贴碳纤维布加固 48 h 后,方可卸下支撑,进行下道工序施工。

(7) 木构件干缩裂缝加固修缮

① 根据《古建筑木结构维修与加固技术规范》(GB 50165—92)要求,对梁枋的干缩裂缝,应按下列要求处理:

当构件的水平裂缝深度(当有对面裂缝时,用两者之和)小于梁宽或梁直径的 1/4 时,可采取嵌补的方法进行修整,即先用木条和耐水性胶粘剂,将缝隙嵌补粘结严实,再用两道以上铁箍或碳纤维布箍箍紧,如图 3.77 和图 3.78 所示。

若构件的裂缝深度超过上款的限值,则需更换新构件。

图 3.77 钟楼木构件梁干缩裂缝加固之前

图 3.78 钟楼木构件梁干缩裂缝修复加固

② 对木柱的干缩裂缝,当其深度不超过柱径(或该方向截面尺寸)1/3 时,可按下列嵌补方法进行修整:

当裂缝宽度不大于 3 mm 时,可在柱的油饰或断白过程中,用腻子勾抹严实。

当裂缝宽度在 3～30 mm 时,可用木条嵌补,并用耐水性胶粘剂粘牢。

当裂缝宽度大于 30 mm 时,除用木条以耐水性胶粘剂补严粘牢外,尚应在柱的开裂段内加铁箍或碳纤维布箍 2～3 道。若柱的开裂段较长,则箍距不宜大于 0.5 m。

若构件的裂缝宽度超过以上限值,则需更换新构件。

3.8.2.3 钟楼木构件碳纤维布加固施工工艺

（1）木构件表面处理：①清理表面：吹净表面浮灰，清除油污、杂质，取出原吊顶铁钉。②剔除贴补：剔除初腐部分，按照《古建筑木结构维修与加固技术规范》（GB 50165—92）要求，可采用贴补的方法进行修复。贴补前，应将腐朽部分剔除干净，经防腐处理后，再用铁箍或螺栓紧固。③干缩裂缝修补：（同3.8.2.2中（7）条）。④榫头拨正节点加固：对梁枋、檩、柱脱榫的节点维修加固，使倾斜、扭转、拔榫的木构件复位，并将榫头和原木构件用耐水性胶粘剂粘牢，并用螺栓紧固。⑤木构件表面打磨：按照加固图纸将需加固的木构件弹墨线，选用中粗砂纸打磨，直至露出木材新面。

（2）防腐防虫药剂：在对钟楼所有木结构加固修缮之前，都进行了不同方法的防腐防虫药剂处理。

（3）涂刷底胶：涂刷底胶前用丙酮擦净木构件表面，用滚筒或毛刷把配比好的底胶均匀涂刷在木构件表面（用量 0.3 kg/m² 左右）鉴于木材材质密度高，胶水吸收慢，吸收时间要比混凝土稍长一些，这就是木结构与混凝土结构粘贴碳纤维布的区别所在。

（4）涂刷浸渍胶：当底胶指触感干燥后，涂刷浸渍胶。如果在室外温度超过30℃以上时，加上阳光照射，木构件自身所含水分会迅速蒸发，含水率降低，导致木构件的细小干缩裂纹增多，这样吸收胶水量就会增加，就必须涂刷两遍浸渍胶（用量 0.8 kg/m² 左右）。

（5）粘贴碳纤维布：本工程碳纤维布加固采用 300 g/m²，厚度 0.167 mm。贴上碳纤维布后，用滚筒沿碳纤维方向多次滚压，使浸渍胶充分浸透碳纤维布。当第一层粘贴完成待手指触感干燥后，可进行第二层粘贴，然后粘贴碳纤维布 U 形箍带。最后在碳纤维布表面撒上一些石英砂，为下道施工工序作准备。

（6）检验：检验粘贴部位密实度，对局部不密实处进行修补。

（7）涂刷优质桐油：在所有木构件加固后，在其表面涂刷优质桐油，起到隔潮、防腐、防虫作用。

3.8.2.4 钟楼木楼梯加固修缮

钟楼共有三层木楼梯，根据检测鉴定结果以及设计要求，对木楼梯采取如下加固方法：

（1）原木楼梯平台三道横向承重梯梁，两端部支承在墙体上，因梯梁刚度不够，引起梯梁挠度偏大而变形，且部分梯梁端部支承长度小于 100 mm，对木楼梯结构安全和舒适度有一定影响。

①对平台梯梁采用了包钢加固方法，用 10 mm 厚的 Q235 钢板制作成 U 形钢梁槽，80 mm×200 mm，在钢梁高度中间布置 M20 对拉螺栓@400。②对平台梯梁还采用了角钢支座加固方法，角钢∟140×90×8，以 90 mm 宽面支承钢梁底，并与钢梁底两侧焊接牢固，还在钢梁底对应的角钢下安装加劲肋。

（2）原上下踏步由三道斜梁支承，而斜梁与横梁采用直接榫卯连接，榫卯节点处容易松脱，木楼梯结构整体性差。采取包钢加固方法，斜梁包钢后与包钢后的上下横钢梁焊接牢固。

通过以上加固方法，一是增强了梯梁的承载能力，提高了木楼梯的刚度和舒适度；二是加强了木楼梯结构的整体性，如图 3.79 和图 3.80 所示。

图 3.79 钟楼木楼梯加固之前

图 3.80 钟楼木楼梯包钢加固

3.8.3 结束语

金陵中学钟楼是砖木混合结构的全国重点文物保护单位,对这类文物建筑除了需要进行抗震加固外,还需对木构件进行承载力和耐久性的加固。经过对金陵中学钟楼木构件加固修缮施工工艺的介绍,可供类似文物建筑加固修缮工程参考,希望重点注意以下几点:

(1)在木构件加固修缮之前,需对其进行全面的检测鉴定,再制定相应的加固修缮方案。

(2)对于木楼面跨度 不小于6.8 m 的木格栅,在层高较大的情况下,可采用在跨中增设钢梁的方法进行承载力和刚度的加固;在层高较小的情况下,可采用梁底粘贴碳纤维布的方法进行加固。

(3)对于木屋盖的木构件和节点也可采用粘贴碳纤维布的方法进行加固,可有效地改善木构件的耐久性和增强木屋盖的整体性能。

(4)对于木楼梯,可采用包钢板的方法进行加固,以提高其承载力和刚度。

3.9 案例4:全国重点文物保护单位——泰顺廊桥-文兴桥修缮

3.9.1 工程概况

泰顺县位于浙江南陲山区,与福建毗邻,境内现存古代廊桥数量众多,被誉为"世界廊桥之乡"。廊桥以其独特的造型、风格、艺术特征及悠久的历史备受世人的关注。2006 年,包括文兴桥在内的 15 座泰顺廊桥被列为第六批全国重点文物保护单位。

文兴桥始建于清咸丰七年(1857),桥身为拱桥,由 27 根三节苗、40 根五节苗、2 根大牛头(三节苗牛头)、4 根小牛头(五节苗牛头)和 6 组剪刀撑共同作用,支撑起高 5.5 m,跨30 m 的桥拱。三节苗长约 11.2 m,一排共9 根;五节苗长约 7 m,一排8 根,相互穿插;牛头为两端三节苗或者五节苗交接处的横梁;斜撑分为东西两段各三组,一组交于五节苗第二节牛头,两组交于三节苗第一节牛头附近,尾部均在桥头竖向排架的将军柱处。桥头和桥尾地面为毛石地面,桥中地面为木地板横铺,地板材质为杉木,厚 30 mm。桥体居中三开间设重檐,其余部分为一层廊屋。一层廊屋为两坡顶,三间六架,构架形式主要为穿斗形式,两端尽间山面设批檐,其余开间为两坡顶,屋面坡度平缓,出檐较深。木柱均为方形,下垫方形石柱础。桥身两侧木柱之间搁以木板供人逗留,桥身外挂薄木板(风雨板)保护桥身。

桥屋当心重檐三间歇山顶,深四架。

文兴桥外观奇伟,施工巧妙,装饰简洁,具有结构之美,廊屋出檐深远,檐口和屋脊升起大。构件等装饰视朝向村内还是村外有所不同。例如桥中部开间檐下挑梁,朝向村外一侧为月梁,朝向村内一侧则与其他挑梁相同。梁屋大梁和半梁保存有虾须梁的外形特征。柱、桥身板、封檐板等构件涂有深红色油漆。

修缮前,桥拱已发生局部塌陷,桥体严重变形,存在严重结构安全隐患,见图3.81所示。

图3.81 文兴桥现状图

3.9.2 残损状态分析

文兴桥历经了百余年的沧桑,整个桥身除了受到风雨侵蚀外,还有着许多复杂因素的原因,目前文兴桥外观现状损坏较为严重。为了解文兴桥的结构性能和残损原因,本书中采用SAP2000有限元软件对其进行静动力计算分析。根据相关文献,木材强度按照杉木取值,强度和弹模考虑一定程度折减。计算时考虑损伤前和损伤后两种模型,每种模型按三种荷载工况进行分析,工况1为:(恒载+满布活载+风载);工况2为:(恒载+东侧半边活载+风载);工况3为:(恒载+西侧半边活载+风载)。图3.82为文兴桥的有限元计算模型。

图3.82 文兴桥有限元计算模型

文兴桥目前的主要残损状态有下面几种。

3.9.2.1　桥拱塌陷,桥体严重变形

文兴桥东侧三节苗牛头处出现明显的塌陷下沉,见图 3.83 所示。根据现场检测,东侧三节苗牛头较西侧三节苗牛头低约 1.5 m,表现在外观上廊桥呈现东低西高的不对称形态。由于此严重的结构变形,对桥身结构构件造成极大破坏。由于东侧下沉,导致三节苗牛头压迫第二组五节苗,引发第二组五节苗整体均出现不同程度的压弯现象,最严重处为北侧最外一根五节苗,已完全压断,从北侧数第六根五节苗也出现严重受弯变形。东侧从南面数第一和第四根三节苗已经受压变形成弓状,出现明显的压裂裂缝,其余三节苗也有较严重的弯曲变形。

文兴桥东侧塌陷的主要原因是:由于拱桥结构体系的荷载最不利布置情况是桥的一侧满载,而另一侧没有荷载。通过文兴桥损伤前的有限元模型的计算模拟,在文兴桥东侧满布活载,而西侧没有活载的情况下,其计算变形与文兴桥现状变形极为相似,见图 3.84 所示。因此,笔者认为导致文兴桥东侧塌陷的主要原因是在历史的使用过程中,由于局部的不均匀荷载(例如只在东部放置重物或积聚人群等),导致桥体产生大的变形,未能复位,并逐渐恶化形成现状。

图 3.83　文兴桥平面内变形　　图 3.84　文兴桥在工况 2 作用下的变形

此外,通过计算分析,发现文兴桥在两侧对称的情况下,东西两侧三节苗、五节苗受力一致,受轴力和弯矩均衡,结构体系基本合理,而在现状的结构变形情况下,结构内力发生极大变化,东侧三节苗的轴力增加约一倍,而西侧部分三节苗呈受拉状态,东侧五节苗的弯矩也大大增加,引起的变形与现场观测情况基本相符。

3.9.2.2　构架整体歪闪、桥体扭转

桥身主体结构除竖向平面内变形外,在平面外也存在较大扭转,见图 3.85 所示。

通过数值模拟和现场观测,得出文兴桥产生扭转的主要原因有:①由于东侧三节苗牛头下沉,加大了对下部五节苗的作用力,导致东侧北数第一根五节苗压断,导致东侧三节苗牛头南北下沉变形不一致,北侧下沉尺寸较南侧多约 10 cm,导致桥体结构在南北方向产生 S 形扭转,即在东侧三节苗出现向北侧扭转,在西侧三节苗处相应的向南侧扭转变形。②这种编织拱梁桥存在先天的结构弱点,缺乏足够的侧向抵抗力,文兴桥虽然在东西方向各有三组剪刀撑,但由于剪刀撑在许多情况下是受拉状态(图 3.86),容易出现拔榫情况,因此,剪刀撑几乎不起作用。

图 3.85　文兴桥平面外变形

(a) 工况1   (b) 工况2   (c) 工况3

图 3.86　斜撑在不同工况作用下的轴力图

3.9.2.3　上部木构架的拔榫现象

文兴桥上部木构架节点之间连接采用榫卯连接。由于桥体竖向平面内的严重变形,导致许多榫卯节点处出现拔榫的现象,尤其在中部位置,见图 3.87 所示。

3.9.2.4　部分檩条开裂和挠度过大

通过目测,文兴桥上部部分檩条底部出现开裂现象,最大裂缝宽度约 10 mm。部分挑檐檩挠度过大,致使檐口曲线有形变,见图 3.88 所示。通过计算分析,部分檩条承载力和刚度不满足要求,主要为桥中部明间的金檩、檐檩和挑檐檩。

图 3.87　文兴桥上部木构架拔榫现象

图 3.88　文兴桥屋面现状图

3.9.2.5　三节苗、五节苗严重开裂

通过对现场的检测,发现有多处三节苗和五节苗存在严重开裂现象,有顺纹开裂和龟裂的现象,见图 3.89 所示。

顺纹开裂是由于承载力不足和木材干缩共同造成。在计算分析时,考虑到五节苗的小牛头直接搁置在三节苗上,因此三节苗是典型的压弯杆件,而五节苗基本没有弯矩的产生,因此五节苗是轴压杆件。计算结果表明,部分三节苗和五节苗结构承载力不够。而龟裂现象由于节苗腐朽的原因造成,节苗长期处于干湿交替环境下,容易引起腐朽。

3.9.2.6　大牛头、小牛头的劈裂破坏

文兴桥的三节苗与大牛头的连接做法是:斜苗采用方榫插入大牛头,而平苗两端则采用燕尾榫与大牛头连接。而五节苗与小牛头的连接做法是:下斜苗下端成方榫插入垫苗木中,上端也成方榫插入小牛头中;上斜苗下端做成燕尾榫嵌入小牛头,而上端成方榫插入小牛头中;平苗则两端采用燕尾榫嵌入小牛头中。由于三节苗和五节苗的榫头插入对牛头断面的削弱及应力集中,加上牛头两侧所受荷载上下位置不一产生扭矩,因此导致大、小牛头

水平向的劈裂破坏,见图 3.90 所示。

图 3.89　节苗开裂现象　　　　　图 3.90　牛头开裂现象

3.9.2.7　上部斜撑与牛头的拉脱

通过现场观测,文兴桥东侧上两组剪刀撑和三节苗牛头连接处已出现脱榫,已丧失原结构作用,见图 3.91 所示。

通过计算分析,判断剪刀撑与牛头处出现脱榫的主要原因是:部分斜撑构件无论是在竖向荷载作用还是水平荷载作用下均是受拉杆件,而剪刀撑和将军柱以及牛头的连接由于安装限制,无法采用燕尾榫,均采用直榫,或不用榫卯,在节点构造上无法抵抗拉力。

3.9.2.8　三节苗与垫石的脱开

文兴桥三节苗的支座采用的是垫苗石的做法,即将三节苗做凹口支撑在垫苗石上。通过现场观测,发现文兴桥西侧部分三节苗在支座处与垫石脱开,见图 3.92 所示。

图 3.91　斜撑与牛头拉脱现象　　　　图 3.92　三节苗与垫石脱开现象

由于文兴桥东侧塌陷导致的变形,结构内力发生了较大的改变。损坏前的文兴桥三节苗在不同工况作用下均是受压构件,而损坏后的文兴桥部分三节苗在工况 3 作用下出现拉力(图 3.93),因此,出现部分三节苗与垫石脱开的现象。

图 3.93　三节苗在工况 3 作用下的轴力图

3.9.2.9　人行过程中的晃动

在现场检测过程中发现，文兴桥在人行过程中容易出现明显晃动现象。对文兴桥进行了有限元动力分析，分析结果见表 3.10 所示，图 3.94 为文兴桥的第一阶和第二阶振型图。

表 3.10　文兴桥的自振频率

序号	频率（Hz）	振型	序号	频率（Hz）	振型
1	2.02	侧向一阶对称振动	4	3.11	反对称扭转振动
2	2.69	面内一阶反对称振动	5	3.23	对称扭转振动
3	2.73	侧向一阶反对称振动	6	4.28	面内横向振动

根据文献资料，人行频率一般为 1.8～2.5 Hz，文兴桥的第一阶自振频率为 2.02 Hz，因此很容易出现共振现象。

（a）第一阶振型图（侧向一阶对称振动）　　（b）第二阶振型图（面内一阶反对称振动）

（c）第三阶振型图（侧向一阶反对称振动）　　（d）第四阶振型图（反对称扭转振动）

图 3.94　文兴桥振型图

3.9.3　修缮建议

根据现状和有限元模型分析，结合《古建筑木结构维护与加固技术规范》对文兴桥进行可靠性鉴定，可将其评为Ⅳ类建筑，即建筑承重结构的局部或整体已处于危险状态，随时可能发生意外事故，必须立即采取抢修措施。

文兴桥目前整体呈现拱结构变形破坏的典型形态，整体结构已经处于破坏的临界状态，随时可能倒塌，因而文兴桥修缮的首要目标是恢复桥体的结构安全状态，解除倒塌破坏的隐患。同时文兴桥作为全国重点文物保护单位，具有重要的文物价值，因而在修缮过程中必须尽可能保存其历史状态的信息，其历史信息主要包括其材料、结构构架形式、外观形态和保存通行的功能。因此,提出了相应的修缮建议。

(1) 传统工匠修缮方法:即将桥体拆解,全面检查构件情况,按原状重新搭建文兴桥。根据工匠调查,传统的廊桥维修方法为自上而下,根据修建廊桥的相反步骤,对桥体木构进行解体。传统采用龙门架方式,如今可采用满堂脚手架的方法。先编号解体桥屋,后解体桥面板和平梁系统,再解体五节苗系统,最后解体三节苗系统。在解体后详细勘察每根构件的保存状况,尤其是榫卯节点的保存情况,分别进行替换和修补。之后在传统办法中,工匠通常采取的截长补短的方式,即将榫卯损坏的三节苗截断用作五节苗使用,长的五节苗截短供短的五节苗使用,这样保证老料尽可能的不被浪费。

这种方法的优点是更换的新料数量少,造价经济,施工周期短,通过施工能够促进传统技艺的保存。缺点是很多原状构件离开了原来的位置,而木拱廊桥的重要特点是所有节苗构件均为原木剥除树皮后直接使用,为经斫圆处理,所以直径均不相同,经过截长取短的加工后,构件原状实际上遭到了改变。同时落架中由于结构解体会加大部分榫卯节点的破坏,导致必须更换的构件数量增加。

(2) 顶升加固。即不拆解桥体主要结构,针对现存桥体东侧低,西侧高的现状,通过搭建满堂脚手架,支撑好主体结构,通过外加荷载,调整改变拱的变形形态。也就是先将桥屋解体,然后在东侧三节苗牛头处通过千斤顶向上顶升,在西侧三节苗处的桥面上施加对称的向下荷载,通过缓慢的逐步加载,让桥体变形恢复减小,直至重新达到平衡点,恢复编织木拱梁桥的正常受力状态。此后,对牛头及节苗进行体系外加固,对完全损坏的部分三节苗和五节苗以及东侧三节苗牛头则通过局部卸荷的方式进行局部替换,对保留构件及其节点使用外包钢或粘贴碳纤维布的方式加固。

这种方法的优点是较好保存了文兴桥的历史状态与信息,能够保留较多的传统构件。缺点是施工周期长,体系外加固会增加桥体自重,施工中未知因素多,存在较大的风险性。同时由于节苗与牛头衔接的榫卯无法详细检查,必须全部予以加固,同时体系外加固费用大大高于传统修缮办法。

(3) 保存现状,通过体系外的结构形式代替原结构体系受力。也就是通过在桥体下部增加钢结构体系,承担现有桥体荷载,仍旧保存桥体现状变形状态。

这种方法的优点是最大限度保存了文兴桥的历史信息。而缺点是新增加的钢结构必然会影响文兴桥整体风貌。

根据不同方案的利弊权衡,此次修缮采取解体修缮与体系外加固并用的办法。具体为根据传统修缮方式对桥屋及下部节苗系统进行落架解体,更换已完全破坏的节苗和牛头,对经评估整体保存尚好仅榫卯节点部分损坏的节苗及牛头,采取体系外方式加固。构件分别加固后,按原传统工艺恢复至始建的基本对称状态,为保存历史上文兴桥的斜桥风貌,修缮后三节苗牛头间的高差由 70 cm 减小至 20～30 cm,依然保持部分倾斜的状态。

3.9.4 修缮施工

将廊屋和桥拱木构架编号、落架,对构件的破损情况和承载力情况进行全面检查和记录。桥体拆解,全面检查构件情况;根据工匠调查,传统的廊桥维修方法为自上而下,根据修建廊桥的相反步骤,对桥体木构进行解体,采用满堂脚手架的方法。先编号解体桥屋,后解体桥面板和平梁系统,再解体五节苗系统,最后解体三节苗系统。在解体后详细勘察每根构件的保存状况,尤其是榫卯节点的保存情况,分别进行替换和修补。构件经过修缮或更换与归安后,所有柱、梁、枋及风雨板,均采用熟桐油照面两度,不作油漆。图3.95和图3.96分别为文兴桥解体和修缮完成后的现场图。

图 3.95　解体施工现场图

图 3.96　修缮完成后现场图

4 砌体结构遗产的保护技术及案例

4.1 概述

由砖、石等砌块组成,并用砂浆粘结而成的材料称为砌体。砌体结构在我国有着悠久的历史,其中石砌体与砖砌体在我国更是源远流长,构成了我国独特的文化体系的一部分。

我国生产和使用烧结砖的历史已有 3000 年以上。西周时期已有烧制的黏土瓦,并出现了我国最早的铺地砖。战国时出现了精制的大型空心砖。西汉时出现了空斗砌结的墙壁,以及用长砖砌成的角拱券顶、砖穹隆顶等。北魏时期出现了完全用砖砌城的塔,如河南登封的嵩岳寺塔(图 4.1),开封的"铁塔"(用异型琉璃砖砌成,呈褐色)。南京灵谷寺和太原永柞寺(图 4.2)中所建的无梁殿,都是古代应用砖砌筑穹拱结构的例子。

图 4.1 河南登封嵩岳寺塔

图 4.2 太原永柞寺无梁殿

砌体结构的优点是取材方便、性能良好、耐火性好,并且施工技术要求低、造价低廉。它的缺点是强度低、延性差,用工多、占地多、自重大。由于砌体结构是由块材和砂浆砌筑而成的,因此施工质量的变异较大,强度相对较低,使用过程易出现开裂现象。在砌体结构的检测中,需要对砌体的强度、施工质量、裂缝等进行重点检查和测试。

4.2 砌体结构遗产的常见病害

1) 风化现象

气温的反复变化以及各种气体、水溶液和生物的活动使砖石在结构构造甚至化学成分上逐渐发生变化,使砖石由整块变成碎块,由坚硬变得疏松,甚至组成矿物也发生分解,在当时环境下产生稳定的新矿物。这种由于温度、大气、水溶液和生物的作用,使砖块发生生物理状态和化学组分变化的过程称为风化,如图 4.3 所示。风化按成因可分为物理风化、化学风化和生物风化三类。

图 4.3　风化现象

2) 酥碱(泛白)现象

建筑物表面泛白的原因很多,可以分为内部原因和外部原因。属于内部的原因主要是建筑材料内部存在可溶性的盐类和碱类物质;来自外部的原因可认为是由于基层材料具有一定的渗透性,当水分从材料表面向材料内部渗透后,将材料内部可溶性物质溶解,而当材料干燥时,水分由内向外发生迁移,又将可溶性物质携带到材料表面,随着表面水分蒸发,便将白色的可溶性物质留在表面,也即产生泛白现象,如图 4.4 所示。

图 4.4　泛白现象

3) 墙体开裂

墙体开裂是砌体的常见问题,如图 4.5 所示。

墙体开裂主要包括:

(1) 荷载裂缝,它反映了砌体的承载力不足或稳定性下降。

(2) 地基不均匀沉降或温度变化,所产生的砖墙开裂会影响结构的受力和整体性,严重时会导致建筑物的破坏,甚至坍塌。

图 4.5　砖墙开裂现象

4）弓突变形

砌体结构遗产长期使用导致结构材料性能退化,承载力下降,墙体等构件在外力作用下可能就会发生弓突变形,如图 4.6 所示。

图 4.6　弓突变形

5）瓦件酥散

因屋面堆放物品、上屋面践踏或风化作用,致使屋顶瓦面产生裂纹、破碎、松动等破损现象,如图 4.7 所示。瓦面酥散是造成屋面漏水的原因,应及时修补。瓦面局部酥散可抽换瓦件修复;大面积酥散,损坏严重的应整修屋面或挑顶翻修。

图 4.7　瓦件酥散现象

4.3 砌体结构遗产承载能力验算

砌体主要构件是墙、柱、拱等,主要承受压力作用。受压作用方式主要有轴心受压、偏心受压及局部受压等不同情况。此外,砌体结构构件尚有轴心受拉、受弯及受剪等形式。验算时,如果结构材料及构造作法均符合现行规范要求,则一般应根据实际检测得到的截面尺寸、构造作法和材料强度等级进行计算,若验算不能满足要求时,则应采取相应加固措施。如果结构材料或构造作法不满足现行规范要求时,则应根据试验结果或参考相关文献进行计算。

4.4 砌体结构加固方法

砌体结构的加固一般分为直接加固与间接加固两类。

适用于砌体结构的直接加固方法一般为:

(1)钢筋混凝土外加层加固法

该法属于复合截面加固法的一种。其优点是施工工艺简单、适应性强,砌体加固后承载力有较大提高,并具有成熟的设计和施工经验,适用于柱、带壁墙的加固。其缺点是现场施工的湿作业时间长,对生产和生活有一定的影响,且加固后的建筑物净空有一定的减小。

(2)钢筋网水泥砂浆面层加固法(图 4.8)

该法属于复合截面加固法的一种。其优点与钢筋混凝土外加层加固法相近,墙体增加的厚度较前者薄一些,但提高承载力不如前者,适用于砌体墙的加固。

图 4.8 钢筋网水泥砂浆面层加固

(3)增设扶壁柱加固法(图 4.9)

该法属于加大截面加固法的一种。其优点亦与钢筋混凝土外加层加固法相近,但承载力提高有限。

图 4.9　增设扶壁柱加固

适用于砌体结构的间接加固方法一般为：

（1）外包型钢加固法

该法属于传统加固方法，其优点是施工简便、现场工作量和湿作业少，受力较为可靠。适用于不允许增大原构件截面尺寸，却又要求大幅度提高截面承载力的砌体柱的加固。其缺点为加固费用较高，并需采用类似钢结构的防护措施。

（2）预应力撑杆加固法

该法能较大幅度地提高砌体柱的承载能力，且加固效果可靠。适用于加固处理高应力、高应变状态的砌体结构的加固。其缺点是不能用于温度在 60℃ 以上的环境中。

砌体结构构造加固与修补方法有：

（1）增设构造柱和圈梁加固

当构造柱和圈梁设置不符合现行设计规范要求，或纵横墙交接处咬搓有明显缺陷，或房屋的整体性较差时，应增设构造柱和圈梁进行加固。

（2）增设梁垫加固

当大梁下砖砌体被局部压碎或大梁下墙体出现局部竖直裂缝时，应增设梁垫进行加固。

（3）砌体局部拆砌

当房屋局部破裂但在查清其破裂原因后尚未影响承重及安全时，可将破裂墙体局部拆除，并按提高砂浆强度一级用整砖填砌。

（4）砌体裂缝修补

在进行裂缝修补前，应根据砌体构件的受力状态和裂缝的特征等因素，确定造成砌体裂缝的原因，以便有针对性地进行裂缝修补或采用相应的加固措施。

4.5　案例 1：南京市文物保护单位——南京某民国办公建筑加固

4.5.1　工程概况

南京市某办公楼为民国时期建造的砖木结构（图 4.10、图 4.11），原为国民党财政部办公楼，现为南京市局办公楼，南京市文物保护单位。该楼东西向长 33.26 m，南北向长 25.26 m，

图 4.10　该办公楼外观图

图 4.11　该办公楼底层结构平面图

占地面积约 840 m²，共三层，层高 3.5 m，均为木楼面，坡屋面。采用纵横墙承重体系，底层承重墙体厚度 400 mm，二、三层承重墙体厚度 280 mm，墙体材料为黏土实心砖，以黏土石灰砂浆砌筑。屋面构造为三角形木屋架，基础采用条形大放脚砖基础，下设毛石垫层。该楼虽历经多年的沧桑，其结构未受到严重的破损，但砂浆风化较严重。考虑到该楼的特殊意义和重要性，为日后能安全使用，需对其进行抗震加固。

该楼抗震设防烈度为 7 度，设计基本地震加速度值为 0.10 g（第一组），建筑场地为 Ⅱ 类，青砖强度等级为 MU2，砂浆强度等级为 M1.5。

4.5.2　加固设计

经计算分析后得知：该办公楼底层和第二层局部受压承载力不能满足要求，各层抗震承载力均能满足要求。原结构未设圈梁和构造柱，不满足抗震构造要求。砖砌大放脚基础承载力几乎没有富余。

4.5.2.1 基础加固

从地质勘察报告得知,该办公楼范围内各层土的土体强度差异较大,同时存在可液化土层,地下水位较浅,且基础底部直接落在杂填土层,因此本次加固对基础进行了加固,不仅提高了承载力,也增加了整体刚度,基础加固做法和施工见图 4.12 和图 4.13 所示。

图 4.12 基础加固图

图 4.13 基础加固施工图

4.5.2.2 墙体加固

对墙体采用钢筋网水泥砂浆加固。本次加固用双面钢筋网选用 φ6@200×200,用 φ6 "S"形穿墙钢筋拉接;单面钢筋网用锚入墙内的 φ6 钢筋拉接,间距 800 mm,呈梅花状布置。采用 M10 水泥砂浆抹面,厚度为 40 mm。门窗洞口处为防止开裂,在洞口角部放置 φ8 斜向钢筋。墙体加固做法和施工见图 4.14 和图 4.15 所示。

4.5.2.3 抗震构造加固

本次加固对该办公楼进行了抗震构造加固,新增了构造柱和圈梁,大大增强了结构的整体性,新增构造柱、圈梁具体做法和施工见图4.16、图4.17 和图4.18 所示。

图 4.14 墙体加固图

图 4.15 墙体加固施工图

图 4.16 新增构造柱做法

图 4.17 新增圈梁做法

图 4.18 新增构造柱和圈梁施工图

4.5.2.4 木屋架加固

对该楼木屋架的加固包括屋架本身的加固和支撑系统的加固。木屋架本身重点需对端部节点和下弦半企口连接节点进行加固。由于该楼原有屋架支撑系统为木结构,布置很不规范,且因年代久远,木材腐朽和干裂严重,已基本丧失作用,本次加固采用钢结构支撑系统替代原有的木结构支撑系统。木屋架加固具体做法和施工见图4.19和图4.20所示。

图 4.19 木屋架加固做法

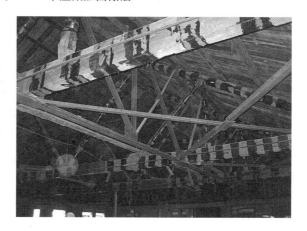

图 4.20 木屋架加固施工图

4.6 案例 2：南京市文物保护单位——南京某民国居住建筑加固

4.6.1 工程概况

南京市某民国建筑始建于 20 世纪 20 年代至 30 年代，主体为砖木结构，部分为钢筋混凝土结构，现为南京市文物保护单位。该民国建筑共两层，局部错层部位为三层，东西向长 17.75 m，南北向长 10.15 m，建筑面积约 320 m²，总高约 10.57 m，楼面为木楼面，屋面为木屋架坡屋面。结构采用纵横墙承重体系，外墙厚度 380 mm，内墙厚度 260 mm，墙体材料为黏土实心砖，以黏土石灰砂浆砌筑。屋面构造为空间桁架体系的木屋架，基础采用条形大放脚砖基础。该楼虽历经多年的沧桑，其结构未受到严重破损，但砂浆风化较严重。考虑到该楼加固改造后用作公共接待场所，为日后能安全使用，需对其进行加固修缮。图 4.21 为该楼的外观图，图 4.22 为该楼的底层结构平面图。

图 4.21 该楼外观图

图 4.22 该楼底层结构平面图

经地质勘察，本工程抗震设防烈度为 7 度，设计基本地震加速度值为 0.10 g（第一组），设防类别为丙类，建筑场地为Ⅱ类，基础底部地基承载力特征值为 70 kPa。对原结构进行检测，测得青砖强度等级为 MU2.0，砂浆强度等级为 M1.0，采用 PKPM 对该楼进行抗震验算。

4.6.2 加固设计

经计算分析后得知：该楼底层和二层局部墙体受压承载力不能满足要求，底层承载力不足的墙体主要位于西侧、南侧外墙和内墙，最多差 50%；二层承载力不足的主要位于南侧外墙和（C）轴线内墙，最多差 38%。各层均有墙体抗震承载力不能满足要求，底层承载力不足的墙体主要位于东侧、西侧外墙和（B）、（C）轴线内墙，最多差 33%；二层承载力不足的主要位于东侧和西侧外墙，最多差 35%；三层墙体几乎都不满足承载力要求。

原结构未设圈梁和构造柱，不满足抗震构造要求。

4.6.2.1 基础加固

该楼基础下的土体为杂填土层，强度较低，地基承载力特征值为 70 kPa。经计算分析：

该楼基础底面的压力为 124 kPa,大于地基承载力特征值。因此本次加固对基础进行了加固,采用双梁加固形式,不仅地基承载力满足要求,整体刚度也得到了增强。图 4.23 和图 4.24 分别为基础加固做法和现场施工。

图 4.23　基础加固图

图 4.24　基础加固现场施工图

4.6.2.2　墙体加固

对墙体采用钢筋网水泥砂浆加固,其受压承载力的计算公式见式(4.1):

$$N = \phi_{com}(fA + f_cA_c + \eta_s f'_y A'_s)$$　　　　(4.1)

式中:ϕ_{com}——组合砖砌体构件的稳定系数;

　　A——砖砌体的截面面积;

　　f_c——水泥砂浆的抗压强度设计值;

　　A_c——砂浆面层的截面面积;

　　η_s——受压钢筋的强度系数,砂浆面层时取 0.9;

　　f'_y——钢筋的抗压强度设计值;

　　A'_s——受压钢筋的截面面积。

其抗震能力的增强系数计算公式见式(4.2):

$$\eta_{pij} = \frac{240}{t_{w0}}\left[\eta_0 + 0.075\frac{\left(\frac{t_{w0}}{240}-1\right)}{f_{VE}}\right]$$　　　　(4.2)

式中：η_{pij}——第 i 楼层 j 墙段的增强系数；

    η_0——基准增强系数；

    t_{w0}——原墙体的厚度；

    f_{VE}——原墙体的抗剪强度设计值。

墙体加固用双面钢筋网，选用 $\phi6@200\times200$，用 $\phi6$ "S" 形穿墙钢筋拉接；单面钢筋网用锚入墙内的 $\phi6$ 钢筋拉接，间距 800 mm，呈梅花状布置。采用 M10 水泥砂浆抹面，厚度为 40 mm。门窗洞口处为防止开裂，在洞口角部放置 $\phi8$ 斜向钢筋。双面钢筋网水泥砂浆加固 380 mm 厚墙体受压承载力可提高 175%，抗震能力可提高 252%，单面钢筋网水泥砂浆加固 380 mm 厚墙体抗压承载力可提高 87%，抗震能力可提高 1.92，双面钢筋网水泥砂浆加固 260 mm 厚墙体受压承载力可提高 256%，抗震能力可提高 3.00。经计算，加固后的各层墙体受压承载力和抗震承载力均能满足要求。墙体加固方法和现场施工见图 4.25 和图 4.26 所示。

图 4.25 墙体加固图

图 4.26 墙体加固现场施工图

4.6.2.3 抗震构造加固

本次加固还对该楼进行了抗震构造加固，新增了构造柱和圈梁，大大增强了结构的整体性，满足了现代抗震规范的构造要求。新增构造柱和新增圈梁采用钢板做法，这种加固方法既不浪费建筑空间，又不影响建筑美观。具体作法和现场施工分别见图 4.27、图 4.28 和图 4.29 所示。

注:钢柱与砖墙之间灌注乳胶水泥

图 4.27　新增构造柱作法

图 4.28　新增圈梁作法

图 4.29　圈梁和构造柱加固现场施工图

4.6.2.4　木楼面加固

对木梁、格栅,如出现干裂的情况,则采用环向粘贴 CFRP 的加固方法,具体作法见图 4.30 所示,如出现腐朽严重或翘曲变形较大的则必须更换。根据计算结果,东面二层楼面木格栅和楼面梁承载力不足,木格栅采用加密的做法进行加固,见图 4.31 所示,东面二层楼面梁采用图 4.32 的加固方法。

图 4.30　木梁及格栅 CFRP 加固方法　　　　**图 4.31　东面二层楼面格栅加密**

注:新增钢梁端部与钢圈梁围焊,注意隔热处理

图 4.32　楼面梁加固

4.6.2.5 木屋架加固

该楼木屋架为空间桁架体系,笔者采用SAP2000软件对木屋架的受力进行了计算,结果表明:原有的截面均能满足承载力要求,仅需对节点进行加固处理,计算结果见图4.33所示。考虑到木屋架端部节点为齿连接形式,极限状态为顺纹受剪破坏,结构形式较弱,又由于上弦杆在端部的轴力最大,因此传递给端部节点的剪力较大,故需对端部节点进行加固,做法见图4.34所示。中间部分节点加固方法见图4.35所示,图4.36为木屋架加固现场施工图。

图4.33 木屋架计算结果(轴力图)

图4.34 木屋架端部节点加固图

图 4.35　木屋架中部节点加固图

图 4.36　木屋架加固现场施工图

4.7　案例 3：全国重点文物保护单位——金陵中学钟楼加固修缮

4.7.1　工程概况

金陵中学钟楼建于 1888 年，是全国重点文物保护单位-金陵大学旧址的一个重要组成部分，坐落在南京市金陵中学校园内，建筑面积 921 m²。钟楼整体对称，平面为长方形，东西稍长，南北向为短内廊式建筑布局。南北均有入口和门廊，并有高台阶上下，北面中部有木楼梯。建筑物主体共三层，第三层阁楼部分设老虎窗。四层悬挂铜钟，在主楼的东西两间房设有壁炉和烟囱。2002 年 10 月，金陵中学钟楼被公布为江苏省文物保护单位。2006 年 5 月作为金陵大学旧址进入全国第六批重点文物保护单位名单。图 4.37 为金陵中学钟楼外貌。

图 4.37　钟楼立面图

4.7.2　检测鉴定

建筑物在长期的外部环境及使用条件下，结构材料每时每刻都受到外部介质的侵蚀，引起材料状况的恶化。外部环境对结构材料的侵蚀主要有化学作用、物理作用和生物作用三种。经年累月，结构性能逐渐下降，当达到一定期限以后，就有加固修缮的必要了，但对于文物类建筑，加固修缮必须遵守文物古迹保护准则。金陵中学钟楼使用至今已有一百二十余年，远超出现行国家设计规范的合理使用年限。期间虽经过多次修缮，但原始设计资料和修缮资料均已缺失。为了解钟楼建筑目前的真实结构状态，给加固修缮设计提供科学依据，对其进行了详细的检测鉴定。检测鉴定得出的主要结论有：

（1）该建筑的安全性等级为 C_{su}，影响整体承载，应在保护文物前提下采取加固措施。

（2）影响该建筑结构安全性的主要因素包括墙体的承载力和房屋的抗震构造要求。该建筑墙体材料为黏土青砖和石灰砂浆。根据现场检测，该建筑砂浆抗压强度仅有0.90 MPa，通过计算分析，该建筑部分墙段受压承载力和抗震承载力不满足设计要求。此外，由于钟楼建筑建造年代久远，当时未考虑任何抗震构造措施。

（3）该建筑基础为砖砌大放脚基础，基础整体性相对较差。

（4）根据计算结果，对于跨度不小于 6.8 m 的木搁栅需要进行加固处理，腐朽严重的木构件需要进行更换。

（5）对于该建筑的三层和四层钟楼部分，由于层间刚度发生突变，在地震时容易应鞭梢效应导致严重破坏，因此，对于三层和四层钟楼部分也需要进行加固处理。

4.7.3　加固修缮设计

4.7.3.1　加固修缮设计原则

文物作为一种珍贵的文化遗产，是历史文明的物质载体，具有不可再生的特征，现存文物建筑虽然面积不大，但是其建筑具有时代特征和典型性。维修工程应遵循以下原则：

（1）依法保护的原则

本设计修缮工程施工及日常管理都是根据文物法对保护文物的要求进行的，保护好钟楼是受法律赋予的要求。

（2）真实性的原则

保持现状，局部恢复原状时严格考证，有据可依，尽可能根据历史资料及各种相关的遗存、遗物复原。坚持原材料、原尺寸、原工艺原则。

（3）可识别的原则

此次维修更换添加的部分，可分别根据不同的材料采用刻字、墨书、模印等方法在适当部位作出标识。

（4）安全与有效的原则

安全性是修缮工程必须考虑的问题，金陵中学钟楼建筑作为校史陈列馆，将有大量而又频繁的人员往来，因此，必须考虑参观人员的安全，通过修缮维持该建筑的结构可靠性也是本次修缮的基本目标。

4.7.3.2　基础加固

根据检测鉴定结论，需要对基础的整体性进行加固。因此，采用在原先的砖砌大放脚基础两侧新增钢圈梁，一方面大大提高基础的整体性能，另一方面也作为墙体加固的生根部位。图 4.38 和图 4.39 分别为基础加固图和现场施工图。

4.7.3.3　墙体加固

由于部分墙体的承载力以及建筑整体的抗震性能较弱，因此，对建筑墙体进行承载力和整体性加固。对于外墙，采用在墙体内侧新增 40 mm 厚钢筋网聚合物砂浆面层进行加固，不破坏外立面的风貌；而对于内墙，则采用在墙体两侧新增 40 mm 厚钢筋网聚合物砂浆面层进行加固。通过这种方法加固，一方面提高了墙体的承载能力、整体性和抗震性能，满足现行规范的承载力要求；另一方面，最大限度地减少加固对建筑空间的影响。图 4.40 和图 4.41 分别为墙体加固图和现场施工图。

图 4.38　基础加固图

图 4.39　基础加固现场施工图

图 4.40　墙体加固图

图 4.41 墙体加固现场图

4.7.3.4 木楼面加固

由于修缮后的建筑除顶层将作为办公功能使用外,其余楼层均作为校史展览功能使用,根据计算结果,楼面部分搁栅需要加固。对于第一层地面跨度不小于 6.8 m 的木搁栅,采用在跨中垂直木搁栅方向增设地垄墙的方法进行加固;对第二层地面跨度不小于 6.8 m 的木搁栅,采用在跨中垂直木搁栅方向增设钢梁的方法进行加固,如图 4.42 所示;对第三层地面木搁栅采用梁底通长粘贴碳纤维布方法进行加固,如图 4.43 所示。此外,考虑到木搁栅端部长年埋在墙内,易腐朽损坏,因此,在木格栅端部增设角钢支座以提高其搁置长度,确保结构安全性,图 4.44 为角钢支座加固现场施工图。

图 4.42 二层楼面搁栅加固

图 4.43 三层楼面搁栅加固

图 4.44 角钢支座加固

4.7.3.5 木屋架的加固

由于该建筑木屋架构件大部分存在不同程度的干缩开裂现象,且构件连接处大多也有不同程度的拔榫现象,因此,需要对屋架构件及节点进行加固修缮,以提高其耐久性和整体性。

对屋架构件采用环向粘贴碳纤维布方法进行耐久性加固；对屋架节点采用粘贴碳纤维布方法进行整体性加固。图 4.45 为木屋架加固修缮现场施工图。

图 4.45　木屋架加固修缮现场施工图

4.7.3.6　钟楼的加固

位于建筑的南侧，三层和四层钟楼部分高出主体建筑较多，在地震时容易产生鞭梢效应，因此，需要对其进行抗震加固。由于三层和四层钟楼内外墙均为清水砖墙，因此采用在墙体内侧增设角钢构造柱和圈梁的方法进行抗震加固，通过这种方法加固，一方面提高了该部分钟楼墙体的整体性和抗震性能，削弱了鞭梢效应；另一方面，不会影响到钟楼部分外立面的原有风貌。图 4.46 和图 4.47 分别为钟楼加固图和现场施工图。

图 4.46　钟楼加固图

图 4.47　钟楼现场施工图

4.7.3.7　木楼梯的加固

由于该建筑的原木楼梯在使用时挠度变形较大、舒适度较差，因此，采用外包钢板的方法对木梯梁进行承载力和刚度的加固，以提高其舒适度。图 4.48 和图 4.49 分别为梯梁加固图和现场施工图。

图 4.48　梯梁加固图　　　　　　　图 4.49　梯梁加固现场施工图

4.7.4　结语

金陵中学钟楼既是具有重要历史文化价值的文物建筑遗产,又是需要抗震重点设防的校舍类建筑。这类建筑遗产留存至今不仅有承载力不足的问题,而且存在抗震构造措施缺乏的问题。因此,迫切需要进行加固修缮,笔者希望通过对金陵中学钟楼加固修缮设计的介绍,能够给同行提供类似工程加固设计方法的参考。希望重点注意以下几点:

(1) 对砖混建筑遗产加固修缮前,需对其进行全面的检测鉴定,再制定相应的加固修缮方案。

(2) 在基础满足承载力要求的前提下,可采用增设钢板地圈梁的方法进行整体性加固,施工简便快速。

(3) 采用钢筋网聚合物砂浆面层加固墙体不仅可提高其承载力和抗震性能,并最小限度地影响室内空间使用。

(4) 对于楼面木格栅,在层高较大的情况下,可采用在跨中增设钢梁的方法进行承载力和刚度的加固;在层高较小的情况下,可采用梁底粘贴碳纤维布的方法进行加固;木屋架构件和节点也可采用粘贴碳纤维布的方法进行加固,可有效改善其耐久性和受力性能。

(5) 对于明显突出主体建筑的钟楼部分,可采用增设型钢构造柱和圈梁的方法进行抗震构造加固,尽量降低鞭梢效应的破坏。

4.8　案例 4:全国重点文物保护单位——无锡茂新面粉厂旧址加固修缮

4.8.1　工程概况

无锡茂兴面粉厂(原保兴面粉厂)是由我国著名民族工商业家荣宗敬、荣德生兄弟于1900 年创办,是中国民族工商业最早的企业之一,其中历经起伏、重建,一直延续至今,其中折射了中国民族工商业发展的风风雨雨,在其旧址,利用原有建筑及设备建设无锡中国民族工商业博物馆,具有独特的历史意义和价值,对中国民族工商业发展史的研究,对保存近代历史文物资料,对展示民族工商业的辉煌历程,对提升无锡城市形象,将起到积极且重要的作用。博物馆的主体建筑是两栋多层的砖混结构,生产车间 6 层,局部 5 层,麦仓 4 层,均为钢梁上铺木地板楼面,基础采用钢筋混凝土条形基础,下设木桩,建于 20 世纪 40 年代,其占地面积 12 123 m²,紧邻古运河,2002 年被列为江苏省重点文物保护单位,2013 年被列为第七批全国重点文物保护单位。生产车间立面及平面图分别见图4.50、图 4.51 所示,麦仓立面及平面图分别见图 4.52、图 4.53 所示。

图 4.50 生产车间立面图

图 4.51 生产车间平面图

图 4.52 麦仓立面图

图 4.53 麦仓平面图

4.8.2 加固设计

本工程地质勘察是由无锡市勘察设计院进行的,抗震设防烈度为 6 度,设计基本地震加速度值为 0.15 g(第一组),设防类别为丙类,建筑场地为Ⅲ类;原结构检测是由昆山市建设工程质量检测中心进行的,测得扶壁柱及屋面梁混凝土强度等级为 C14,红砖强度等级为 MU10,砂浆强度等级为 M5;原结构现场测绘是由东南大学建筑学院派员完成的,笔者采用 PMCAD 对生产车间及麦仓进行抗震验算,生产车间计算模型见图 4.54 所示,麦仓计算模型见图 4.55 所示。

图 4.54 生产车间计算模型

图 4.55 麦仓计算模型

4.8.2.1 结构整体加固

经过计算分析后得知:原茂新面粉厂生产车间及谷仓的抗震承载力及竖向抗压承载力均能满足要求。原结构虽有混凝土扶壁柱,但没有设圈梁,不满足抗震构造要求,故对其进行新加钢圈梁抗震加固,加固方式采用 2 块−300×20 的钢板,M20 对拉螺栓拉接,螺栓横向间距按 s 为 $80i$(i 为平行于墙面的单肢回转半径)计算,本工程 s 取 500 mm,加固方式见图 4.56 所示。考虑到钢圈梁的长度较长,为保证其稳定性,每隔 1 200 mm 设 2Φ20 的花篮螺栓将两边的钢圈梁拉接。新加钢圈梁前,用水泥砂浆粉平原墙体。

图 4.56 钢圈梁加固

4.8.2.2 钢梁加固

原生产车间及麦仓楼面均为钢梁上铺木地板楼面,钢梁截面为 I460×150×20×20。经过现场检查,钢梁基本无锈蚀,保护较好,故计算仍按 Q235 钢考虑。改造后的博物馆楼面活载标准值取 3.5 kN/m²,经计算分析后得知,该钢梁整体稳定性不满足要求。钢结构设计规范中规定工字形钢简支梁受压翼缘的自由长度 l_1 与其宽度 b_1 之比不超过 16 时,可不验算其整体稳定性。故本工程采用新加工字形钢对原钢梁受压翼缘进行侧向支撑,间距取 2 200 mm,考虑到对原钢梁的保护,采用螺栓连接方式,钢梁加固图见图 4.57 所示。

图 4.57 原钢梁整体稳定性加固

4.8.2.3 平台柱与原钢梁的连接

由于原结构上人楼梯均为木楼梯,且年代久远,显然不能满足博物馆上人楼梯活荷载标准值 3.5 kN/m² 的承载力要求,故需拆除原木楼梯,改造为钢楼梯,这就涉及平台柱与原钢梁的连接问题。本工程采用套筒式的方法连接平台柱与原钢梁,即采用两块 20 厚钢板通过四根 M20 对拉螺栓套住原钢梁,螺栓外套 φ50×4 的圆管,内部放置两根 28a 的槽钢撑住钢板,以增强其抗弯承载力,平台柱与钢板焊接。连接方式和现场施工分别见图 4.58 和图 4.59 所示。

图 4.58　平台柱与原钢梁的连接方式

图 4.59　平台柱与原钢梁的连接施工图

4.8.2.4　屋面加固

由于麦仓屋面破损严重,许多混凝土梁出现不同程度的受力裂缝,屋面板也出现混凝土的剥落,故需对其进行加固,对屋面板采用叠合板的加固方式处理,对屋面梁采用外包钢加固方式处理,新加板采用喷射 C30 微膨胀混凝土浇筑,附于原屋面板的下部,为避免新加板钢筋直接穿梁时对原梁造成较大的损伤,本工程采用 2 根 8 号槽钢加 M20@500 对拉螺栓进行过渡,新加板上下纵筋与槽钢焊接,这样既较好地保护了原结构,又保证了力的有效传递。屋面板加固方法见图 4.60 所示,屋面梁加固方法见图 4.61 所示。

图 4.60　屋面板加固　　　　　　　　　　图 4.61　屋面梁加固

4.8.2.5　开洞处理

为满足中国民族工商业博物馆的功能需求,需使生产车间及麦仓与新建结构连接起来,需在原结构墙体上开凿门洞,门洞宽度为 1 200 mm 和 3 000 mm 两种,其中有 2 个 1 200 mm 宽的洞口位于麦仓窗洞处,窗洞上方过梁采用砖砌平拱形式,经验算原砖砌平拱能满足承载力要求,故该处开门洞只需拆除窗下墙体即可。对其余 1 200 mm 宽的门洞采用新加过梁进行加固,加固方式见图 4.62 所示,对 3 000 mm 宽的门洞采用内衬框架进行加固,加固方式见图 4.63 所示。

图 4.62　1 200 mm 宽洞口加固　　　　　图 4.63　3 000 mm 宽洞口加固

4.8.3　结语

茂新面粉厂旧址经过加固修缮后,既满足了博物馆的建筑功能需求,也确保了建筑结构和使用人员的安全,修缮效果获得了社会各界的一致好评。图 4.64 为加固修缮后的茂新面粉厂旧址。

图 4.64　修缮后的茂新面粉厂旧址

4.9 案例5：全国重点文物保护单位——无锡阿炳故居加固修缮

4.9.1 工程概况

本工程为我国著名民族音乐家华彦钧(又名阿炳)的故居,位于无锡市崇安区图书馆路30号,为单层砖木结构,坡屋面,抗震设防烈度为六度,现为全国重点文物保护单位。房屋纵向长 10 m ,横向长 10.9 m,建筑面积约 109 m²。为配合崇安寺街区的改造,以阿炳故居为中心形成周边的文化氛围,在繁华的市中心突出故居的历史面貌,故需对阿炳故居进行修缮加固。按照文物保护法,阿炳故居作为不可移动文物,修缮的原则是不可改变文物原状,尽量保留其历史信息。为保持故居完整性,故居建筑的原材料将给予保留。考虑到修缮后的故居用作公共活动场所,故本次修缮设计需对结构采取补强和加固等措施。图 4.65 为阿炳故居建筑外观图,图 4.66 为阿炳故居建筑平面图。

图 4.65 阿炳故居建筑外观图

图 4.66 阿炳故居建筑平面图

4.9.2 加固设计

对阿炳故居修缮,在确保"修旧如旧"的原则下,主要是对房屋的整体性和承载力进行适当必要的加固处理,内容包括:基础整体性加固、墙体加固。

4.9.2.1 基础加固

从阿炳故居基础开挖现场观察,其砖墙直接落在碎砖石地基上,无大放脚。又考虑到阿炳故居上部结构无抗震构造措施,乱砖和空斗墙承重,结构整体性较差,为避免日后基础出现不均匀沉降对上部结构产生影响,本次修缮对阿炳故居的基础进行了加固,采用双梁加固形式。为保证双梁的整体性,每隔 1 400 mm 加一道拉梁,具体加固方案见图 4.67所示。

4.9.2.2 墙体加固

阿炳故居墙体修缮的原则:保留原墙体和粉刷,残破不补,对空鼓、开裂、倾斜严重的拆除重砌或者局部补砌。由于其墙体大多是乱砖和空斗砌墙,砂浆风化严重,墙体的强度已严重不足,迫切需要对墙体进行加固。本次墙体加固采用注浆绑结加固的方法,先在室内

图 4.67　基础加固图

墙体上取孔注浆,自下而上,分层进行,注浆完毕后再绑结插筋,使墙体形成一个整体共同工作。墙体加固方案见图 4.68 所示。

　　由于阿炳故居东南角局部墙体出现稍微倾斜,为保证日后的安全使用,本次加固对其采用环向埋设不锈钢钢筋进行拉结,使这段墙体与旁边墙体形成整体,利用旁边墙体的作用将其抱住。具体加固方案见图4.69所示。

图 4.69　东南角局部墙体拉结加固图

4.9.3　加固修缮施工

该工程的施工特点和关键问题主要有以下三点:

（1）原建筑属危房,施工时做好结构加固前的防护工作,防止整体或局部墙体坍塌。

（2）基础现浇混凝土工作量不大而且较为分散,基础托换工程较为复杂,质量要求较高,且必须分段进行施工,施工难度大。

（3）墙体加固时不得破坏原有的粉刷层,墙体注浆及绑结的施工难度很大,不可预见因素较多。

4.9.3.1　基础加固

基础加固施工时切勿野蛮施工,可局部调整拉梁的间距或大小,尽量避开松动的墙体位置。也可在拉梁掏洞时,在墙体中间先立一小混凝土块进行支撑,浇筑混凝土时将其浇在其中。为保证新老结构良好的粘结性能,基础加固采用C30微膨胀混凝土浇筑。图4.70为基础加固后的外观。

图 4.70　基础加固后的外观

4.9.3.2　墙体注浆绑结加固

为避免对阿炳故居原有墙体粉刷层的破坏,又能有效地提高墙体的整体性和承载力,本次墙体加固采用注浆绑结加固的方法。

绑结加固是一种加固砖石结构的方法,绑结加固的目的是增加结构抵抗受压、受拉和受剪的能力,或者是为了将破裂的构件连接在一起。该技术是由意大利的 Lizzi 博士开发的,主要用于加固有文物价值但已损坏的砖石结构。绑结方法是通过网状钻孔、注浆、绑筋来实现加固的,它的钢筋网络类似于钢筋混凝土中的配筋,因而将普通砌体结构变为配筋砌体结构。本工程使用的绑筋为 $\phi10$ 不锈钢钢筋,绑结加固的钻孔直径为 20 mm。墙体注浆绑结加固技术的工艺流程:表面清理→埋设灌浆嘴→封缝→密封检查→注浆→绑结插筋→封孔。

注浆是用于向结构注入液状材料,随后经养护凝结成为耐久的固体或凝胶。尽管对理论原理有较好的理解,在使用中还是有大量的经验工艺需要掌握。

本工程的注浆方法是把浆液在低压状态下从注射点灌入和渗透到孔隙和裂缝中去,置换原来留在那里的空气,所以尚应采取措施使原先留的空气有排出的通路,否则就不能灌注密实。要使注浆能得到高度成功的效果,需选择浆液的合适黏度和凝结或胶着性能,还应有熟练的注射工艺。注浆管插入预先定位钻设的孔中到达一定深度,孔口封闭,使浆液能向内充分延展。在每个注射点,注浆的速度和数量取决于浆液的性质和黏度,结构或地基的裂隙大小及渗透性,以及使用的压力大小,所以注浆作业人员需有相当经验,使孔距、材料和使用压力在具体位置都有最优的组合,应注意不可使用过高的压力,它会使结构破坏,甚至发生倾覆事故。本工程每平方米墙面约 9 个孔,注浆压力为 0.1 MPa。

每个孔注浆完成后,随即在浆体液化状态下插入绑筋。插入长度必须保证足够的搭接长度,它与绑结墙体的厚度和结构特点有关,钻孔的数量和配筋量取决于结构条件和加固原因。本工程每个孔长约 2 倍墙厚,选用的 10 mm 直径的螺纹不锈钢钢筋能提供钢筋与注浆之间良好的粘结强度。

考虑到本次施工的特殊要求和重要性,本工程采用 P·O32.5 水泥加 APF 剂的材料在液浮状态进行灌注。P·O32.5 普通硅酸盐水泥加 APF 剂以改善液态和硬化性能,完全用水拌合,形成具有可泵性的悬浮液,水灰比为 0.45。

APF 剂是水泥注浆材料的主要功能材料,它作用生成水凝性化合物,增加了拌合物的流动性及强度,降低了比重,也改善了可泵性和流动性,并能减少泌水。APF 剂是一种优质激化剂,用以改进水泥注浆的性质,其具有三个特点:

(1) 有很强的分散性,在水泥浆液中不产生结团絮凝、收缩、泌水和降沉现象。

(2) 有很好的稳定性,具有增稠性、早强、水泥浆液稳定、无降沉坍塌、收缩现象。

(3) 有很好粘结强度,吸水率低、气孔独立封闭、不吸储水、不产生干缩现象。

墙体注浆绑结加固的施工方法如下:

(1) 埋设灌浆嘴:400 mm×500 mm 布置灌浆嘴,灌浆嘴采用 $\phi20$ 铁管,埋入深度为 60 mm,用结构胶进行固定。钻孔设备选择取决于结构的一般条件、尺寸及被钻材料的硬度,钻孔使用由一人操作的手持钻机,用电动旋转金刚石取芯钻,用水冷却钻头并带出砖屑,这种钻机对结构影响最小,但是速度较慢。

(2) 封缝:满墙灌浆,外墙和内墙孔隙均用速凝材料封闭。

(3) 用压力空气进行密封检查,发现不密封处要及时处理。

(4) 浆液配制:P·O32.5 级水泥内掺 5% 的 APF 剂,浆液配制后应搅拌均匀,初凝时间要求在 30 min 以上。

（5）用压力注浆设备将浆液注入墙体：灌浆从最低位置开始，逐步向上和对称向两侧发展，当浆液从邻近注浆孔自由流出，注浆中止，并把注浆孔堵塞，再在邻近流浆的注浆孔继续进行。

（6）在浆液液化状态下插入 10 mm 直径的螺纹不锈钢钢筋。

（7）待浆液完全凝固后拆除注浆管并封孔。

经现场抽样 70.7×70.7×70.7 试块，抗压强度检测结果为 10.0 MPa。图 4.71 为墙体注浆绑结加固施工中插筋时的情形，图 4.72 为墙体注浆绑结加固后的情形。

图 4.71　墙体注浆绑结加固中插筋时的情形　　　图 4.72　墙体注浆绑结加固后的情形

4.9.4　结语

无锡阿炳故居加固修缮工程自 2006 年竣工使用至今，结构状况良好，说明本书所述加固设计和施工方法合理，可为同类砖木结构的建筑遗产加固修缮提供参考。图 4.73 为阿炳故居加固修缮后的效果。

图 4.73　加固修缮后的阿炳故居

5 混凝土结构遗产的保护技术及案例

5.1 概述

1872年,世界第一座钢筋混凝土建筑在美国纽约落成,至1900年之后钢筋混凝土结构才在工程界得到了大规模的使用。在中国,钢筋混凝土结构最早应用于民国建筑中,在众多民国建筑中,钢筋混凝土建筑占有很大的比例。以南京为例,在《中国近代建筑总览·南京篇》收录的190处民国建筑中,有122处为钢筋混凝土结构,占总数的64.2%。目前,民国钢筋混凝土建筑大量存在于我国大中型城市,在北京、上海、武汉、天津、西安、广州、济南、南京、杭州等大城市尤为突出。大多数民国钢筋混凝土建筑由于其承载了重要的历史、文化信息,以及其特有的建筑价值,往往已成为或即将成为文物建筑。在全国重点文物保护单位及省市级文物保护单位名录中,民国钢筋混凝土建筑均占有一定比例。此外,还有世界文化遗产"开平碉楼",据统计,开平现存民国混凝土楼1474座,在开平碉楼中数量最多,占80.4%。

民国时期(1912—1949)的钢筋混凝土建筑不同于现代建筑,在材料性能、设计方法和建构特征上均不能同现代钢筋混凝土建筑相提并论,它是处在一个由古建筑结构形式向现代建筑结构形式过渡的一个历史时期。民国时期的钢筋混凝土建筑的形式处理大致有三种方式:①基本照搬古代建筑形式(图5.1),用钢筋混凝土浇筑出来,代表作如南京中山陵、原中央博物院大殿、灵谷寺阵亡将士纪念塔、中山陵园藏经楼、浙江绍兴禹庙大殿等,以这种方式建造的大都是一些功能比较单纯的纪念性建筑;②用于功能要求比较复杂的大型建筑中,平面设计与西方现代建筑差不多,只是披上了一个中国传统建筑的经过"创造"了的外壳,代表作如原上海市政府大楼、南京中央研究院、南京金陵大学等;③建筑形式简化,与西方现代建筑形式相当接近(图5.2),只是局部运用了一些中国古代建筑的装饰图案,如南京原外交部大楼、北京交通银行、南京原国民大会堂、上海中国银行等。民国时期钢筋混凝土建筑的结构形式主要有两大类:①钢筋混凝土框架结构:是由钢筋混凝土柱、梁组成的框架来支承屋顶与楼板荷载的结构,砖砌墙体不承重,仅起到围护和分隔作用;②钢筋混凝土内框架结构:由内侧的钢筋混凝土柱、梁组成的框架和四周的砖砌墙体共同来支承屋顶与楼板荷载的结构,四周的砖砌墙体为承重墙,内部的砖砌墙体不承重。民国时期钢筋混凝土建筑所用的主要材料明显区别于现代建筑,钢筋一般采用方钢(又称竹节钢),形式不同于现代的螺纹钢和圆钢;混凝土的强度一般较低。此外,民国钢筋混凝土建筑的诸多建构特征也明显区别于现代建筑,如受弯构件的高跨比、受压构件的高厚比、梁柱节点的构造、梁柱板钢筋的布置方式、钢筋的保护层厚度、围护结构的材料构成及与主体结构的连接构造等。

图 5.1　民国中央博物院老大殿（1937）　　　　图 5.2　民国交通银行办公楼旧址（1935）

钢筋混凝土结构材料不同于传统木构建筑和砖砌体结构建筑材料,在正常的使用年限内,钢筋在混凝土包裹的碱性环境下能够很好地与混凝土共同工作,发挥其优越的抗拉性能,确保整体结构安全。但如果使用年数过长,钢筋的混凝土保护层不断被碳化,碳化深度超过保护层厚度,钢筋的碱性环境丧失,钢筋就会开始生锈,一旦钢筋锈蚀膨胀就易导致混凝土保护层剥落,钢筋与混凝土之间的粘结力失效,钢筋混凝土构件就丧失承载能力,在不利工况或荷载作用下极易局部或整体坍塌,对建筑结构和使用人员造成安全威胁（过程示意如图 5.3 所示）。1980 年 5 月 21 日,使用了仅仅 23 年的民主德国柏林议会大厦由于钢筋锈蚀导致其西南角坍塌,引起了全世界学者对于混凝土结构耐久性问题的重视。美国学者用"五倍定律"说明了混凝土耐久性的重要性,认为混凝土使用寿命可以分为4 个阶段:①设计、施工和养护阶段;②出现初始损伤,但无损伤扩展阶段;③损伤扩展阶段;④出现大量损伤与破坏阶段。如果第一阶段因耐久性设计需要消耗的费用是 1,则第二阶段出现轻微耐久性问题则立即修复的费用为 5,第三阶段出现耐久性问题才进行修复的费用则是 25,第四阶段出现严重耐久性问题之后再进行修复的费用则为 125。这一可怕的放大效应,使得各国政府投入大量资金用于混凝土结构的耐久性问题研究。

图 5.3　混凝土结构损伤过程示意图

我国学者在 20 世纪 90 年代才开始关注钢筋混凝土结构的耐久性问题研究,但主要集中于现代钢筋混凝土建筑、桥梁、水工结构等的研究,而对于具有重要价值的民国钢筋混凝土建筑的耐久性问题的研究却鲜有报道。

民国时期的钢筋混凝土建筑使用至今一般已有七八十年的时间,已超出钢筋混凝土结构的正常使用年限,均有不同程度的损伤,如混凝土强度较低、碳化深度过大、钢筋锈蚀、混凝土表面开裂或大面积露筋等现象,而这类建筑大多属于文物建筑,承载了一些重要的历史信息和文化价值,迫切需要得到较好的保护。

国外尤其是欧美发达国家在近代钢筋混凝土建筑方面有着有悠久的历史,对其评估及保护技术研究也较为成熟。1974 年,美国的 Bell Robert A. 针对伊利诺伊州一栋使用了 65

年的钢筋混凝土建筑,研究了表面处理措施和修缮技术。1988 年,美国的 Boothby 等对 20 世纪中期兴建的美国工业用途及军用的一些薄壳混凝土历史建筑进行检查,对这些建筑结构的保护性修缮进行了探讨,并列出了专业的修复措施和步骤。1989 年,美国的 Coney William B. 对历史建筑混凝土的修复、保护步骤进行了讨论,并对混凝土劣化原因、现场检测、实验室测试、修复程序及方案规划等进行了探讨。1998 年,德国的 Kleist Andreas 等针对一栋有 60 年历史的建筑钢筋混凝土结构进行了修复研究,发现采用全面注入丙烯酸酯不仅可以阻止锈蚀发展,并有利于混凝土的长久保存。2001 年,希腊的 Batis G. 等人通过电流测量修复与未修复区域不同类别电腐蚀样本的腐蚀保护效应,证明阻锈剂能够有效抵抗钢筋的锈蚀,减小钢筋混凝土的裂缝发展。2003 年,西班牙的 Borchardt John 对马德里一处历史建筑的加固案例进行了阐述,对原材料进行了检测,使用了碳纤维(CFRP)加固技术,达到了良好的加固效果。

国内目前对民国钢筋混凝土结构的研究尚处于起步阶段,主要为个案或单项技术的研究。同济大学王婉晔结合厦门集美中学南薰楼修缮改造工程,探讨了历史建筑混凝土结构常规检测、混凝土强度检测、耐久性检测及钢筋质量检测的方法,并对外包钢法、粘贴钢板加固法及碳纤维加固法进行了探讨,提出了该楼的修复方案。华中科技大学石灿峰对武汉市区的历史建筑保护进行了研究,探讨了用于武汉市钢筋混凝土结构历史建筑修缮的结构杆件修复工法、结构杆件加固工法及结构系统加固工法。

5.2　混凝土结构遗产的常见病害

混凝土结构遗产的病害原因主要可以分为内部原因和外部原因。

内部原因是指混凝土自身的一些缺陷,如在混凝土内部存在气泡和毛细管空隙,为空气中的二氧化碳、水分与氧气向混凝土内部的扩散提供了通道。这些自身缺陷来自于混凝土结构的设计、材料和施工的不足。

外部原因主要是指自然环境与使用环境。一般环境中的二氧化碳、酸雨等使混凝土中性化,并使其中的钢筋产生锈蚀,而环境温度与湿度等则是影响混凝土开裂及钢筋锈蚀的最主要原因。灾害环境主要指地震、火灾等对结构造成的偶发损伤,这种损伤与环境损伤等因素的共同作用,也将使结构性能随时间进一步恶化。

某种病害特征往往不止一种原因,各原因之间相互作用相互影响,使病害情况更加恶化。

通过文献查阅及工程实例的调研,对钢筋混凝土结构遗产的常见病害进行分析,主要有下面几种类型。

1)混凝土碳化深度较大

混凝土结构遗产使用至今,一般均已超出其合理使用年限,混凝土表面由于空气和水气的不断深入,导致碳化深度的不断加大,当碳化深度达到或超过保护层厚度时,钢筋就有可能开始锈蚀,影响结构安全。因此,碳化深度较大是近代混凝土常见的一种病害,图 5.4 为碳化深度的现场实测情况。

原因:空气中的 CO_2 不断渗入混凝土中,与其孔隙液中的 $Ca(OH)_2$ 进行中和反应生成 $CaCO_3$,使其成分、组织和性能发生物理化学变化。碳化使混凝土脆性变大,但总体不影响混凝土力学性能。混凝土碳化最大的危害是引起钢筋锈蚀。碳化使 pH 降到 10 以下,最终降为 8.5,而钝化膜在高碱性介质中才稳定,在 pH 降至 10 以下就会完全失钝。所以当混凝土碳化深度达到钢筋表面时,钢筋钝化膜就会破坏。

图 5.4　碳化现象

对笔者修缮的三个近代钢筋混凝土结构现场碳化深度检测结果进行分析：

绍兴大禹陵禹庙大殿：系全国重点文物保护单位，建于 1933 年，其混凝土柱平均碳化深度为 33 mm，最大碳化深度为 45 mm；混凝土梁平均碳化深度为 40 mm，最大碳化深度为 59 mm；混凝土板平均碳化深度为 45 mm，最大碳化深度为 52 mm。

南京中山东路 1 号历史建筑：系江苏省文物保护单位，建于 1935 年，其混凝土柱平均碳化深度为 62 mm，最大碳化深度为 70 mm；混凝土梁平均碳化深度为 65 mm，最大碳化深度为 70 mm；混凝土板平均碳化深度为 35 mm，最大碳化深度为 45 mm。

南京大华电影院：系江苏省文物保护单位，建于 1934 年，其混凝土柱平均碳化深度为 63 mm，最大碳化深度为 85 mm；混凝土梁平均碳化深度为 40 mm，最大碳化深度为 52 mm；混凝土板平均碳化深度为 30 mm，最大碳化深度为 46 mm。

2）钢筋锈蚀

当混凝土构件的碳化深度达到或超过保护层厚度时，钢筋就有可能开始锈蚀。一般，对于近代钢筋混凝土结构而言，钢筋发生锈蚀可能的概率依次为：混凝土板＞混凝土梁＞混凝土柱。图 5.5 为混凝土构件的钢筋锈蚀现象。

图 5.5　钢筋锈蚀现象

原因：在多种因素作用下，如混凝土碳化、氯离子侵蚀、环境条件（温度、湿度、浓度等）、混凝土渗透性和保护层厚度、钢筋位置和直径等，混凝土中的钢筋原先在碱性介质中生成的钝化膜被破坏，渐渐失去保护作用，导致钢筋锈蚀，生成的铁锈体积比腐蚀掉的金属体积大 3～4 倍，使混凝土保护层沿纵向开裂，而裂缝一旦产生，钢筋锈蚀速度大大加快。

对三个近代钢筋混凝土结构的保护层厚度进行分析：

绍兴大禹陵禹庙大殿：柱的保护层厚度为 35～47 mm，梁的保护层厚度为 33～50 mm，板的保护层厚度约为 30 mm。

南京中山东路 1 号历史建筑：柱的保护层厚度为 22～45 mm，梁的保护层厚度为 22～32 mm，板的保护层厚度约为 16 mm。

南京大华电影院：柱的保护层厚度为 23～43 mm，梁的保护层厚度为 28～40 mm，板的保护层厚度约为 15 mm。

综上，对于近代钢筋混凝土结构而言，梁、柱构件的碳化深度一般已接近甚至超过保护层厚度，板构件的碳化深度一般均已超过保护层厚度。

3) 混凝土强度较低

近代混凝土结构由于建造当初的施工工艺水平而导致一开始混凝土强度就偏低，再加上后期的性能退化，容易导致混凝土强度的进一步降低。

对三个近代钢筋混凝土结构混凝土强度取芯试验结果进行分析：

绍兴大禹陵禹庙大殿的混凝土柱和梁的抗压强度最小值为12.4 MPa，混凝土板的抗压强度最小值为 10.7 MPa。

南京中山东路 1 号历史建筑的混凝土构件的抗压强度最小值为 8.3 MPa。

南京大华电影院的混凝土构件的抗压强度最小值为 14.1 MPa。

4) 混凝土开裂或剥落

近代混凝土结构由于长期使用已超出合理年限导致性能退化，或由于材料、构造、受力等不利影响，容易产生开裂现象(图 5.6)，裂缝分为受力裂缝和非受力裂缝两种。

图 5.6　混凝土构件开裂现象

原因：地基的不均匀沉降、混凝土的收缩、温度应力、载荷的作用均会使混凝土产生裂缝；箍筋配筋不足、保护层不够、钢筋锈蚀会使混凝土产生纵向裂缝；碱-集料反应、混凝土化学腐蚀、冻融破坏等，也会引起混凝土开裂。

5) 屋面开裂渗水

近代钢筋混凝土结构由于年代久远，材料老化或钢筋锈涨开裂，屋面防水系统失效，从而导致屋面板出现开裂渗水，甚至出现霉变(图 5.7)。

6) 围护墙体开裂渗水

近代混凝土结构外围护墙体一般采用砖砌，没有与框架柱进行连接，或由于围护墙体基础发生不均匀沉降，容易导致围护墙体出现开裂渗水现象(图 5.8)。

图 5.7　屋面板开裂渗水现象

图 5.8　围护墙体开裂渗水现象

5.3　民国钢筋混凝土结构的钢筋材料物理力学性能研究

5.3.1　民国钢筋表面形状特征分析

近些年来,笔者参与了十余个民国钢筋混凝土建筑的加固修缮工程,搜集了共 66 根民国时期不同区域、不同建筑上的钢筋。如南京中山东路 1 号历史建筑(系江苏省文物保护单位,建于 1935 年,民国钢筋混凝土结构)、南京大华电影院(系江苏省文物保护单位,建于 1934 年,民国钢筋混凝土结构)、常州大成一厂老厂房(系常州市文物保护单位,建于 1935 年,民国钢筋混凝土结构)、南京博物院老大殿(系全国重点文物保护单位,建于 1937 年,民国钢筋混凝土结构)、南京陵园邮局旧址(系南京市文物保护单位,建于 1947 年,民国钢筋混凝土结构)、浙江绍兴大禹陵禹庙大殿(系全国重点文物保护单位,建于 1933 年,民国钢筋混凝土结构)、南京首都大戏院旧址(历史建筑,建于 1931 年,民国钢筋混凝土结构)等建筑。对搜集到的民国方钢表面形状特征进行归纳统计,如表 5.1 所示。

表5.1　民国方钢表面形状特征统计

截面边长(mm)	16.0	21.6	25.7	22.7	22.8	22.5	21.9
横肋间距(mm)	28.0	38.0	42.0	36.0	36.0	37.0	44.0
横肋错位(mm)	0~6.0	17.0	17.0	15.0	15.0	15.0	20.0
横肋高(mm)	2.0	2.0	2.0	2.0	2.0	2.0	2.0
横肋与纵轴夹角	90°	90°	90°	90°	90°	90°	90°

根据文献内容,对民国方钢的外貌特征进行分析,如表5.2所示。中国标准《钢筋混凝土用钢　第二部分:热轧带肋钢筋》(GB 1449.2—2007)规定:横肋与钢筋轴线的夹角不应小于45°;横肋间距不得大于钢筋公称直径的0.7倍;钢筋相邻两面上横肋末端之间的间隙总和不应大于钢筋公称周长的20%;公称直径大于16 mm时,相对肋面积不应小于0.065。英国和欧盟标准BS EN 10080:2005规定:横肋高为0.03~0.15 d;横肋间距为0.4~1.2 d;横肋与钢筋轴线的夹角不应小于45°;钢筋相邻两面上横肋末端之间的间隙总和不应大于钢筋公称周长的25%。公称直径大于12 mm时,相对肋面积不应小于0.056。美国标准ASTM A615/A 615M规定:横肋高度不小于0.045 d;横肋间距最大为0.7 d;横肋与钢筋轴线的夹角不应小于45°;横肋间距不得大于钢筋公称直径的0.7倍;钢筋相邻两面上横肋末端之间的间隙总和不应大于钢筋公称周长的25%;相对肋面积不应小于0.057。表5.2为用三种文献方法对民国方钢表面形状特征的计算结果。

表5.2　民国方钢表面形状特征计算结果

截面边长(mm)	16.0	21.6	25.7	22.7	22.8	22.5	21.9
横肋间距(mm)	28.0	38.0	42.0	36.0	36.0	37.0	44.0
GB 1449.2—2007 规定(mm)	≤12.6	≤17.1	≤20.3	≤17.9	≤18.0	≤17.8	≤17.3
BS EN 10080:2005 规定(mm)	≤21.6	≤29.3	≤34.8	≤30.7	≤30.9	≤30.5	≤29.7
ASTM A615/A615M 规定(mm)	≤12.6	≤17.1	≤20.3	≤17.9	≤18.0	≤17.8	≤17.3
横肋高(mm)	2.0	2.0	2.0	2.0	2.0	2.0	2.0
GB 1449.2—2007 规定(mm)	无	无	无	无	无	无	无
BS EN 10080:2005 规定(mm)	≥0.54	≥0.73	≥0.87	≥0.77	≥0.77	≥0.76	≥0.74
ASTM A615/A615M 规定(mm)	≥0.81	≥1.10	≥1.31	≥1.16	≥1.16	≥1.14	≥1.11
横肋间隙总和(mm)	16.0	24.0	32.0	25.8	24.9	26.8	24.2
GB 1449.2—2007 规定(mm)	≤11.3	≤15.3	≤18.2	≤16.1	≤16.2	≤15.9	≤15.5
BS EN 10080:2005 规定(mm)	≤14.1	≤19.1	≤22.8	≤20.1	≤20.2	≤19.9	≤19.4
ASTM A615/A615M 规定(mm)	≤14.1	≤19.1	≤22.8	≤20.1	≤20.2	≤19.9	≤19.4
相对肋面积	—	—	—	—	—	—	—
GB 1449.2—2007 模型计算	0.061	0.043	0.037	0.045	0.046	0.043	0.037
BS EN 10080:2005 模型计算	0.038	0.027	0.023	0.028	0.029	0.027	0.023
ACI Committee 408 模型计算	0.051	0.036	0.031	0.038	0.038	0.036	0.031

表 5.2 中的计算结果表明:民国方钢的横肋高度能满足现行规范要求,但横肋间距、横肋之间的间隙总和、相对肋面积均不能满足现行规范要求。

5.3.2　民国钢筋拉伸试验研究

5.3.2.1　试验设计

本次试验在南京航空航天大学结构试验室完成,所采用的设备主要为微机控制电液伺服万用试验机。试验按照《金属材料　拉伸试验第 1 部分:室温试验方法》(GB/T 228.1—2010)的要求执行。本次民国钢筋的拉伸试验共包括 36 根不同尺寸的方钢和 30 根不同尺寸的圆钢。图 5.9 为微机控制电液伺服万用试验机,图 5.10 为部分试验用钢筋。

图 5.9　万用试验机

图 5.10　试验用民国钢筋

5.3.2.2　试验结果及分析

图 5.11 和图 5.12 分别是民国建筑用方钢和圆钢的典型应力-应变曲线,从应力-应变曲线图可以看出,民国建筑用方钢具有一定的屈服台阶,但流幅很小;而民国建筑用圆钢基本无明显屈服台阶。表 5.3 为民国建筑用钢筋力学性能的试验结果,从表中数据可以看出,民国建筑用方钢的断后伸长率和强屈比均能达到规范对 HRB335 钢筋的要求,但屈服强度

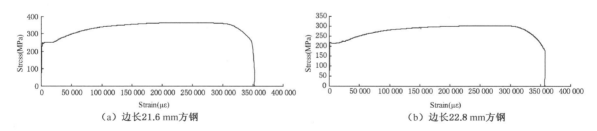

（a）边长 21.6 mm 方钢　　　　　　　　　　（b）边长 22.8 mm 方钢

图 5.11　民国建筑用方钢典型应力-应变曲线

图 5.12　民国建筑用圆钢(直径 6 mm)典型应力-应变曲线

和极限强度尚达不到规范对 HRB335 钢筋的要求；民国建筑用圆钢的断后伸长率、屈服强度和极限强度均能达到规范对 HPB235 钢筋的要求。

表 5.3　民国建筑用钢筋力学性能试验结果

钢筋类型	断后伸长率(%)	屈服强度(MPa)	极限强度(MPa)	强屈比	弹性模量(GPa)
民国方钢(平均值)	32.25	278.60	375.86	1.35	181.67
GB 1499.2—2007 中的 HRB335	≥17	≥335	≥455	≥1.25	200
民国圆钢(平均值)	25.08	350.65	464.37	1.32	224.88
GB 1499.1—2008 中的 HPB235	≥25	≥235	≥370	无规定	210

5.3.3　民国钢筋化学成分及微观形态研究

本次试验主要研究民国时期钢筋的化学成分(方钢和圆钢各 4 组)、金相组织(方钢和圆钢各 4 组)、SEM 形貌和微区成分(方钢和圆钢各 4 组)。本次试验所用钢筋为拉伸试验之后的钢筋。试验时,采用线切割和车削的方法在钢筋的相关部位取样,用 SPECTRO MAX-xLMF－15 火花直读光谱仪和湿法化学分析方法测试样品的化学成分,用 OLYMPUS BX60M 型金相显微镜进行金相组织分析,用 Sirion 型扫描电子显微镜(SEM)进行微观形貌分析。

5.3.3.1　化学成分分析

用火花直读光谱仪和湿法化学分析方法进行化学成分测定,民国建筑用方钢和圆钢的化学成分测试结果如表 5.4 所示。

表 5.4　民国建筑用方钢和圆钢化学成分分析结果　　　　　(质量分数%)

编号	C	Si	Mn	P	S
民国方钢(平均值)	0.08	0.028	0.39	0.068	0.058
GB 1499.2—2007 中的 HRB335	≤0.25	≤0.80	≤1.60	≤0.045	≤0.045
EN10025－2－2004 中的 S450J0	≤0.20	≤0.55	≤1.70	≤0.030	≤0.030
ASTM A29/A29M 中的 1013	≤0.16	≤0.30	≤0.80	≤0.040	≤0.050
民国圆钢(平均值)	0.15	0.035	0.40	0.025	0.036
GB 1499.1—2008 中的 HPB235	≤0.22	≤0.30	≤0.65	≤0.045	≤0.050
EN10025－2－2004 中的 S450J0	≤0.20	≤0.55	≤1.70	≤0.030	≤0.050
ASTM A29/A29M 中的 1013	≤0.16	≤0.30	≤0.80	≤0.040	≤0.050

由表 5.4 中化学成分的分析结果可知:民国建筑用方钢和圆钢均属于碳素钢材质,且属低碳钢。民国方钢中 C、Si、Mn 含量均能满足现行规范要求,但 P 和 S 含量均高于现行规范要求。民国圆钢中 C、Si、Mn、P 含量均能满足现行规范要求,但 S 含量略高于现行规范要求。硫含量较高会降低钢的韧性,并降低钢的耐腐蚀性。

5.3.3.2　金相组织分析

由金相分析结果可知,民国建筑用方钢试件的外表面有少量的浅层腐蚀凹坑及部分腐蚀产物。6♯、7♯、8♯三件方钢筋基体中的非金属夹杂物主要为硫化物,而 5♯方钢筋基体中除硫化锰夹杂外,还有氧化铝、氧化硅夹杂物存在。四件方钢筋的表层组织与心部组织相近,其中 6♯、7♯ 和 8♯ 三件方钢筋的基体组织均为铁素体＋极少量珠光体,而 5♯ 方钢筋的基体组织为铁素体＋珠光体。四件方钢筋的横截面和纵截面晶粒均大体呈等轴状,由此可判断这四件民国建筑用方钢均属热轧带肋钢筋。四件试件的金相组织中均未发现严重的夹杂物、带状组织、魏氏组织等有害组织。图 5.13 和图 5.14 分别为 6♯ 方钢和 8♯ 方钢的横截面和纵截面基体组织(200×)。

民国建筑用圆钢筋的外表面均有浅层腐蚀凹坑及部分腐蚀产物。1♯、2♯、3♯ 圆钢筋基体中非金属夹杂物主要为硫化物,4♯ 圆钢筋基体中除硫化锰夹杂外,还有氧化铝、氧化硅夹杂物存在。四件圆钢筋的表层组织与心部组织相近,其基体组织均为铁素体＋珠光体,且横截面和纵截面晶粒均大体呈等轴状,由此可判断这四件民国建筑用圆钢均属热轧圆钢筋。四件试件的金相组织中均未发现严重的夹杂物、带状组织、魏氏组织等有害组织。图 5.15 和图 5.16 分别为 1♯ 圆钢和 3♯ 圆钢的横截面和纵截面基体组织(200×)。

（a）横截面基体组织　　　　　　　　　　（b）纵截面基体组织

图 5.13　6♯方钢截面基体组织(200×)

（a）横截面基体组织　　　　　　　　　　（b）纵截面基体组织

图 5.14　8♯方钢截面基体组织(200×)

（a）横截面基体组织　　　　　　　　　　（b）纵截面基体组织

图 5.15　1♯圆钢截面基体组织(200×)

(a) 横截面基体组织 (b) 纵截面基体组织

图 5.16 3♯圆钢截面基体组织(200×)

5.3.3.3 SEM 微观形貌分析

由断口形貌分析结果可知,这四件民国建筑用方钢的拉伸断口特征相同,宏观均表现为方杯锥状的断口形貌。断裂均起源于心部,由心部向外缘扩展,最后断裂区在外缘,断口有明显的宏观塑性变形特征。断口的源区、扩展区和最后断裂区呈现不同形态的韧窝花样。其中源区表现为等轴状的韧窝花样;扩展区表现为抛物线状韧窝花样;而最后断裂区表现为拉长的剪切状韧窝花样。四件方钢试件的断口整体呈现韧性断裂特征。图 5.17 为6♯方钢的 SEM 断口形貌分析图。

(a) 低倍形貌 (b) 源区形貌

(c) 扩展区形貌 (d) 终断区形貌

图 5.17 6♯方钢的 SEM 断口形貌分析

此外,另四件民国建筑圆钢的拉伸断口特征也相同,宏观均表现为圆杯锥状的断口形貌,断裂均起源于心部,由心部向外缘扩展,最后断裂区在外缘,断口有明显的宏观塑性变形特征。断口的源区、扩展区和最后断裂区呈现不同形态的韧窝花样。其中源区表现为等轴状的韧窝花样,扩展区表现为抛物线状韧窝花样,而最后断裂区表现为拉长的剪切状韧窝花样。

四件圆钢试件的断口整体呈现韧性断裂特征。图 5.18 为 1♯圆钢的 SEM 断口形貌分析图。

（a）低倍形貌　　　　　　　　　　（b）源区形貌

（c）扩展区形貌　　　　　　　　　　（d）终断区形貌

图 5.18　1♯圆钢的 SEM 断口形貌分析

5.3.4　结语

（1）民国方钢的横肋高度能满足现行规范要求,但横肋间距、横肋之间的间隙总和、相对肋面积均不能满足现行规范要求。

（2）民国建筑用钢筋与现代钢筋混凝土结构用钢筋的物理力学性能有显著差别。民国建筑用方钢的屈服强度平均值为 278.6 MPa,极限抗拉强度平均值为 375.86 MPa,强屈比为 1.35,断后伸长率平均值为 32.25%;而民国建筑用圆钢的屈服强度平均值为 350.65 MPa,极限抗拉强度平均值为 464.37 MPa,强屈比平均值为 1.32,断后伸长率平均值为 25.08%。

（3）民国建筑用方钢和圆钢均属于碳素钢材质,且属低碳钢。民国方钢中 C、Si、Mn 含量均能满足现行规范要求,但 P 和 S 含量均高于现行规范要求。民国圆钢中 C、Si、Mn、P含量均能满足现行规范要求,但 S 含量略高于现行规范要求。

（4）民国建筑用钢筋的横截面和纵截面晶粒均大体呈等轴状,属于热轧钢筋类型。

（5）民国建筑用钢筋的断口有明显的宏观塑性变形特征,断口的源区、扩展区和最后断裂区呈现不同形态的韧窝花样,因此,断口整体呈现韧性断裂特征。

5.4　民国钢筋混凝土结构的寿命预测方法研究

民国时期钢筋混凝土建筑所用的主要材料和现代建筑相比有较为明显的区别,钢筋一般采用方钢(又称竹节钢),形式不同于现代的螺纹钢和圆钢,如图 5.19 所示。混凝土的强度一般较低,基本均低于现行混凝土结构设计规范要求的最小值。此外,民国钢筋混凝土建筑的诸多建构特征也明显区别于现代建筑,如受弯构件的高跨比、受压构件的高厚比、梁柱节点的构造、梁柱板钢筋的布置方式、钢筋的保护层厚度等。为了科学、规范地保护这类

图 5.19　近代钢筋混凝土构件中的方钢

建筑,需要对其剩余寿命进行分析,再根据其剩余寿命采取相应的保护方法。

结构的寿命预测方法主要可以分为四类:①碳化寿命准则;②锈胀开裂寿命准则;③裂缝宽度与钢筋锈蚀量控制准则;④承载力寿命准则。钢筋混凝土结构的碳化寿命基本上是以混凝土碳化深度达到钢筋表面的时间作为结构寿命终结的标志。碳化寿命预测模型主要可分为理论模型、经验模型和基于理论与试验的实用模型。在理论模型方面,国外的一些学者基于扩散动力学、水泥物理化学等理论提出了多种混凝土碳度的理论模型,其中阿列克谢耶夫模型和 Papadakis 模型得到了广泛的认可。在经验模型方面,朱安民和日本建筑学会等分别给出了以混凝土水灰比为主要参数的经验模型,Lesage-de-Contenay C. 和邸小坛等分别给出了以混凝土抗压强度为主要参数的碳化模型。在实用模型方面,张誉、牛荻涛等分别给出了考虑多因素的碳化寿命预测模型。锈胀开裂寿命是以混凝土表面出现顺筋锈胀裂缝所需时间作为结构的寿命。锈胀开裂寿命模型主要可以分为理论模型和经验模型两大类。在理论模型方面,国内外的学者提出多种理论模型,如 Bazant 模型、刘西拉模型、肖从真模型等。在经验模型方面,Andres A. 通过电化学快速锈蚀试验,得到了混凝土保护层锈胀开裂时的钢筋锈蚀深度计算公式。牛荻涛、张伟平等也通过试验研究分别给出了相应的模型。

综上所述,目前国内外学者关于钢筋混凝土结构寿命预测的研究基本针对现代钢筋混凝土结构而言的,由于民国时期的钢筋混凝土结构无论从材料性能还是结构构造上均有别于现代钢筋混凝土结构,因此,照搬现在的寿命预测方法是不够准确的。结合笔者加固修缮的多个近代钢筋混凝土结构典型案例,对这类结构的寿命预测方法展开研究。

5.4.1　材料性能及结构构造分析

民国混凝土结构使用至今,早已超出其正常使用年限,混凝土表面由于空气和水气的不断深入,导致碳化深度的不断加大,当混凝土构件的碳化深度达到或超过保护层厚度时,钢筋由于失去混凝土碱性环境的防护,有可能开始加速锈蚀,当发生锈胀开裂时,构件基本丧失承载能力,结构随时可能失效。图 5.20、图 5.21 为近代钢筋混凝土建筑的典型耐久性问题。

以笔者参与的江浙地区六个近代钢筋混凝土建筑的典型加固修缮工程为例,对这六个近代钢筋混凝土结构现场碳化深度检测结果进行分析:

绍兴大禹陵禹庙大殿:系全国重点文物保护单位,建于 1933 年,其混凝土柱平均碳化深度 33 mm,平均保护层厚度 40 mm;混凝土梁平均碳化深度 40 mm,平均保护层厚度 41 mm;混凝土板平均碳化深度 45 mm,平均保护层厚度 30 mm。

| 图 5.20 混凝土构件碳化深度过大 | 图 5.21 混凝土构件内部钢筋锈蚀 |

南京中山东路 1 号历史建筑：系江苏省文物保护单位，建于 1935 年，其混凝土柱平均碳化深度 62 mm，平均保护层厚度 34 mm；混凝土梁平均碳化深度 65 mm，平均保护层厚度 27 mm；混凝土板平均碳化深度 35 mm，平均保护层厚度 16 mm。

南京大华电影院：系江苏省文物保护单位，建于 1934 年，其混凝土柱平均碳化深度 63 mm，平均保护层厚度 33 mm；混凝土梁平均碳化深度 40 mm，平均保护层厚度 34 mm；混凝土板平均碳化深度 30 mm，平均保护层厚度 15 mm。

常州大成一厂老厂房：系常州市文物保护单位，建于 1935 年，其混凝土柱平均碳化深度 45 mm，平均保护层厚度 35 mm；混凝土梁平均碳化深度 40 mm，平均保护层厚度 34 mm；混凝土板平均碳化深度 40 mm，平均保护层厚度 20 mm。

南京博物院老大殿：系全国重点文物保护单位，建于 1937 年，其混凝土柱平均碳化深度 43 mm，平均保护层厚度 34 mm；混凝土梁平均碳化深度 49 mm，平均保护层厚度为 35 mm；混凝土板平均碳化深度 35 mm，平均保护层厚度 20 mm。

江苏省会议中心黄埔厅（原国民党"励志社"）：系江苏省文物保护单位，建于 1931 年，其混凝土柱平均碳化深度 45 mm，平均保护层厚度 35 mm；混凝土梁平均碳化深度 54 mm，平均保护层厚度为 33 mm；混凝土板平均碳化深度 42 mm，平均保护层厚度 18 mm。

检测结果表明：对于近代钢筋混凝土结构而言，梁、柱构件的碳化深度一般已接近甚至超过保护层厚度，板构件的碳化深度一般均已超过保护层厚度。一般，对于这类结构，钢筋发生锈蚀可能的概率依次为：混凝土板＞混凝土梁＞混凝土柱。

此外，近代混凝土结构由于建造当初的施工工艺水平而导致一开始混凝土强度就偏低，再加上后期的性能退化，容易导致混凝土强度的进一步降低。对这六个近代钢筋混凝土结构混凝土强度取芯试验结果进行分析，见表 5.5 所示。从表中结果可以看出，近代钢筋混凝土结构混凝土强度大多小于现行混凝土结构设计规范中规定的最低值 C20 的要求。

表 5.5 混凝土抗压强度检测结果

典型案例	绍兴大禹陵禹庙大殿	南京中山东路 1 号	南京大华电影院	常州大成一厂老厂房	南京博物院老大殿	江苏省会议中心黄埔厅
柱抗压强度（平均值）(MPa)	15.7	12.4	15.6	17.0	18.0	14.7
梁抗压强度（平均值）(MPa)	15.4	11.7	17.8	22.9	23.2	17.6

5.4.2 碳化寿命计算分析

假设近代钢筋混凝土结构与现代钢筋混凝土结构在老化机理方面是相似的。由于目前尚缺乏对近代钢筋混凝土结构的水灰比、单位体积水泥用量等数据的检测方法,故建议在分析近代钢筋混凝土结构碳化寿命时,采用以抗压强度为主要参数的碳化寿命计算模型。本书参考相关文献,引入考虑材料性能和构造影响的修正系数 α,碳化寿命计算公式如下:

$$t_1 = \left(\frac{c}{k} \right)^2 \tag{5.1}$$

$$k = 3\alpha k_j k_{CO_2} k_p k_s T^{1/4} (1-RH) \times RH^{1.5} \left(\frac{58}{f_{cuk}} - 0.76 \right) = \frac{x_c}{\sqrt{t_0}} \tag{5.2}$$

式中:t_1——碳化寿命(a);

    c——混凝土保护层厚度;

    k——碳化系数;

    k_j——位置影响系数,角部取 1.4,非角部取 1.0;

    k_{CO_2}——CO_2 浓度影响系数,人群密集(如教学楼、影剧院)时取 3.2~2.7,人群较密集(如医院、商店)时取 2.7~2.1,人群密集程度一般(如住宅、办公楼)时取 2.1~1.6,人群稀少(如车库、地下停车场)时取 1.6~1.1;

    k_p——浇筑面修正系数,对浇筑面取 1.3,非浇筑面取 1.0;

    k_s——工作应力影响系数,受压时取 1,受拉时取 1.2;

    RH——环境湿度(%);

    T——环境温度(℃);

    f_{cuk}——混凝土强度标准值(MPa);

    x_c——实测碳化深度(mm);

    t_0——结构建成至检测时的时间(a)。

结合这六个典型案例进行分析,通过回归得出 $\alpha = 0.86$,因此,建议近代钢筋混凝土结构的碳化寿命计算公式为:

$$t_1 = \left[\frac{c}{3 \times 0.86 \times k_j k_{CO_2} k_p k_s T^{1/4} (1-RH) \times RH^{1.5} \left(\frac{58}{f_{cuk}} - 0.76 \right)} \right]^2 \tag{5.3}$$

5.4.3 剩余寿命计算分析

民国钢筋混凝土建筑多为文物建筑或保护性历史建筑,安全性要求高,因此,对其使用寿命建议取锈涨开裂寿命,由于未对案例中的钢筋锈蚀程度进行检测,故参考相关文献,锈涨开裂寿命计算公式如下:

$$t_\sigma = t_1 + \frac{\delta_\sigma}{\lambda} \tag{5.4}$$

$$\lambda = 5.92 k_d (0.75 + 0.0125T)(RH - 0.50)^{2/3} c^{-0.675} f_{cuk}^{-1.8} \tag{5.5}$$

$$\delta_\sigma = 0.012 \frac{c}{d} + 0.00084 f_{cuk} + 0.018 \tag{5.6}$$

式中:δ_{cr}——临界钢筋锈蚀深度(mm);

    λ——钢筋锈蚀速率(mm/a);

    k_d——钢筋位置修正系数,角部钢筋取 1.6,非角部钢筋取 1.0;

    c——混凝土保护层厚度;

    f_{cuk}——混凝土强度标准值(MPa);

    T——环境温度(℃);

    RH——环境湿度(%);

    t_1——碳化寿命(a);

    t_{cr}——锈涨开裂寿命(a)。

依据碳化寿命计算公式和锈涨开裂寿命计算公式,得出这几个近代钢筋混凝土建筑的剩余寿命,见表 5.6 所示。从表中可以看出,这些近代钢筋混凝土建筑目前均已超过其碳化寿命,和实际检测情况基本吻合,而其剩余寿命基本在 10 年以内。

表 5.6　近代钢筋混凝土建筑剩余寿命计算

典型案例	绍兴大禹陵禹庙大殿	南京中山东路 1 号	南京大华电影院	常州大成一厂老厂房	南京博物院老大殿	江苏省会议中心黄埔厅
碳化寿命(年)	52	38	36	40	38	40
锈涨开裂寿命(年)	90	59	68	80	82	70
已使用寿命(年)	79	77	78	77	75	81
剩余寿命(年)	11	无	无	3	7	无

5.4.4　结语

民国钢筋混凝土结构大多为文物建筑或保护性历史建筑,承载着一些历史文化信息,迫切需要科学化、规范化地进行保护。本书结合笔者加固修缮的绍兴大禹陵禹庙大殿、南京中山东路 1 号历史建筑、南京大华电影院、常州大成一厂老厂房、南京博物院老大殿以及江苏省会议中心黄埔厅等六个近代钢筋混凝土结构的实际检测和调研结果,对这类建筑的寿命预测方法进行了研究,得出了一些有价值的结论:

(1)近代钢筋混凝土结构的耐久性问题主要有:混凝土碳化深度较大、钢筋锈蚀、混凝土强度较低等。通常这类建筑的梁、柱构件的碳化深度一般已接近甚至超过保护层厚度,板构件的碳化深度一般均已超过保护层厚度。钢筋发生锈蚀可能的概率依次为:混凝土板＞混凝土梁＞混凝土柱。

(2)结合典型近代钢筋混凝土结构案例,对传统的碳化寿命计算方法进行修正,提出了适用于近代钢筋混凝土结构的碳化寿命计算方法。

(3)建议近代钢筋混凝土建筑的使用寿命取锈涨开裂寿命,通过计算分析,近代钢筋混凝土建筑的剩余寿命基本在 10 年以内,因此,迫切需要对这类建筑进行加固修缮。

5.5　民国钢筋混凝土结构的适应性加固方法

考虑到民国钢筋混凝土结构大多为文物建筑或保护性历史建筑,因此,加固修缮设计需满足以下几个原则:

(1)依法保护及有效保护的原则。依据和遵循文物法及相关法规,有效保护文物本体,关注文物本体获得有效的修缮,是加固修缮设计的基本工作原则。

(2)真实性的原则。最大限度地保存该类建筑的历史信息与原真性,尽量保存遗存构件的全部或大部,当构件缺少安全保障时,采用原材料、原工艺、原型制进行加固修缮。

(3)可识别的原则。在加固修缮时,对于更换或新加构件,应使新构件与旧构件有所区别。

(4)最小干扰的原则。在做到加固修缮充分可靠有效治本的前提下,减少其他不必要的措施,尽量减少加固修缮对原状的干扰。

1)混凝土柱

对于混凝土柱构件,可根据不同的损伤程度制定以下加固修缮方案:

(1)若检测结果表明混凝土碳化深度小于钢筋保护层厚度时,可采用表面涂抹渗透型混凝土耐久性防护涂料。涂料要求:必须具有很好的抗侵蚀性和抗老化性;能与混凝土表面良好地结合,并对下一道的外装饰工序和工程的整体外观无不利影响。考虑到有机硅涂料的耐久性问题,建议采用水泥基的无机涂料进行防护处理。水泥基渗透结晶型涂层材料是由普通硅酸盐水泥、精细石英砂和各种特殊的活性物质混配而成的防水防腐材料,涂在混凝土表面能水化并形成大量的凝胶状结晶,它吸水膨胀好比一个"弹性体"起到密实和防护的作用。而且其中含有低相对分子质量的可溶性物质,可通过表面水对结构内部的的浸润,带入内部孔隙中,与混凝土中的 $Ca(OH)_2$ 生成膨胀的硅酸盐凝胶,堵塞了混凝土内部的孔隙,使混凝土结构从表面至纵深逐渐形成一个致密区域,可阻止水分子和有害物质的侵入。

(2)若检测结果表明混凝土碳化深度接近钢筋保护层厚度,钢筋尚未锈蚀。可采用满裹碳纤维布(图5.22)或外包钢板(图5.23)的方法进行加固。这样一方面隔绝了空气与混凝土柱的直接接触,避免碳化的进一步发展;另一方面提高了混凝土柱的承载力。

图5.22 满裹碳纤维布加固柱

图5.23 外包钢板加固柱

（3）若检测结果表明混凝土碳化深度大于钢筋保护层厚度，且钢筋已开始锈蚀。可先将表面混凝土碳化层凿除，对已经锈蚀的钢筋进行除锈处理，视情况和结构需要加补钢筋。然后采用聚合物砂浆或灌浆料进行修复（图5.24）。加固修复后的结果：一方面恢复或提高了混凝土柱的承载能力，另一方面确保了混凝土柱的耐久性，达到了阻止或尽可能减缓外界有害气体进入混凝土内侵蚀，使其内部和钢筋一直处在碱性环境中。

图5.24 灌浆料加固柱

2）混凝土梁

对于混凝土梁构件，可根据不同的损伤程度制定以下加固修缮方案：

（1）若检测结果表明混凝土碳化深度小于钢筋保护层厚度时，可采用表面涂抹渗透型混凝土耐久性防护涂料。涂料要求：必须具有很好的抗侵蚀性和抗老化性；能与混凝土表面良好地结合，并对下一道的外装饰工序和工程的整体外观无不利影响。

（2）若检测结果表明混凝土碳化深度接近钢筋保护层厚度，钢筋尚未锈蚀。可采用满裹碳纤维布（图5.25）或外包钢板的方法进行加固。这样一方面隔绝了空气与混凝土梁的直接接触，避免碳化的进一步发展；另一方面适当的提高了混凝土梁的承载力。

图5.25 满裹碳纤维布加固梁

（3）若检测结果表明混凝土碳化深度大于钢筋保护层厚度，且钢筋已开始锈蚀。可先将表面混凝土碳化层凿除，对已经锈蚀的钢筋进行除锈处理，视情况和结构需要加补钢筋。然后采用聚合物砂浆或灌浆料进行修复（图5.26）。加固修复后的结果：一方面恢复或提高了混凝土梁的承载能力，另一方面确保了混凝土梁的耐久性，达到了阻止或尽可能减缓外界有害气体进入混凝土内侵蚀，使其内部和钢筋一直处在碱性环境中。

3）混凝土板

近代钢筋混凝土建筑的楼、屋面板一般损坏较为严重，容易出现开裂或漏水现象，会影

图 5.26　灌浆料加固梁

响到楼、屋面板的结构安全,可根据不同的损伤程度制定以下加固修缮方案:

图 5.27　混凝土板无损切割

（1）当混凝土板损伤程度不大时,可采用钢筋网聚合物砂浆修复技术在原混凝土板底部新增一层 30 mm 厚的叠合板进行加固。加固修复后的结果:一方面恢复或提高了混凝土板的承载能力,另一方面确保了混凝土板的耐久性和防水性。

（2）当混凝土板损伤程度较大时,可将混凝土板采用无损切割技术进行拆除（图 5.27）,然后采用植筋技术重新配置钢筋,浇筑新的混凝土板（图 5.28）,这种方法可以最大限度的提高混凝土板的耐久性和承载力。

图 5.28　混凝土板置换

4）其余加固修缮技术

（1）植筋技术。系一项对混凝土结构较简捷、有效的连接与锚固技术。可植入普通钢筋,也可植入螺栓式锚筋。该技术已广泛应用于既有建筑物的加固改造工程,如:混凝土构件加大截面法加固的补筋、上部结构扩跨、梁柱构件的接长、新增钢结构构件与原有混凝土构件的连接节点的植筋等。图 5.29 为植筋示意图。

（2）裂缝修补技术。裂缝修补技术是根据混凝土裂缝的起因、形状和大小,采用不同封护方法进行修补,使结构因开裂而降低的使用功能和耐久性得以恢复的一种专门技术。适用于既有混凝土结构中各类裂缝的处理,但对受力性裂缝,除修补外,尚应采用相应的加固措施。一般对于裂缝宽度大于 0.2 mm 的裂缝,应进行注胶封闭处理;对于裂缝宽度不超过 0.2 mm 的裂缝,可仅作封闭处理。图 5.30 为裂缝修补技术示意图。

图 5.29　植筋技术

图 5.30　裂缝修补技术

（3）碳化混凝土修复技术。碳化混凝土修复技术是指通过恢复混凝土的碱性（钝化作用）或增加其阻抗而使碳化造成的钢筋腐蚀得到遏制的技术。

（4）混凝土表面处理技术。混凝土表面处理技术是指采用化学方法、机械方法、喷砂方法、真空吸尘方法、射水方法等清理混凝土表面污痕、油迹、残渣以及其他附着物的专门技术。

（5）混凝土表层密封技术。混凝土表层密封技术指采用柔性密封剂充填、聚合物灌浆、涂膜等方法对混凝土进行防水、防潮和防裂处理的技术。

5.6　案例1：江苏省文物保护单位——南京大华电影院门厅加固修缮

5.6.1　工程概况

大华电影院位于南京市中山南路 67 号，原名大华大戏院，于 1934 年开始建造，是由美籍华人司徒英铨集资建造，著名建筑大师杨廷宝主持设计，1936 年对外营业，是当时南京最大、最豪华的影剧院，解放后改名为大华电影院。2002 年，大华电影院被江苏省人民政府列为省级文物保护单位。大华电影院门厅东西朝向，长约 21.3 m，宽约 33.0 m，建筑面积约 1 136 m²。主体结构为二层，系钢筋混凝土框架结构，除二层南北两侧耳房楼面为木楼面外，其余楼屋面均为现浇钢筋混凝土。底层层高 4.20 m，二层层高 3.81 m。门厅内的圆柱、栏杆、天花、墙壁、梁枋彩绘以及雕饰，具有浓郁的民族特色，为南京近代优秀建筑之一，对于当代民国建筑的研究具有重要的研究价值。该建筑现状及平面图分别见图 5.31 和图 5.32 所示。

图 5.31　该楼现状图

图 5.32　该楼二层结构平面图

5.6.2　检测鉴定

大华电影院门厅使用至今已近 80 年,远超出现行国家设计规范的合理使用年限,已出现较为严重的老化现象,存在结构安全隐患。为了解该建筑的安全现状,提供加固改造的技术依据,对其进行了结构安全性鉴定。南京地区抗震设防烈度为 7 度,设计基本地震加速度值为 0.10 g(第一组),该建筑抗震设防类别为丙类。

5.6.2.1　检测内容

由于该建筑的原始设计图纸资料不全,先进行了现场量测,包括结构布置、结构形式、截面尺寸、支承与连接构造、结构材料等。然后,对该建筑主体结构的现状进行一般调查,包括结构上的作用,建筑物内外环境的调查;对各种构件(混凝土梁、板、柱、砖墙)的外观结构缺陷进行逐个检查。梁、柱承重构件外观虽然较完整,但部分构件内部已开始出现钢筋锈蚀,部分板构件出现明显露筋现象,局部外墙出现渗水现象,如图 5.33所示。

图 5.33 混凝土构件露筋和外墙渗水

为了对主体结构进行复核计算,需了解材料强度和构件配筋情况。采用钻孔取芯法测得混凝土抗压强度推定值为 14.1 MPa。采用贯入法对外墙砂浆的抗压强度进行了检测,测得砂浆强度等级为M0.8。对混凝土主要构件的保护层厚度和碳化深度的检测结果为:柱保护层厚度为 20～40 mm,梁保护层厚度为 20～30 mm,板保护层厚度约为 15 mm。混凝土柱平均碳化深度为 63 mm,最大碳化深度为 85 mm。混凝土梁平均碳化深度为 40 mm,最大碳化深度为 52 mm。混凝土板平均碳化深度为 30 mm,最大碳化深度为46 mm。已超过保护层厚度,导致混凝土构件内的钢筋出现锈蚀现象,如图 5.34 所示。

图 5.34 混凝土构件内部钢筋锈蚀和碳化深度较大

5.6.2.2 鉴定内容

该建筑仅包含一个鉴定单元,划分为地基基础、上部承重结构两个子单元,上部承重结构中的主要构件包括混凝土柱、梁、板。综合现场检测和计算分析,得出鉴定结论:该建筑主体结构布局合理,传力路线基本明确;地基基础较稳定,未发现明显沉降裂缝、变形或位移等不均匀沉降迹象;柱、梁和板等混凝土构件由于混凝土碳化深度过大且局部破损较为严重,同时混凝土强度较低,并存在钢筋锈蚀膨胀、混凝土剥落等现象,加之早期设计时构件构造的不尽合理,其部分构件承载能力、整体耐久性均不满足现行规范要求;外墙没有与混凝土主体结构进行可靠连接,且出现渗水现象,不满足现行规范规定的构造和耐久性的要求。该建筑主体结构计算模型见图 5.35 所示。

图 5.35　计算模型

5.6.3　加固设计

5.6.3.1　加固设计原则

该建筑为江苏省文物保护单位,因此本次加固修缮设计严格按照《中华人民共和国文物保护法》《中华人民共和国文物保护法实施条例》和《文物保护工程管理办法》的有关规定执行,即不改变建筑原有立面和初始格局,同时在加固修缮设计中满足业主对该建筑赋予新功能的要求,确保结构安全。

1)完整真实的原则

加固之前,对该建筑做全面深入的研究,包括其原始图纸文档、资料照片以及媒体报道等,力求全面地把握文物建筑完整的面貌和历史,从而在加固过程中,真正做到原汁原味、真实有据。

2)可识别的原则

充分尊重文物建筑的历史原状,慎重对待文物建筑的历史缺失和历史增建。尽量保留前者,又要使后者与原状必须保持相当的可识别性。

3)可读性的原则

保留文物建筑的可读性,是延拓文物建筑文化价值的重要工作,发掘文物建筑的历史故事,尽量保留文物建筑的材料、部件和施工及安装方法,是保证文物建筑可读性的重要工作。

4)最小干扰的原则

在做到加固充分可靠、有效治本的前提下,减少其他不必要的加固措施,减少加固对原状的干扰。

5.6.3.2　加固内容

根据加固设计原则和现场检测鉴定的结果,对各种加固方案进行比较选择,针对不同构件加固补强的要求,采用优化的加固方法以满足建筑物各项功能要求。

1)基础加固

该建筑框架柱基础均为钢筋混凝土独立基础(下设短木桩复合地基),外墙基础为条形基础(下设短木桩复合地基)。考虑到在本次加固修缮过程中,楼、屋面板采用聚合物砂浆面层加固,荷载有一定程度增加,故采用钢筋混凝土加大截面法和增设基础连梁进行基础加固,以提高基础的承载力和整体性。图 5.36 和图 5.37 分别为框架柱基础加固图和现场施工图。

图 5.36　基础加固图

图 5.37　基础加固现场施工图

2）混凝土柱加固

对于混凝土柱构件，尤其是中庭 12 根圆柱最为重要。由于混凝土强度等级为 C14，且柱构件的碳化深度均已超过保护层厚度，内部钢筋已开始出现不同程度的锈蚀。因此，迫切需要对其进行加固处理。考虑到中庭圆柱在建筑中的比例和尺度非常协调，要求加固不能改变其直径，因此，采用外包钢方法对柱构件进行加固，以提高柱构件的承载能力和耐久性能。图 5.38 和图 5.39 分别为混凝土柱加固图和现场施工图。

图 5.38　混凝土柱加固图

图 5.39　混凝土柱加固现场施工图

3）混凝土梁加固

对于混凝土梁构件，同样由于混凝土强度较低，且构件的碳化深度均已超过保护层厚度，内部钢筋已开始出现不同程度的锈蚀，部分梁构件出现明显露筋现象。因此，迫切需要对其进行加固处理，除部分屋面处的密肋梁采用满裹碳纤维布进行加固外，其余梁构件均采用钢筋混凝土增大截面法进行加固。为了最大限度的保存文物建筑本体,仅将构件表面保护层凿除,露出箍筋和纵筋,进行钢筋表面除锈处理后,采用加固型混凝土进行浇筑,这种加固材料具有早强高强、自流态免振捣、微膨胀无收缩、耐久性和耐候性好、低碱耐蚀的优点,能满足较小的浇筑尺寸要求。图 5.40 和图 5.41 分别为混凝土梁加固图和现场施工图。

图 5.40 混凝土梁加固图   图 5.41 混凝土梁加固现场施工图

4) 混凝土板加固

对于混凝土板构件,由于板筋锈蚀明显以及布置不尽合理,故对其进行加固。除门厅入口处悬挑雨棚板采用钢筋网聚合物砂浆修复技术在原板顶新增一层 30 mm 厚的叠合板外,其余均采用钢筋网聚合物砂浆修复技术在原楼、屋面板底部新增一层 30 mm 厚的叠合板。加固修复后的结果:一方面恢复或提高了混凝土板的承载能力,另一方面确保了混凝土板的耐久性和防水性。图 5.42 和图 5.43 分别为混凝土板加固图和现场施工图。

图 5.42 混凝土板加固图

图 5.43 混凝土板加固现场施工图

5）混凝土楼梯加固

该建筑的楼梯为钢筋混凝土梁式楼梯，为了增加楼梯的耐久性，且不影响楼梯的原有风貌，故对其下部进行加固处理，采用钢筋混凝土增大截面法进行加固，采用的加固材料也为加固型混凝土。图5.44和图5.45分别为混凝土楼梯加固图和现场施工图。

图5.44 混凝土楼梯加固图

图5.45 混凝土楼梯加固现场施工图

6）墙体加固

该建筑外墙采用烧结黏土青砖和石灰砂浆砌筑，青砖和砂浆风化较为严重。且外墙与框架主体构件之间未采取拉结措施，多片墙体出现渗水现象。因此，在本次加固修缮中，对外墙采用单面钢筋网水泥砂浆抹面进行加固，一方面提高外墙的整体性和主体结构的可靠连接，另一方面解决了外墙的渗水现象。图5.46和图5.47分别为外墙加固图和现场施工图。

图5.46 外墙加固图

图5.47 外墙加固现场施工图

5.6.4　结语

南京大华电影院门厅是较为典型的钢筋混凝土框架结构民国建筑,这种类型的民国建筑大多为文物建筑,留存至今不仅有承载力不足的问题,而且存在混凝土碳化和内部钢筋锈蚀等耐久性问题。因此,迫切需要进行加固修缮,笔者希望通过对大华电影院门厅加固设计的介绍,能够给同行提供类似工程加固设计方法的参考。希望重点注意以下几点:

(1) 在加固设计前,应对建筑物进行详细的检测和鉴定,为加固设计提供可靠的依据。

(2) 在加固设计中,应充分考虑文物建筑加固的原则要求,选择符合文物保护原则下的技术可行、施工方便和经济合理的加固方法。应在满足结构安全和功能使用要求的同时,尽可能保留和利用原构件,并充分发挥其潜能。

(3) 加固设计中应采取有效构造措施保证新老结构之间实现可靠连接,确保共同工作。

(4) 在加固方案中尽量使用无机材料,提高加固后结构的耐久性。

5.7　案例2:全国重点文物保护单位——绍兴大禹陵禹庙大殿加固修缮

5.7.1　工程概况

民国时期的钢筋混凝土建筑不同于现代建筑,在材料性能、设计理念和建构特征上不能同现代钢筋混凝土建筑相提并论,它是处在一个由古建筑结构形式向现代建筑结构形式过渡的一个历史时期。这类钢筋混凝土结构使用至今一般已有七八十年的时间,已超出钢筋混凝土结构的正常使用年限,均有不同程度的损伤,如混凝土强度较低、碳化深度过大、钢筋锈蚀、混凝土表面开裂等现象,而它们大多属于文物建筑或保护性历史建筑,承载了一些重要的历史信息和文化价值,迫切需要得到较好的保护。本书以民国仿木构钢筋混凝土结构绍兴大禹陵禹庙大殿为例,综合考虑历史性、艺术性和科学性,对其适应性加固技术进行研究。

绍兴大禹陵禹庙大殿位于浙江省绍兴市东南 6 km 的会稽山麓,现为全国重点文物保护单位。该大殿系民国二十二年(1933 年)重建,为钢筋混凝土仿清初木构建筑形式,建筑面积 512 m²,主体结构系二重檐歇山顶仿古钢筋混凝土框架结构,外填充墙为青砖砌体。该建筑气势雄伟,斗拱密集,画栋朱梁,高 20 m,宽 23.9 m,进深 21.45 m,正中央大禹塑像高 5.85 m,是近代最早的几个钢筋混凝土仿木构形式建筑之一,是近代民族形式建筑的重要实例,也是研究近代建筑彩绘艺术发展、演变不可多得的实物资料,具有重要的文物价值。图 5.48 和图 5.49 分别为该建筑的现状及剖面图。

图 5.48　禹庙大殿现状图

结构横剖面图

结构纵剖面图

图 5.49 禹庙大殿建筑剖面图

5.7.2 检测鉴定

该建筑使用至今已近 80 年,远超出现行国家设计规范的合理使用年限。期间虽经过多次修缮,但原始设计资料不全,修缮资料也不完整。为了解该建筑的安全现状,提供加固修缮的技术依据,对其进行了结构安全性鉴定。绍兴地区抗震设防烈度为 6 度,设计基本地震加速度值为 0.10 g(第一组),该建筑抗震设防类别为丙类。

5.7.2.1 检测内容

由于缺少原始设计资料,对该建筑先进行了现场量测,包括结构布置、结构形式、截面尺寸、支承与连接构造、结构材料等。然后,对该建筑主体结构的现状进行一般调查,包括结构上的作用,建筑物内外环境的调查;对各种构件(混凝土梁、板、柱、砖墙)的外观结构缺陷进行逐个检查。混凝土柱外观较完整,无明显损伤现象;混凝土梁和板局部存在开裂露筋的现象。

为了对主体结构进行复核计算,需了解材料强度和构件配筋情况。采用钻孔取芯法测得混凝土梁柱的抗压强度最小值为 12.4 MPa,混凝土板的抗压强度最小值为 10.7 MPa。钢筋的抗拉强度设计值根据检测结果结合其他同一时期民国建筑的钢筋强度值综合考虑取 220 MPa。对混凝土主要构件的保护层厚度和碳化深度的检测结果为:柱的碳化深度为23~40 mm,保护层厚度为 35~47 mm,虽没有明显锈蚀或开裂现象,但碳化深度已接近保护层厚度。梁的碳化深度为 35~50 mm,保护层厚度为 33~50 mm,碳化深度已接近甚至超过保护层厚度,部分梁纵筋和箍筋出现轻微锈蚀,局部梁已出现开裂露筋的严重现象,如图 5.50 所示,角梁开裂现象严重。板的碳化深度约为 40 mm,保护层厚度约为 30 mm,碳化深度已超过保护层厚度,板筋已开始锈蚀,屋面板底部普遍存在渗水、老化、局部剥落、开裂露筋现象,如图 5.51 所示。

5.7.2.2 鉴定内容

该建筑仅包含一个鉴定单元,划分为地基基础、上部承重结构两个子单元,上部承重结构中的主要构件包括混凝土柱、梁、板。综合现场检测和计算分析,得出鉴定结论:该建筑主体结构布局合理,传力路线基本明确;地基基础较稳定,未发现明显沉降裂缝、变形或位移等不均匀沉降迹象;梁和板等混凝土构件由于混凝土碳化深度过大且局部破损较为严

图 5.50 混凝土梁开裂露筋

图 5.51 混凝土板开裂露筋

重,对内部钢筋已丧失保护作用,同时混凝土强度较低,并存在钢筋锈蚀膨胀、混凝土剥落等现象,加之早期设计时构件构造的不尽合理,其承载能力、抗震性能及耐久性均不满足现行规范要求;外墙没有与混凝土主体结构进行可靠连接,且出现渗水现象,不满足现行规范规定的构造和耐久性的要求。

5.7.2.3 有限元模拟分析

近代混凝土结构不同于现代混凝土结构,其材料、构造及建筑形式均于现代结构有所不同,一般不能采用常规的结构计算软件(如 PKPM)进行分析,这时需要采用三维有限元计算软件进行计算分析,如 SAP2000,MIDAS 等软件。通过对绍兴大禹陵禹庙大殿的详细计算分析,为近代钢筋混凝土结构计算分析提供典型参考。

1) 计算参数

采用 SAP2000 有限元软件进行计算分析,结构计算时,结构布置、构件几何尺寸、构件自重等按测绘结果取。活荷载取值:屋面活荷载取 s_0 为 0.70 kN/m²,屋面恒荷载取 s_1 为 2.0 kN/m²(不包括屋面板自重);基本风压取 w_0 为 0.45 kN/m²;考虑 6 度抗震设防。材料强度根据检测结果并结合工程经验取值,梁、柱混凝土强度按 C12.4,板混凝土强度按 C10.7,钢筋的抗拉强度设计值根据检测结果结合其他同一时期民国建筑的钢筋强度值综合考虑取 220 MPa。

2) 有限元分析结果

禹庙大殿为空间杆件结构体系,结构主要由柱、梁、檩条、斗拱、屋面板等构件组成,图 5.52 为大殿的 SAP2000 有限元模型,结构阻尼比取 0.05。模型中包含连接节点单元 259

个,杆件单元 570 个。

图 5.52　禹庙大殿有限元计算模型

通过对大殿结构的模态分析,得出其前四阶振型,如图 5.53 所示。其前十阶自振频率在 2.764 7～9.017 1 Hz 之间,如表 5.7 所示。

表 5.7　大殿前 10 阶自振周期和自振频率

振型	自振周期 (s)	自振频率	振型	自振周期 (s)	自振频率
1	0.361 7	2.764 7	6	0.137 0	7.299 3
2	0.355 0	2.817 0	7	0.125 4	7.974 5
3	0.313 3	3.191 8	8	0.114 4	8.741 3
4	0.176 5	5.665 7	9	0.112 8	8.865 2
5	0.173 8	5.753 7	10	0.110 9	9.017 1

从动力分析的结果可以看出,大殿在风荷载或地震荷载作用下,最容易出现的变形依次是面阔向平动、进深向平动或扭转振动,扭转振型出现在第三阶,大殿的整体结构布置符合结构抗震要求。

此外,通过 SAP2000 对大殿结构进行了静力计算,对比构件实际配筋检测结果,大殿构件配筋基本能满足计算要求。大殿中柱、金柱和檐柱轴压均满足规范要求。

最后,综合实际检测鉴定结果以及计算结果进行分析。对于柱构件:虽然承载力和轴压比均满足要求,但耐久性存在问题,考虑到四根中柱的受力最大,而四根角柱在地震时承受双向作用,扭转效应对内力影响较大,受力复杂,故对大殿四根中柱及四根角柱进行加固。对于梁构件:虽然承载力和刚度均满足要求,但耐久性存在较大问题,考虑到梁构件表面基本均有彩画,为最大限度的保护彩画,故对主要受力梁进行加固,对非受力梁基本不做处理,仅对裂缝灌注结构胶。对于板构件:由于板破损严重且板筋构造不当,故对屋面板进行全面加固。

（a）第一阶振型（T_1=0.3617 s，面阔向平动）　　　　（b）第二阶振型（T_2=0.3550 s，进深向平动）

（c）第三阶振型（T_3=0.3133 s，扭转）　　　　（d）第四阶振型（T_4=0.1765 s，进深方向对称弯曲振动）

图5.53　禹庙大殿模态振型

5.7.3　加固设计

5.7.3.1　加固设计原则

该建筑为全国重点文物保护单位，因此本次加固修缮设计严格按照《中华人民共和国文物保护法》《中华人民共和国文物保护法实施条例》和《文物保护工程管理办法》的有关规定执行，即不改变建筑原有立面和初始格局，同时在加固修缮设计中确保结构安全。

1）完整真实的原则

最大限度保存原状及历史信息，保护文物建筑的建筑风格和特点，除加固修缮设计中为了更好地保护文物建筑结构安全而采取的加固措施外，其他所有修缮材料均应坚持使用原材料、原工艺、原型制，尤其是混凝土梁枋表面彩画的真实性保存是需要解决的重要问题。

2）可识别的原则

修缮时需要更换添加的部分，遵循可识别原则，根据具体情况采用材料区分、形式简化等方式对增加部分进行标识，以区分原构件。

3）安全与有效原则

混凝土建筑由于材料自身的老化，结构性能也在不断退化，虽然近期并不存在明显的安全问题，但耐久性加固及对结构本体安全的全面评估是必须的。

4) 最小干扰的原则

在做到加固充分可靠、有效治本的前提下，减少其他不必要的加固措施，减少加固对原状的干扰。

5.7.3.2　加固内容

根据加固设计原则和综合分析的结果，对各种加固方案进行比较选择，针对不同构件加固补强的要求，采用适应性的加固方法。

1) 混凝土柱加固

对大殿四根中柱及四根角柱采用钢丝网聚合物砂浆抹面的方法进行加固。凿除原柱四周 20 mm 后，挂 φ4@50×50 镀锌钢丝网后采用聚合物砂浆抹面 20 mm。这样既使得柱的面层再碱化，避免碳化进一步发展而导致钢筋锈蚀；又适当的提高了混凝土柱的承载力；而且柱的尺寸也没有改变。图 5.54 和图 5.55 分别为混凝土柱加固示意图和现场施工图。

2) 混凝土梁加固

对大殿主要受力梁同样采用钢丝网聚合物砂浆抹面进行加固。对于梁架构件：凿除原梁两侧及顶面 15 mm、底面 10 mm 后，挂 φ4@50×50 镀锌钢丝网后采用聚合物砂浆抹面 20 mm；对于檩条构件：凿除原梁两侧 15 mm、底面 10 mm 后，挂 φ4@50×50 镀锌钢丝网后采用聚合物砂浆抹面 20 mm。这样一方面大大提高了受力梁的耐久性，另一方面又适当提高了受力梁的承载力，而且没有改变梁的截面尺寸。图 5.56 和图 5.57 分别为混凝土梁加固示意图和现场施工图。

3) 混凝土板加固

对混凝土屋面板底部采用钢筋网聚合物砂浆抹面进行加固，新增板筋植入两端梁中。板面增设一道刚性防水层和一道柔性防水层。这样不仅可以提高板的承载能力，而且大大提高板的耐久性能。图 5.58 和图 5.59 分别为混凝土板加固示意图和现场施工。

图 5.54　混凝土柱加固示意图　　　　图 5.55　混凝土柱加固现场施工图

图 5.56　混凝土梁加固示意图

图 5.57　混凝土梁加固现场施工图

图 5.58　混凝土板加固示意图

图 5.59　混凝土板加固现场施工图

4）墙体加固

该建筑外墙采用青砖和石灰砂浆砌筑，外墙内侧为清水墙，而外侧为石灰抹面混水墙。外墙与框架主体构件之间未采取拉结措施，局部墙体出现渗水现象。因此，在本次加固修缮中，对外墙外侧采用单面钢丝网聚合物砂浆抹面进行加固，一方面提高外墙的整体性和主体结构的可靠连接，另一方面解决了外墙的渗水现象。图5.60和图5.61分别为墙体加固示意图和现场施工图。

图 5.60 墙体加固示意图

图 5.61 墙体加固现场施工图

5.7.4 结语

绍兴大禹陵禹庙大殿是较为典型的民国仿木构钢筋混凝土建筑,这种类型的民国建筑基本都是具有重要历史文化价值的文物建筑,但大多存在混凝土碳化和内部钢筋锈蚀等严重耐久性问题。因此,迫切需要进行加固修缮。笔者希望通过对大禹陵禹庙大殿加固设计的介绍,能够给同行提供类似工程加固设计方法的参考。希望重点注意以下几点:

(1) 在加固设计前,应对建筑物进行详细的检测和鉴定,为加固设计提供可靠的依据。

(2) 对于仿木构钢筋混凝土建筑,可采用 SAP2000 进行三维建模计算分析,综合检测鉴定结论及计算分析结果,确定需要进行加固修缮处理的结构构件。

(3) 在加固设计中,应充分考虑文物建筑加固修缮的原则要求,选择符合文物保护原则下的技术可行、施工方便和经济合理的适应性加固方法。应在满足结构安全和功能使用要求的同时,尽可能保留和利用原构件,并充分发挥其潜能。

(4) 加固设计中应采取有效构造措施保证新老结构之间实现可靠连接,确保共同工作。

(5) 在加固方案中尽量使用无机材料,提高加固后结构的耐久性。

5.8 案例 3:江苏省文物保护单位——南京陵园邮局旧址加固修缮

5.8.1 工程概况

南京陵园新村邮局旧址始建于 1934 年,位于南京市东郊中山陵风景区苗圃路西端,南临沪宁高速公路,原为国民政府高级官员别墅区陵园新村内配套建设的专用邮局,是按照中山陵附近的环境进行设计建造的。1937 年冬因侵华日军进攻南京,与陵园新村同遭战火焚毁。1947 年重建,1976 年后曾一度作为南京市邮政局职工住宅,后住户陆续搬迁,建筑逐渐空置荒废至今。陵园新村邮局旧址于 2006 年 6 月被列为南京市文物保护单位,同年被列为江苏省文物保护单位。陵园邮局旧址所处地理位置和政治地位特殊,它的规划、布局、设计风格具有鲜明的特色,融人文与自然于一体,是中国传统建筑艺术文化与环境美学相结合的典范,具有兼具独特价值和普遍价值的特征,是优秀的民国历史文化遗存。邮局主楼为两层钢筋混凝土结构,采用仿古建筑风格,檐下置蓝色琉璃斗拱,雀替和梁架上均施彩画,屋顶为方形重檐攒尖顶,覆以绿色琉璃瓦。建筑平面呈正方形,长和宽均为 12.85 m,建筑面积约 193 m²,钢筋混凝土框架结构,楼屋面均为现浇钢筋混凝土。底层层高 4.10 m,二层层高 4.70 m,柱基础均为钢筋混凝土独立基础。图 5.62 为陵园新村邮局旧址主楼现状。

图 5.62　陵园新村邮局旧址主楼现状

邮局主楼使用至今已近 70 年,已超出现行国家设计规范的合理使用年限。出现了较为严重的老化现象,存在结构安全隐患。业主方计划将其改造为南京邮政博物馆,让公众更好地了解南京的邮政历史,为了确保建筑和使用人员的安全,需对此建筑进行加固修缮。

5.8.2 检测鉴定

对该建筑进行了现场测绘和勘察,包括结构布置、结构形式、截面尺寸、支承与连接构造、结构材料等;对主要钢筋混凝土梁、柱和板的配筋情况进行了现场检测;对该建筑主体结构的现状进行一般调查,包括结构上的作用,建筑物内外环境的调查;对各种构件(混凝土梁、板、柱、砖墙)的外观结构缺陷进行逐个检查。根据现场勘察,混凝土柱大部分外观较完整,但局部几根柱出现明显开裂露筋和混凝土剥落的现象,如图 5.63 所示。混凝土梁外观总体较完整,但内部钢筋已开始出现锈蚀的现象,如图 5.64 所示。混凝土板外观较完整,但多数板内部钢筋已开始出现锈蚀,局部出檐的屋面板存在混凝土剥落情况,如图 5.65 所示。

图 5.63　混凝土柱露筋

图 5.64　梁内部钢筋锈蚀

图 5.65　出檐屋面板剥落

对混凝土梁和柱的材性检测采用了钻孔取芯法,共抽取了 1 根柱和 1 根梁,每根柱和梁各取 2 个芯样,共 4 个试样,测得混凝土抗压强度最小值为 13.9 MPa。结构验算时,结构布置、构件几何尺寸、构件自重等按测绘结果取。活荷载取值:屋面活荷载取 s_0 为 0.70 kN/m²,屋面恒荷载取 s_1 为 5.0 kN/m²;基本风压取 w_0 为 0.40 kN/m²;考虑 7 度抗震设防。材料强度根据检测结果并结合工程经验取值,梁、柱、板混凝土强度按 C13.9,钢筋的抗拉强度设计值结合其他同一时期民国建筑的钢筋强度值综合考虑取 220 MPa。

根据上述现场检查、检测及安全性鉴定结果,对陵园新村邮局主楼结构可以得出如下结论:

(1) 该建筑的安全性等级为 C_{su},影响整体承载,应采取措施。

(2) 由于建造年代久远,柱、梁、板及斗拱等混凝土构件的碳化深度普遍超过保护层厚度,部分构件已经出现严重的钢筋锈蚀甚至胀裂等现象,耐久性遭受严重损伤。

(3) 由于原设计(建造)标准偏低,该主楼结构材料实际强度(混凝土)普遍偏低,其混凝土强度低于现行标准的最低要求。

(4) 部分梁构件承载力略不满足要求。

(5) 结合上述鉴定结果和结构特点,同时考虑该建筑系省级文物保护单位,建议结合此次文物修缮,重点对混凝土构件的耐久性进行全面维护,延长耐久年限;对钢筋严重锈蚀的构件进行局部加固(补强),以力求达到或基本达到现行标准对安全性的要求。

5.8.3 加固设计和施工

5.8.3.1 加固设计原则

该建筑为江苏省文物保护单位,因此本次加固修缮设计严格按照《中华人民共和国文物保护法》、《中华人民共和国文物保护法实施条例》和《文物保护工程管理办法》的有关规定执行,即不改变建筑原有立面和初始格局,同时在加固修缮设计中确保结构安全。

1) 完整真实的原则

最大限度保存原状及历史信息,保护文物建筑的建筑风格和特点,除加固修缮设计中为了更好地保护文物建筑结构安全而采取的加固措施外,其他所有修缮材料均应坚持使用原材料、原工艺、原型制,尤其是混凝土梁枋表面彩画的真实性保存是需要解决的重要问题。

2) 可识别的原则

修缮时需要更换添加的部分,遵循可识别原则,根据具体情况采用材料区分、形式简化等方式对增加部分进行标识,以区分原构件。

3) 安全与有效原则

混凝土建筑由于材料自身的老化,结构性能也在不断退化,钢筋锈蚀和混凝土剥落均使得该建筑存在较严重的安全隐患,因此,本次加固修缮必须确保结构的安全。

4) 最小干扰的原则

在做到加固充分可靠、有效治本的前提下,减少其他不必要的加固措施,减少加固对原状的干扰。

5.8.3.2 加固内容

根据加固设计原则和综合分析的结果,对各种加固方案进行比较选择,针对不同构件加固修缮的要求,采取适应性的加固方法。

1) 混凝土基础加固

该建筑加固修缮后将作为邮政博物馆使用,建筑的使用功能发生变化,活荷载有所增加。根据对该建筑的柱下独立基础的现场开挖和尺寸测绘,经过计算分析,该建筑的四根中柱独立基础不满足承载力要求,需进行加固,我们采取了加大截面法进行了加固。

图 5.66 为中柱柱下独立基础的加固设计图。

图 5.66　柱基础加固设计图

2）混凝土柱加固

该建筑为四方重檐攒尖顶钢筋混凝土框架结构，共有四根圆形中柱（$D = 400$ mm），十二根方形边柱（$b \times h = 300\,\text{mm} \times 300\,\text{mm}$）。根据现场检测，中柱所配纵筋为 8 根边长为 26 mm 的方钢，箍筋为 Φ8@152；边柱所配纵筋为 8 根边长为 26 mm 的方钢，箍筋为 Φ8@152。经与计算结果比较，柱配筋均满足承载力要求，但考虑到该建筑的柱构件存在严重的耐久性问题，以及当时未考虑抗震构造设置，因此，对该建筑所有混凝土柱采用环向满贴碳纤维布的方式进行加固，一方面，该方法解决了混凝土柱的耐久性问题，另一方面，该方法又解决了混凝土柱的抗震构造问题。外贴碳纤维布前，先凿除酥松混凝土，对钢筋除锈后用聚合物砂浆粉至原有厚度。图 5.67 和图 5.68 分别为混凝土柱加固设计图和现场施工图。

图 5.67　混凝土柱加固设计图

图 5.68　混凝土柱加固现场施工图

3）混凝土梁加固

该建筑为钢筋混凝土框架仿木构建筑，梁和枋均为钢筋混凝土构件。根据计算结果和现场梁钢筋检测结果的比较，部分梁配筋略不满足承载力要求，考虑到该建筑的梁构件存在严重的耐久性问题，以及当时未考虑抗震构造设置。因此，对该建筑中承载力不足的混凝土梁，采用梁底通长粘贴一层碳纤维布及环向满贴碳纤维布的方式进行加固，这样一方面解决了混凝土梁的承载力和耐久性问题，另一方面又解决了混凝土梁的抗震构造问题。对于该建筑中承载力满足要求的混凝土梁，采用环向满贴碳纤维布的方式进行加固，同时解决了耐久性问题和抗震构造问题。外贴碳纤维布前，先凿除酥松混凝土，对钢筋除锈后用聚合物砂浆粉至原有厚度。图 5.69 和图 5.70 分别为混凝土梁的加固设计图和现场施工图。

（a）承载力不足的梁加固　　　　　　　　　　（b）承载力满足的梁加固

图 5.69　混凝土梁加固设计图

图 5.70　混凝土梁加固现场施工图

4）混凝土板加固

该建筑楼、屋面均为钢筋混凝土现浇楼板,板厚约 95 mm,根据现场检测,配筋为单层双向布置,短跨方向配筋为 φ9.5@100,长跨方向配筋为 φ12.5@350。将计算结果与实测结果进行比较,板筋承载力能满足要求,但考虑到该建筑的板构件存在严重的耐久性问题,因此,对该建筑的混凝土板,采用在板底沿短跨方向满贴一层碳纤维布,在板面重做水泥砂浆面层的加固方法。图 5.71 和图 5.72 分别为混凝土板加固设计图和现场施工图。

图 5.71　混凝土板加固设计图

图 5.72　混凝土板加固现场施工图

5）围护墙体加固

该建筑外墙属于围护墙体,采用烧结黏土红砖和石灰砂浆砌筑,经现场检测,砂浆的抗压强度仅 0.6 MPa,外墙与框架主体构件之间未采取拉结措施,多片墙体出现渗水现象。因此,本次修缮在外墙内侧采用单面钢筋网聚合物砂浆抹面（双向 φ6@200 钢筋网及单面 40 厚聚合物砂浆）进行加固,一方面提高外墙的整体性和主体结构的可靠连接,另一方面解决了外墙的渗水现象。图 5.73 和图 5.74 分别为围护墙体加固设计图和现场施工图。

图 5.73 围护墙体加固设计图

图 5.74 围护墙体加固施工图

5.9 案例 4:江苏省文物保护单位——中山东路 1 号加固修缮

5.9.1 工程概况

南京中山东路 1 号于 1933 年由上海缪凯伯工程司主持设计,1935 年 7 月竣工,其前身是交通银行南京分行,1937 年抗战期间,日军占领南京,这里成为汪伪中央储备银行所在地,当时在顶部平台的中央增建了两层。该建筑现为工商银行南京市中山支行。1991 年,国家建设部、国家文物局将中山东路 1 号评为近代优秀建筑。2002 年 10 月,江苏省人民政府将其列为江苏省文物保护单位。该建筑坐北朝南,长约 35.4 m,宽约 31.5 m,建筑面积约 3 000 m²。主体结构为三层,系钢筋混凝土框架结构,楼屋面为现浇钢筋混凝土。底层和二层层高 4.30 m,三层层高 5.82 m。该建筑中部有矩形的大型采光井,其一、二层挑空,三层处有横梁结构,四层以上现有两坡顶天窗。建筑物西南角和东北角各有一个钢筋混凝土楼梯。中山东路 1 号是南京民国建筑的优秀代表,具有很高的建筑艺术价值,其平面布局、立面比例造型、施工工艺、细部装饰处理使之呈现出雄浑细致的建筑美感,对于当代民国建筑的研究具有重要的研究价值。该建筑现状及平面图分别见图5.75和图5.76所示。为了更好地利用中山东路1号,业主单位决定将其功能转变为工商银行财富中心,同时开辟出一定空间为展览和公共使用空间。

图 5.75　该楼现状图

图 5.76　该楼底层平面图

5.9.2　检测鉴定

该建筑使用至今已近80年,远超出现行国家设计规范的合理使用年限。期间虽经过多次修缮,但原始设计资料不全,修缮资料也不完整。为了解该建筑的安全现状,提供加固改造的技术依据,对其进行了结构安全性鉴定。南京地区抗震设防烈度为7度,设计基本地震加速度值为0.10 g(第一组),该建筑抗震设防类别为丙类。

5.9.2.1　检测内容

由于该建筑的原始设计图纸资料不全,先进行了现场量测,包括结构布置、结构形式、截面尺寸、支承与连接构造、结构材料等。然后,对该建筑主体结构的现状进行一般调查,包括结构上的作用,建筑物内外环境的调查;对各种构件(混凝土梁、板、柱、砖墙)的外观结构缺陷进行逐个检查。混凝土柱整体外观较完整,但局部有蜂窝、麻面的现象,且局部柱出现露筋的现象,混凝土梁和板局部也存在露筋的现象,如图5.77所示。

为了对主体结构进行复核计算,需了解材料强度和构件配筋情况。采用钻孔取芯法测得混凝土抗压强度推定值为8.3 MPa。采用回弹法对外墙砖的抗压强度进行了检测,测得砖强度等级为MU10。采用贯入法对外墙砂浆的抗压强度进行了检测,测得砂浆强度等级为M0.7。对混凝土主要构件的保护层厚度和碳化深度的检测结果为:柱保护层厚度为20~50 mm,梁保护层厚度为20~30 mm,板保护层厚度约为15 mm;碳化深度约为60 mm,已超过保护层厚度,导致混凝土构件内的钢筋出现锈蚀现象,如图5.78所示。

图 5.77　混凝土构件露筋

图 5.78　混凝土构件内部钢筋锈蚀

5.9.2.2　鉴定内容

该建筑仅包含一个鉴定单元,划分为地基基础、上部承重结构两个子单元,上部承重结构中的主要构件包括混凝土柱、梁、板。综合现场检测和计算分析,得出鉴定结论:该建筑主体结构布局合理,传力路线基本明确;地基基础较稳定,未发现明显沉降裂缝、变形或位移等不均匀沉降迹象,但部分柱基础承载力不满足设计要求;柱、梁和板等混凝土构件由于混凝土碳化深度过大且局部破损较为严重,对内部钢筋已丧失保护作用,同时混凝土强度较低,并存在钢筋锈蚀膨胀、混凝土剥落等现象,加之早期设计时构件构造的不尽合理,其承载能力、抗震性能及耐久性均不满足现行规范要求;外墙没有与混凝土主体结构进行可靠连接,且出现渗水现象,不满足现行规范规定的构造和耐久性的要求。该建筑主体结构计算模型见图 5.79 所示。

图 5.79　计算模型

5.9.3　加固设计

5.9.3.1　加固设计原则

该建筑为江苏省重点文物保护单位,因此本次加固修缮设计严格按照《中华人民共和国文物保护法》、《中华人民共和国文物保护法实施条例》和《文物保护工程管理办法》的有关规定执行,即不改变建筑原有立面和初始格局,同时在加固修缮设计中满足业主对该建筑赋予新功能的要求,确保结构安全。

1) 完整真实的原则

加固之前,对该建筑做全面深入的研究,包括其原始图纸文档、资料照片以及媒体报道等,力求全面地把握文物建筑完整的面貌和历史,从而在加固过程中,真正做到原汁原味、真实有据。

2) 可识别的原则

充分尊重文物建筑的历史原状,慎重对待文物建筑的历史缺失和历史增建。尽量保留前者,又要使后者与原状必须保持相当的可识别性。

3) 可读性的原则

保留文物建筑的可读性,是延拓文物建筑文化价值的重要工作,发掘文物建筑的历史故事,尽量保留文物建筑的材料、部件和施工及安装方法,是保证文物建筑可读性的重要工作。

4) 最小干扰的原则

在做到加固充分可靠、有效治本的前提下,减少其他不必要的加固措施,减少加固对原状的干扰。

5.9.3.2 加固内容

根据加固设计原则和现场检测鉴定的结果,对各种加固方案进行比较选择,针对不同构件加固补强的要求,采用优化的加固方法以满足建筑物各项功能要求。

1) 基础加固

该建筑框架柱基础均为钢筋混凝土独立基础,内外填充墙基础均为大放脚基础。考虑到本次加固修缮过程中,将该建筑(3)—(7)~(C)—(E)三楼楼面洞口补起来,因此,对于中间框架柱而言,竖向荷载增加,故采用钢筋混凝土增大截面法进行基础加固,以提高基础的承载能力。对于外围框架柱而言,由于楼面和屋面的使用荷载并未增大,且采用的上部结构加固方法对结构重量增加不大,又考虑到老地基土经过70多年,地基承载力有所提高,因此,地基承载力满足要求,基础基本上不需要加固处理,仅对填充墙大放脚基础进行加固,采用新增钢筋混凝土条形基础的方法,以提高填充墙基础的整体性。图5.80和图5.81分别为框架柱独立基础和填充墙大放脚基础加固做法示意图和现场施工图。

图 5.80　基础加固示意图

图 5.81　基础加固现场施工图

2）混凝土梁、柱加固

对于混凝土梁、柱构件，由于该建筑混凝土强度等级仅为 C8，且梁柱构件的碳化深度均已超过保护层厚度，内部钢筋均已开始出现不同程度的锈蚀。且在梁柱节点核心区未设置水平箍筋，节点核心区抗震性能非常薄弱。因此，迫切需要对其进行加固处理，采用钢筋混凝土增大截面法对梁柱构件进行加固，在梁柱节点核心区增设加密水平箍筋，以提高构件和节点的承载能力和耐久性能。为了最大限度的保存文物建筑本体，仅将梁柱构件表面保护层凿除，露出箍筋和纵筋，进行钢筋表面除锈处理后，采用加固型混凝土进行浇筑，这种加固材料具有早强高强、自流态免振捣、微膨胀无收缩、耐久性和耐候性好、低碱耐蚀的优点，能满足较小的浇筑尺寸要求。图 5.82、图 5.83 和图 5.84 为混凝土梁、柱加固做法的示意图和现场施工图。

图 5.82　混凝土梁加固示意图

图 5.83　混凝土柱加固示意图

图 5.84　梁柱加固现场施工图

3）混凝土板加固

对于混凝土板构件，一方面混凝土强度等级仅为 C8，碳化深度基本等同于板的厚度，板筋已开始出现不同程度的锈蚀；另一方面混凝土板筋构造不尽合理，仅为单层双向布置。因此，采用置换法进行混凝土板加固，双层双向配筋，以提高板的承载能力、耐久性能和构造合理性。对原楼板采用静力无损切割的方法进行拆除，确保对相邻结构不产生损坏。在拆除施工时，板与混凝土梁交接处，部分原板筋保留，长度 30 cm，以增加新老结构的连接性。新增板筋采用植筋的方式与四周混凝土梁进行连接。为了确保植筋连接的可靠性，植筋胶必须满足加固规范的 A 级胶标准；必须有化学成分报告，其化学成分应满足加固规范要求；要求植筋胶的完全凝固时间尽量短；满足相应的耐火等级；通过 200 万次疲劳实验检测；通过动荷载测试和抗老化测试，满足不少于 50 年耐久性的要求；通过无毒性检测，达到实际无毒等级。图 5.85 为混凝土板加固现场施工图。

图 5.85　混凝土板加固现场施工图

4）混凝土楼梯加固

该建筑的楼梯为钢筋混凝土梁式楼梯，地面为大理石地面，栏杆为铸铁栏杆，均保留了原有的民国风格。但由于混凝土强度较低，内部钢筋锈蚀，严重影响到结构安全。因此，必须对其进行加固，为了不影响到楼梯的原有风貌，对其下部进行加固处理，采用钢筋混凝土增大截面法进行加固，采用的加固材料也为加固型混凝土。图 5.86 和图 5.87 分别为混凝土楼梯加固做法示意图和现场施工图。

图 5.86 混凝土楼梯加固示意图

图 5.87 混凝土楼梯加固现场施工图

5) 墙体加固

该建筑外墙采用烧结黏土红砖和石灰砂浆砌筑,砂浆强度较低,强度等级仅为 M0.7,多处出现碎砖现象。且外墙与框架主体构件之间未采取拉结措施,多片墙体出现渗水现象。因此,在本次加固修缮中,对外墙采用单面钢筋网水泥砂浆抹面进行加固,一方面提高外墙的整体性和主体结构的可靠连接,另一方面解决了外墙的渗水现象。为了便于在门窗洞口内侧安装石材门窗套和提高门窗套的安装效果,采用钢筋网水泥砂浆抹面对墙体加固时,在距离门窗洞口 8 cm 处停止,采用钢板条封闭的方法进行洞口加强处理。图 5.88 和图 5.89 为墙体加固做法示意图和现场施工图。

(a) 墙体加固大样

(b) 门窗加固大样

图 5.88 墙体加固示意图

图 5.89　墙体加固现场施工图

5.9.4　结语

　　南京中山东路 1 号是较为典型的钢筋混凝土结构类型的民国商业建筑,这种类型的民国建筑目前不仅有承载力不足的问题,而且存在混凝土碳化和内部钢筋锈蚀等耐久性问题。因此,迫切需要进行加固修缮,笔者希望通过对中山东路 1 号加固设计的介绍,能够给同行提供类似工程加固设计方法的参考。该建筑的加固修缮工程于 2011 年竣工,建筑作为江苏省工商银行财富中心使用至今,状况一直良好。图 5.90 为加固修缮后的中山东路 1 号建筑。

图 5.90　加固修缮后的中山东路 1 号

6　地下砖构遗产的保护技术及案例

6.1　概述

在我国现存的文物古迹中,地下砖构遗产主要包括陵墓和构筑物遗址。陵墓在我国属于数目较多的文物古迹,到目前为止,仅明确的帝王陵墓就有一百多座。这些陵墓布局严谨、建筑宏伟、工艺精湛,具有独特的风格,在世界文化史上占有重要的地位。地下构筑物遗址主要指埋藏在地下的一些不具备、不包含或不提供居住功能的人工建造物,如地下管道、防御工事、水池等。

从汉代开始,陵墓普遍采用砖石筑墓室,木椁墓室逐渐被取代。这是中国古代墓制度的一次划时代的大变化。这种变化主要是从西汉中期才开始,随即普及到各地。西汉中期,中原一代流行空心砖墓,西汉晚期开始出现石室墓,墓室中雕刻着画像,故称"画像石墓"。墓室的结构和布局,也是仿照现实生活中的住宅。从汉到隋、唐、宋、元、明、清各代,砖石砌筑的墓室和地宫一直在不断发展。南京地区分布有众多的六朝砖墓,这些墓一般建造在丘陵半坡或比较高的地方,先开一大于墓室的长方形土坑,底部铺砖一至四层,而后建造墓室,墓向据葬地地形而定,墓室进口一般都是朝向丘陵的低下部,以利于墓室排水。根据结构类型来分,六朝砖墓主要为穹隆顶墓(图 6.1)和券顶墓(图 6.2)两种类型。

图 6.1　穹隆顶墓

图 6.2　券顶墓

6.2　地下砖构遗产的常见病害

砖墓常见的损坏特征主要有:①墓顶局部的塌落,如图 6.3 所示,主要由于受力或盗墓或施工破坏引起;②拱券的变形,如图 6.4 所示,主要由于不对称受力引起;③墓室转角处砖块破损或开裂,如图 6.5 所示,主要由于局部应力集中引起;④墓室渗水,如图 6.6 所示,由于局部开裂或破损或材料劣化等引起防水功能失效;⑤菌类藻类繁殖所引起的壁面污损,如图 6.7 所示,这些劣化现象主要受陵墓的温湿度环境的影响。

图 6.3　墓顶局部塌落

图 6.4　拱券变形　　　　　　　　　图 6.5　局部砖块破损

图 6.6　砖墓潮湿渗水　　　　　　　图 6.7　砖墓菌类藻类繁殖

　　地下构筑物遗址常见的损坏特征主要有：①结构局部的塌落，如图 6.8 所示，主要由于受力或施工破坏引起；②砖块破损或开裂，如图 6.9 所示，主要由于材料性能退化或受力造成；③菌类藻类繁殖所引起的壁面污损，主要受温湿度环境的影响。

图 6.8 结构局部塌落

图 6.9 砖块破损或开裂

6.3 案例 1：全国重点文物保护单位——南唐二陵的防护设计方案

6.3.1 工程概况

南唐二陵位于江苏省南京市中华门外祖堂山西南、江宁县东善桥乡高山南麓的王家坟村，包括五代南唐先主李昪及其妻宋氏的钦陵和中主李璟及其妻钟氏的顺陵，二陵相距约100 m，李昪钦陵居东，李璟陵顺陵居西，1950 年至 1951 年南京博物院对其进行了发掘。图6.10 为南唐二陵的墓室内部。

李昪钦陵营建时，正是南唐经济繁荣的时期，所以钦陵规模较为宏大。陵的上部是一个圆形的土墩，全长 21.48 m，宽 10.45 m，高 5.3 m。墓道长 19 m、宽 4 m，墓室分前、中、后三个主室和十个侧室（便房）。前、中室为砖筑，后室石砌，都是仿木结构的。墓门和三个室的壁面上砌凿出柱、枋和斗拱，其上彩绘牡丹、宝相、莲花、海石榴和云气图案。后室的顶部绘有天象，铺地的青石板上雕凿山岳江河，象征着"地理图"。石棺座侧还雕有三爪龙和各种花纹，进门处上方横刻"双龙戏珠"图案。门的左右两壁各有一个踩祥云、披甲持剑的石雕武士，雕像表面原有涂金彩绘。

李璟顺陵全长 21.9 m，宽 10.12 m，高 5.42 m，也分前、中、后三个主室及八个侧室，全部是砖结构的，建筑形制与钦陵大致相仿，规模略小。中室稍大，长 5.30 m，顶作尖穹隆形。

（a）钦陵墓道　　　　　　　　　（b）顺陵墓道

（c）穹顶　　　　　　　　　　　（d）侧室

图 6.10　南唐二陵

主室的倚柱、立枋、东额、柱头原来都有彩画，由于淤泥和雨水侵蚀，大部分已经剥落，仅墓门东额上有片段牡丹花纹。

6.3.2　南唐二陵的劣化现象

参考文献《环境监测平台与南唐二陵保护模式的探讨》，南唐二陵终年被土层所包围，陵墓内常年处于高湿状态，温度年波动基本在 5～25℃ 之间。同时，由于陵墓的开放，古墓与室外环境容易发生热质交换。在此条件下，南唐二陵中发生劣化现象将是不可避免的。

图 6.11　钦陵侧室的菌类繁殖

其发生的劣化现象，除去人为因素及不可避免的自然因素以外，可以分为三类：微生物菌类等繁殖为主的生物劣化（图 6.11、图 6.12）、壁画的脱落及岩类风化等为主的物理劣化（图 6.13、图 6.14），以及自然劣化和化学反应为主的化学劣化（图 6.15）。

对于生物劣化而言，在顺陵中藻类菌类繁殖所产生的劣化现象非常严重，前室基本被藻类所布满（图 6.16），中室中藻类相比于前室明显减少（图 6.17），在后室中菌类又明显增多，同时后室顶部出现白色菌类繁殖，10 间侧室墙面出现大量的菌类。相比于顺陵,钦陵中菌藻类繁殖相对较少,没有出现白色菌类,但侧室中同样出现大量的菌类,同时墓室中局部也开始出现大量菌藻类繁殖现象。

对于物理劣化而言,由于其长期的保存过程,南唐二陵中因为干湿循环所引起的砖材剥离及颜料层脱落现象都较为明显,此外,还存在拱顶雨水的渗透及陵墓内的冷凝水现象。二陵中发生严重脱落剥离现象较为严重的部位有,钦陵前室整体(图6.18),侧室斗拱上方及主室连接斗拱上方(图6.19)。总体而言,顺陵较之于钦陵稍好一些,钦陵的墓室环境相对于顺陵而言,要干燥一些。

图 6.12 顺陵前室的藻类繁殖

图 6.13 颜料层的脱落现象

图 6.14 墓室内部的冷凝水

图 6.15 颜料层的褪色现象

图 6.16 顺陵前室

图 6.17 顺陵中室及后室

图 6.18　钦陵前室

图 6.19　钦陵中室及后室

对于化学劣化而言,南唐二陵的化学劣化主要有颜料层与自然环境环境发生了长期的化学反应从而引起的颜料层自然劣化及变色褪色现象。南唐二陵始建于 1 000 多年前,面向公众开放已超过 60 余年,变色及材质变质情况在南唐二陵中基本已经普遍化。

6.3.3　劣化现象的控制对策

对于生物劣化而言,影响微生物菌类成长的必要条件主要有四项:养分、水分、氧气、温度。对于养分而言,古墓葬中几乎所有的有机物都可以成为菌类的养分。对于氧气而言,也几乎总是存在。对于温度而言,研究表明:菌类的发育速度与周围的环境温度成正比,降低古墓内的温度,将会降低古墓内菌类的发育速度,但无法完全抑制古墓内菌类的繁殖。对于湿度而言,研究表明:相对湿度的降低,菌类的成长速度将降低,在相对湿度 60% 以下时,菌类微生物将几乎不发育。高湿环境易滋生各种菌类,冷凝水的存在将大大促进菌类的发育繁殖。南唐二陵由于其特殊的热湿环境,完全抑制生物劣化是非常困难的,但作为其控制方法,可采取降低古墓内温度和湿度来抑制古墓内生物劣化的速度。

对于物理劣化而言,有如南唐二陵中颜料层的脱落、结露,砖材表面的粉化、盐析,岩石类风化等现象。现有研究表明,较高的湿度及多次的干湿交替极易造成墙体表面的物理劣化。要抑制南唐二陵中的物理劣化,应避免古墓中出现高的周期性干湿循环,并降低古墓的湿度。

南唐二陵的化学劣化主要是墓室内颜料层的变色褪色现象。现有研究表明,一般情况下,针对化学劣化的环境控制方法主要以抑制墓室内 CO_2 浓度的上涨和降低湿度为对策。

6.3.4　防护设计方案比选

南唐二陵自发掘以来进行了数次维修加固,由于资金不足等原因缺乏总体修缮设计。后室加固采用的是钢筋混凝土结构,前、中室之间用钢结构(钢结构已严重锈蚀)进行了局部加固,前室用木结构进行了加固,在墓室地下修建排水道,虽然解决了排水问题,但没有解决防水渗漏问题。

二陵陵墓内均有不同程度的渗漏现象,严重影响了文物的保存,加速了墓圈结构的风化,必须进行防护设计。

南京市文物局要求:经防护设计后,陵墓顶盖和侧壁应能达到防渗、防漏的目的;防护结构在施工和使用期间对陵墓没有不利影响;工程完工后对原陵区的地形、地貌没有影响。

1) 方案 1(图 6.20)

(1) 根据地质勘察报告,各钻孔现场未见地下水,场地内不存在稳定的地下水对渗漏的影响,因此,陵墓的防水、防渗重点在于墓圈顶面和侧面防止地表水和雨季地面水向墓室的渗漏。

(2) 通过构筑半围式防渗帷幕防止侧向地表水向墓室的渗透,采用预应力钢筋混凝土

图 6.20　南唐二陵防护设计方案 1

拱防止顶盖方向雨水向墓室的渗漏,在墓室的上方及外侧设 U 形截水沟,将上方的雨水和地表水引走。所有防护工程均置于覆土之中,不影响原陵墓的地形、地貌。预应力钢筋混凝土拱由钢筋混凝土板、预应力拉梁和环梁三部分组成。拉梁每 2 m 一道。在拱板上开设3 个检修孔,为日后对墓圈的维护提供方便。具体防护方案见图 6.20 所示。

(3) 顶盖采用钢筋混凝土拱板,由拱板承受大部分覆土荷载,对墓圈起到卸载作用,初步估算,对钦陵可卸去 4～4.5 m 的覆土荷载,对顺陵可卸去 2～2.5 m 的覆土荷载,采用预应力可防止混凝土的开裂,因而提高结构的耐久性。

(4) 陵墓系砖石穹隆结构,依靠侧向压力维持结构的平衡,因而侧壁的防渗帷幕工程不能采用大开挖的方法施工,顶盖上方的覆土也不能全部挖去。本工程防渗帷幕工程采用高压注浆喷射法。

(5) 墓顶必须人工开挖,尽量减小对墓圈的影响。

(6) 严格控制预应力拉梁的张拉顺序,张拉完毕后再进行覆土。

2) 方案 2(图 6.21、图 6.22)

(1) 在墓室三面设计防渗墙,防渗墙采用人工挖孔桩。防渗墙主要是防止地表水侧向向墓室内渗漏。

(2) 在墓室上覆盖防渗土工膜进行顶部防渗。

(3) 在墓室的外侧设置钢筋混凝土 U 形排水沟,将地表水引出场外。

图 6.21　南唐二陵防水平面图

图 6.22　南唐二陵防水剖面图

　　最终,通过比选两种方案,由于第一种方案虽然防护效果最佳,但施工动作较大,对施工的要求较高,具有对文物破坏的一定风险,因此,选择了第二种防护方案实施。此外,根据分析结果,需降低墓室内部的温度和湿度,管理方在南唐二陵的侧室放置了空调,如图6.23所示。

图 6.23　南唐二陵室内空调

6.4　案例2：江苏省文物保护单位——泰州水关遗址结构分析及修缮设计

6.4.1　工程概况

泰州水关遗址为砖石结构，始建于宋代，于2009年12月4日在泰州市区铁塔广场建设工地被发现，随即被保存下来，2010年6月21日被泰州市人民政府批准为市级文物保护单位。该遗址为古城墙南门水关，旧时供从南门出入泰州城的船只通行。遗址目前残存现状为相对独立的两个部分：水关券洞两侧厢壁墙体、摆手及砖平台。该水关遗址的发现，确定了古泰州南城墙的具体位置，对研究古泰州城的历史具有重要价值，是泰州历史文化名城的重要实物证据。水关遗址南北长28.6 m，东西宽14.15 m。水关券洞两侧厢壁墙体含有早期和晚期墙体结构两个层次，遗址的基础、厢壁、摆手、卷輂、掰水桩一应俱全，而且在早期、晚期两个阶段都有体现，反映出来的工艺信息与《营造法式》也有较强的对应性。目前该水关遗址已发现局部塌陷和严重残损，存在安全隐患（图6.24）。

东厢壁拼贴立面

西厢壁拼贴立面

图6.24　泰州水关遗址现状

6.4.2 残损现状分析

通过现场勘查,早期水关内壁宽度 4.92 m,残高 2.45 m,晚期水关遗址内宽 2.6～3.64 m,残高 4 m 左右。券洞两壁均由石材和青砖两种主要材料砌筑而成,粘结材料主要为黏土砂浆内掺糯米汁,而残存券体则为砖砌。较典型的砖尺寸为 330 mm×175 mm×70 mm、250 mm×115 mm×50 mm 等,较典型的石尺寸为 650 mm×300 mm×290 mm、620 mm×320 mm×290 mm 等。

在遗址两侧厢壁内侧靠近地面部分紧贴大量木桩,高度多在 0.5～0.8 m 之间,木桩钉入地下,主要起加固厢壁和防撞击墙体的作用。在两侧厢壁及摆手墙体的基础石条之下均设有木桩,起支撑上部荷载的作用。

在早期水关东北侧摆手中部位置,残存有一座四边形砖台,外侧包砖,中部夯土填实。

泰州水关遗址目前的残损状态主要有几种:墙体残损、基础残损、券体残损、木桩残损。

6.4.2.1 墙体残损

水关两侧厢壁墙体的整体性相对较好,而摆手有较大范围坍塌,西北部摆手残余部分有明显倾覆迹象,东北部摆手残余部分与东墙、西墙基本不相连。墙体外表出现明显的风化、断裂现象,局部夯土已掏空。东侧厢壁立面有一个非常明显的孔洞,尺寸约为 1.9 m 高、1 m 宽、0.95 m 深,孔洞南侧约 0.5 m 处砖墙有明显鼓胀;西侧厢壁立面也有一个较明显的孔洞,尺寸约为 0.3 m 高、0.4 m 宽、0.5 m 深。表 6.1 为墙体材料的主要残损统计,图 6.25 为遗址厢壁墙体孔洞残损现状。

表 6.1 墙体材料主要残损统计

位置	石材疤痕	石材严重残损(面积比)	砖材疤痕	砖材严重残损(面积比)	木材残损(防撞木桩)	附着物
东厢壁	局部较明显	约 8%	较多	约 42.3%	较多	中部及下部较多
西箱壁	局部较明显	约 10.7%	较多	约 29.1%	较多	下部及上部较多
摆手	较少	不严重	无砖材	无砖材	较少	基本无

图 6.25 遗址厢壁墙体孔洞残损现状

6.4.2.2 基础残损

水关遗址基础做法为木桩（地丁）承托石条（局部下衬木方，尤其是早期摆手），木桩之间为夯土，靠近墙体外表面的木桩之间采用青砖填塞，部分暴露出夯土。根据现场勘察，作为地丁的木桩上部现多有腐朽，木桩周围的空隙导致上部积水下渗，形成冲刷空洞，造成桩土复合地基承载力的下降，对水关遗址结构安全影响极大。图6.26为遗址基础残损现状。

图6.26　遗址基础残损现状

6.4.2.3 券体残损

水关遗址拱券采用砖砌做法，先一层砖卷輂，上设砖缴背一重，再一层砖覆背，上设条砖缴背一重。其做法不同于《营造法式·石作制度·卷輂水窗》，而基本类似于《营造法式解读》中砖拱河渠口的上部做法，但较之复杂，多设一重条砖缴背。目前，拱券大部分损毁，仅残留拱脚局部（图6.27）。

图6.27　遗址券体残损现状

6.4.2.4 木桩残损

水关遗址中发掘出来的木材，包含作为地丁的木桩和墙根处的擗水桩，都有不同程度的腐朽或残损、开裂。发掘之前，地下土壤物理环境相对稳定，地下水位基本稳定在木桩上部，腐朽或残损尚且缓慢，但目前已完全暴露于露天环境中，物理环境变化很大，且由于施工降水引起地下水位下降较多，导致木桩上部暴露在空气中，干湿环境的交替变化更加容易导致木桩上部的腐朽。图6.28为遗址木桩残损现状。

图 6.28　遗址木桩残损现状

6.4.3　结构计算分析

为了更加深入地了解水关遗址隐在的结构安全隐患,采用ANSYS软件对遗址主体结构进行了非线性有限元数值模拟分析,重点分析回填土、浸水、附加堆载等工况组合作用下,主体结构的受力特征和安全性。

6.4.3.1　简化和假定

泰州水关遗址主体结构由砖、石、夯土复合承重,较为复杂,且残损严重,整体性差,假定对孔洞等进行了补砌,将墙体简化为各向同性连续均质材料。几何外观尺寸按现场实际测绘尺寸,内部尺寸按勘查结果,近似按双轴对称考虑,取主体结构整体的1/4建立模型。

6.4.3.2　参数取值

结合检测数据、地勘报告和砌体规范,并按偏保守的原则取值:墙体密度为 2 200 kg/m³,弹性模量为 1 112 MPa,泊松比取 0.2,抗压和抗拉强度分别取 0.8 MPa 和 0.06 MPa;回填土密度为 1 900 kg/m³,弹性模量为 20 MPa,泊松比为 0.35,黏聚力取 10 kPa,内摩擦角取 20 度;原状土密度为 1 900 kg/m³,弹性模量为 40 MPa,泊松比为 0.35。水压力(包括侧压力和浮力)作为面荷载直接加在主体结构上。回填土上的附加堆载取 5 kPa。

6.4.3.3　有限元模型

1)单元划分

采用商用有限元软件 ANSYS(13.0 版本)建立实体模型,并划分单元,有限元网格如图 6.29 所示。单元类型为 SOLID45 单元(回填土和原状土,采用 Drucker - Prager 模型)和 SOLID65 单元(主体结构,采用 William - Warnke 模型,考虑开裂和压溃),单元边长约为 0.5 m,单元数目约为 2.1 万。

2)工况类型

对遗址主体结构在 4 个工况组合作用下的裂缝、变形和应力及地基应力进行了非线性分析,4 个工况如下:

(1)自重＋回填土压力,主要模拟覆土回填。

(2)自重＋回填土压力＋水压力,主要模拟覆土回填后,在最高水位下由于回填土透水性不佳、排水不畅等原因造成的不利工况组合。

（a）整体　　　　（b）主体结构　　　　（c）回填土　　　　（d）原状土

图 6.29　有限元网格（1/4 遗址主体）

（3）自重＋回填土压力＋附加堆载，主要模拟覆土回填后，由于附属建筑荷载、施工临时堆载等造成的不利工况组合。

（4）自重＋回填土压力＋水压力＋附加堆载，考虑（2）、（3）的组合影响。

3）有限元分析结果

根据对泰州水关遗址主体结构在 4 个工况组合下的对比计算分析结果，对地基最不利的工况组合是（自重＋回填土压力＋附加堆载），引起的基底压力略大于地基承载力，其余 3 种工况组合引起的基底压力都小于地基承载力，但富余量均不足。因此，对主体结构进行加固前，应先加固地基，提高地基承载力。

对主体结构最不利的工况组合是（自重＋回填土压力＋水压力＋附加堆载），这种工况组合在摆手端部出现部分裂缝，见图 6.30。裂缝会削弱结构的整体性，降低材料耐久性，带来安全隐患，可能会引起修复后结构局部区段的再次破损。因此，必须控制水位，限制附加堆载。

（a）裂缝（侧面视面）　　　（b）裂缝（三维视面）　　　（c）裂缝（局部视面）

（d）主体S1（Pa）　　（e）主体S3（Pa）　　（f）主体Ux（m）　　（g）基体S3（Pa）

图 6.30　工况组合 4（自重＋回填土压力＋水压力＋附加堆载）分析结果（彩图扫描右侧二维码）

各种工况组合中，主体结构均没有出现压溃区域，主压应力均具有较大的富余量。主体结构的侧移量也较小，具有较高的整体稳定性。

6.4.4 加固修缮设计

6.4.4.1 设计原则

通过分析,对水关遗址采用现状保护的方式,本着"不改变原状",保护文物完整性、真实性、延续性的修缮原则,尽可能多地保存大量真实的历史信息,最低限度地干预文物建筑,避免维修过程中修缮性的破坏,为后人保护、研究文物提供可能与方便。

6.4.4.2 设计内容

根据设计原则,综合考虑残损特征以及计算结果,参考相关文献,对泰州水关遗址提出如下修缮方法:

1) 遗址地基加固方法

水关遗址的木桩上部现多已腐朽,支撑力下降,木桩周围形成空隙导致桩土复合地基承载力下降。且根据计算分析,水关遗址在不利工况作用下基底应力略大于地基承载力。针对以上情况,对遗址地基采取如下加固措施:基础木桩空隙处采用无机材料填充(微膨胀水泥砂浆或水硬性石灰),确保桩土共同工作,对遗址主体四周斜向钻孔灌注水泥浆进行地基加固,注浆孔直径为120 mm,间距1 m,压密注浆孔深为基础底面斜向下3.0 m,如图6.31所示。

图 6.31 地基压密注浆加固施工图

2) 遗址墙身加固方法

对于墙体的较大孔洞,采用与原青砖同样厚度、颜色较深的青砖进行补砌,补砌部分与原有青砖相互咬合,且增加钢筋拉结;对于墙体破碎的青砖、局部剥落部位采用替换、补砌的方式加以整治;对于开裂的石块,采用灌注潮湿环境用的结构胶进行加固;对于墙体开裂缝隙、错位拼缝处采用改性石灰砂浆进行灌缝,改性黏土砂浆进行勾缝。图6.32、图6.33分别为遗址墙身加固做法和现场施工图。

3) 遗址木桩保护方法

为了保护水关遗址的木桩,先对高出地面的木桩部位采用无色透明的传统生漆做防腐涂刷,然后结合整治效果对于整个遗址区域保持高出石板地面0.9 m高的水位,确保所有木桩均在水位以下,避免处于干湿交替环境。为了保证遗址区域常年0.9 m高的水位,在遗址四周增设了水泥搅拌桩的止水帷幕,止水帷幕深入不透水层不小于1 m,以避免遗址区域水体的流失。当水位不够时利用水泵进行补水,水位过高时利用水泵进行抽水。图6.34、图6.35分别为遗址区域的止水帷幕做法现场施工图。

图 6.32　遗址墙身加固做法

图 6.33　遗址墙身压密注浆施工图

图 6.34　遗址止水帷幕做法

图 6.35　遗址止水帷幕施工图

6.5　案例 3：全国重点文物保护单位——金陵大报恩寺古井遗址保护技术

金陵大报恩寺遗址位于南京城南中华门外古长干里，其琉璃塔塔基发现于 2007 年末。2008 年 4 月至 8 月，经国家文物局批准，南京市博物馆对该遗址进行了考古发掘，清理出规模宏大的明代大报恩寺皇家建筑基址。2013 年 5 月，金陵大报恩寺遗址被列为第七批全国重点文物保护单位。根据南京博物馆于 2013 年 4 月 19 日提供的金陵大报恩寺遗址考古发掘图，现场共发掘四口古井。几口古井的内径在 0.9～1.7 m 之间，砖质壁厚 0.1～0.2 m，深度约 12 m。现有古井井壁均为青砖制，砌块之间的粘合剂主要为黄土砂浆，未见石灰。图 6.36 为部分古井的发掘现场图。

图 6.36　古井发掘现场图

根据现场勘查，该四口古井遗址均有不同程度的损伤，但总体形制保存较好，主要存在的问题有：①砖壁青砖之间的黄土砂浆部分流失，且有一定的孔洞空腔；②部分砖壁砌块的边角缺损，且有不同程度的缺损；③井壁上滋生青苔乃至较大的植株。上述病害为古井实际存在的显见病害，较为容易被发现，本书通过对该四口古井的结构性能进行有限元分析，发现其结构存在的隐在病害，为该四口古井的保护技术方案的制定提供科学依据。

6.5.1　结构性能分析

为了深入地了解该四口古井遗址存在的结构安全隐患，采用 ANSYS 软件对古井主体结构进行了非线性有限元数值模拟分析，重点分析古井遗址在模拟真实荷载作用下的结构性能。古井主体结构有一定残损,整体性差,假定对孔洞空腔等进行了修补,将土体和井壁简化为各向同性连续均质材料。几何外观尺寸按现场实际测绘尺寸,内部尺寸按勘查结果,近似按双轴对称考虑,取结构整体的1/4建立模型。土体外侧边界处理方法为周边加侧向约束,底部加竖向约束,对称面加对称约束。表6.2为该四口古井遗址的实际测绘尺寸。

表6.2　古井尺寸

编号	内径(m)	壁厚(m)	深度(m)
8号	0.9	0.1	12
7号	1.2	0.15	12
3号	0.8	0.2	12
6号	1.7	0.2	12

6.5.1.1　参数取值

固定参数:取古井深度外加6 m厚的土层进行分析,其中上层土9 m,土体外径6 m。土体密度为1 900 kg/m³,上层压缩模量6 MPa,弹性模量按压缩模量放大5倍到10倍取值,考虑到碎石夹层,取上限值,这里取60 MPa,泊松比取0.35,黏聚力取40 kPa,内摩擦角取3度;下层压缩模量11 MPa,弹性模量取80 MPa,黏聚力取60 kPa,内摩擦角取4度。井壁密度取2 200 kg/m³,弹性模量为1 112 MPa,泊松比取0.2,抗压和抗拉强度分别取0.8 MPa和0.06 MPa。地面的附加堆载取5 kPa。由于古井水位内外持平,水压平衡,不考虑地下水影响。

6.5.1.2　有限元模型

1) 单元划分

采用商用有限元软件ANSYS(13.0版本)建立实体模型,并划分单元,有限元网格如图6.37所示。典型模型的单元类型为5 820个SOLID45单元(土层,采用Drucker - Prager模型)和120个SOLID65单元(井壁,采用William - Warnke模型,考虑开裂和压溃)。单元边长为0.5~1 m,单元总数约为6 000。

（a）土体　　　　　（b）井壁

图6.37　有限元网格(1/4遗址主体)

2) 工况类型

对该四口古井遗址结构在自重＋土压力＋附加堆载工况组合作用下的裂缝、变形和应力进行了非线性分析。

3）结构现状的有限元分析结果

计算分析表明：

8号古井土体的变形以深度方向的变形为主，侧向变形较小。在自重和土侧压力和附加堆载作用下，土体在洞口底部1～1.2 m范围内出现塑性区，最大等效塑性应变值为0.005 7。由于土体和井壁的变形不协调，井壁顶部0.7 m范围内有局部开裂。

7号古井土体的变形以深度方向的变形为主，侧向变形较小。在自重和土侧压力和附加堆载作用下，土体在洞口底部1～1.2 m范围内出现塑性区，最大等效塑性应变值为0.009 2。由于土体和井壁的变形不协调，井壁顶部0.7 m和井壁底部0.3 m范围内有局部开裂。

3号古井土体的变形以深度方向的变形为主，侧向变形较小。在自重和土侧压力和附加堆载作用下，土体在洞口底部1～1.2 m范围内出现塑性区，最大等效塑性应变值为0.009 3。由于土体和井壁的变形不协调，井壁顶部1 m范围内有局部开裂。

6号古井土体的变形以深度方向的变形为主，侧向变形较小。在自重和土侧压力和附加堆载作用下，土体在洞口底部1～1.2 m范围内出现塑性区，最大等效塑性应变值为0.011 1。由于土体和井壁的变形不协调，井壁顶部0.7 m和井壁底部0.3 m范围内有局部开裂。

图6.38和图6.39分别为8号古井和6号古井的结构现状分析结果。综合以上分析结果，古井外侧土体的变形以深度方向的变形为主，侧向变形较小。在自重、土侧压力和附加

（a）土体变形　　　　　　（b）土体等效塑性应变　　　　（c）井壁裂缝

图6.38　8号古井分析结果

（a）土体变形　　　　　　（b）土体等效塑性应变　　　　（c）井壁裂缝

图6.39　6号古井分析结果

堆载作用下,土体在洞口底部 1～1.2 m 范围内出现局部塑性区。井壁在环向主要受压,拉应力较小,在竖向由于土体和井壁的刚度和变形的不协调,井壁顶部 1 m 和井壁底部 0.5 m 范围内有局部开裂。因此,建议对该四口古井遗址进行加固处理。

6.5.2　保护技术分析

6.5.2.1　保护原则

根据保护规划要求,将对古井遗址采用现状保护的方式,本着"不改变原状",保护文物完整性、真实性、延续性的修缮原则,尽可能多地保存真实的历史信息,最低限度地干预文物本体,为后人保护、研究古井遗址提供可能与方便。

6.5.2.2　保护方案

根据保护原则,综合考虑古井构造特征以及计算分析结果,参考相关文献,对古井遗址提出以下保护方法:分别在井口往下 0.5 m、井底往上 0.5 m 处设置一排水平锚杆,采用 316 不锈钢,每隔 45 度 1 根,直径 20 mm,长度 3 m,如图 6.40 所示。

图 6.40　采用锚杆加固的保护方案

6.5.2.3　保护方案计算分析

计算分析时,分别在井口往下 0.5 m、井底往上 0.5 m 处设置水平锚杆,采用 316 不锈钢,每隔 45 度 1 根,直径 20 mm,长度 3 m。对加固结构模型在自重＋土压力＋附加堆载工况组合作用下的变形和应力进行了非线性分析。

计算结果表明:

8 号古井土体的变形以深度方向的变形为主,侧向变形较小。在自重和土侧压力和附加堆载作用下,土体在洞口底部的最大等效塑性应变值为 0.003 7,明显小于未加固模型的值。井壁未开裂,最大主拉应力为 0.03 MPa。锚杆最大 Mises 应力为 6.52 MPa。

7 号古井土体的变形以深度方向的变形为主,侧向变形较小。在自重和土侧压力和附加堆载作用下,土体在洞口底部的最大等效塑性应变值为 0.007 3,明显小于未加固模型的值。井壁未开裂,最大主拉应力为 0.03 MPa。锚杆最大 Mises 应力为 7.67 MPa。

3 号古井土体的变形以深度方向的变形为主,侧向变形较小。在自重和土侧压力和附加堆载作用下,土体在洞口底部的最大等效塑性应变值为 0.005 1,明显小于未加固模型的值。井壁未开裂,最大主拉应力为 0.01 MPa。锚杆最大 Mises 应力为 22.9 MPa。

6 号古井土体的变形以深度方向的变形为主,侧向变形较小。在自重和土侧压力和附加堆载作用下,土体在洞口底部的最大等效塑性应变值为 0.007 7,明显小于未加固模型的值。井壁未开裂,最大主拉应力为 0.03 MPa。锚杆最大 Mises 应力为 33.9 MPa。

图 6.41 和图 6.42 分别为 8 号古井和 6 号古井在实施保护方案后的分析结果。综合以上分析结果,在井壁的底部和上部各增设一排水平锚杆,可以有效地阻止井壁的开裂,确保井壁的结构安全性和稳定性。

(a) 土体变形　　　　(b) 土体等效塑性应变　　　　(c) 井壁第一主应力　　　　(d) 锚杆Miss应力

图 6.41　8 号古井在实施保护方案后的分析结果

(a) 土体变形　　　　(b) 土体等效塑性应变　　　　(c) 井壁第一主应力　　　　(d) 锚杆Miss应力

图 6.42　6 号古井在实施保护方案后的分析结果

6.5.2.4　参数分析

为了明确各参数对古井结构性能的影响,对主要影响参数进行了计算分析。主要参数有:古井壁厚、古井内径、古井深度。图6.43、图 6.44 和图 6.45 分别为古井壁厚,古井内径、古井深度对井壁最大主拉应力和土体最大等效塑性应变的影响结果。

图 6.43　古井壁厚的影响结果

图 6.44　古井内径的影响结果

图 6.45　古井深度的影响结果

计算分析表明：井壁最大主拉应力和土体最大等效塑性应变随着古井壁厚的增大，先增大后减小；井壁最大主拉应力和土体最大等效塑性应变随着古井内径的增大而增大，几乎呈线性关系；井壁最大主拉应力和土体最大等效塑性应变随着古井深度的增大而增大，几乎呈线性关系。

6.5.3　结语

通过对金陵大报恩寺四口古井遗址结构性能及保护技术研究的介绍，提供类似文物保护设计分析的参考。

（1）在保护设计前，应进行古井遗址在真实环境和荷载作用下的结构性能分析，找出其存在的安全隐患，为保护设计提供科学依据。

（2）未加固的古井遗址在自重＋土压力＋附加堆载的作用下，井壁底部和上部存在开裂区，容易发生井壁开裂。

（3）在井壁的底部和上部各增设一排水平锚杆，可以有效地阻止井壁的开裂，确保井壁的结构安全性和稳定性。

（4）井壁最大主拉应力和土体最大等效塑性应变随着古井壁厚的增大，先增大后减小；井壁最大主拉应力和土体最大等效塑性应变随着古井内径和古井深度的增大而增大，几乎呈线性关系；井壁最大主拉应力和土体最大等效塑性应变随着古井深度的增大而增大，几乎呈线性关系。

7 土遗址的保护技术及案例

7.1 概述

土遗址是以土为主要建筑材料的具有历史、文化和科学价值的古遗址。在人类历史上，几千年来夯土建筑遍布世界各国，一般民居乃至宫殿、寺庙都有夯土结构建筑，这些结构经合理设计、选材施工，具有很好的耐久性，使得夯土建筑保存完好至今，可以说夯土是最广泛使用的建筑技术。中国土遗址包含的历史过程从石器时期绵延至近代，是人类重要的文物资源。土遗址在全国范围内都有分布。截止第六批全国重点文物保护单位，现已公布的国家重点文物保护单位的土遗址共计约为 400 个，分布于全国 30 个省（直辖市、自治区）。从建造技术形式上有土坯、夯土、浇筑土三种方式，每一种方式因所选土质、建筑技术、土结构性能不同而各有其限定范围，在建筑中的作用及优点也各有侧重。古建筑土遗址中，著名的如我国新石器时代的两处人类居住遗址，即西安东南郊的半坡遗址和甘肃安县的大地湾遗址。建筑土遗址主要包括房屋遗址（墙壁残段、椽痕迹、堆积泥块等）、圈栏遗迹、窖穴和窑址等。另外，建筑土遗址中还有重要的一部分是保存在新疆维吾尔自治区、甘肃省及陕西省境内的许多汉唐时期的殿堂遗址。

土遗址的建造方法主要有：生土挖造、粉土夯筑、土坯砌筑、湿土及泥垛筑以及以上几种方法综合建造。所使用的材料一般就地取材。有的地面土体黏性好，就完全用土分层夯筑；有的地面土中含有较多的沙、碎石，黏性差，若完全用土夯筑有困难，因此夯筑时，每层夯土中铺一层灌木枝条或芦苇等柴草加筋，以增强每层的连接力和墙体的整体性。

夯土建筑具有以下优点：①结构性：夯土材料经处理后强度最高可达 4～5 MPa。②热稳定性：夯土材料具有较大的蓄热性，可保证房屋冬暖夏凉。③舒适性：夯土材料具有吸放湿作用，可调节室内湿度。④环境友好性：无虫蚁结露。⑤施工技术灵活性：手工就可以。⑥可再生性：拆除后回收可作为农田肥料或继续使用。

我国的土遗址主要有下列几类。

1) 古城

古城土遗址是生土、夯土、土坯和版筑泥建造的墙体、墙基、窖穴和窑址等。如新疆吐鲁番的交河故城（图 7.1）、高昌古城、河北易县的战国古城、西安的汉长安城、山西平遥夯土古城墙（图 7.2）、南京的六朝建康都城的城墙等遗址。

2) 长城、关隘、烽燧及土塔等

这一类型的土遗址以敦煌西北的汉长城、阳关、玉门关及其附近的烽燧、土塔最具有代表性。玉门关（图 7.3）是以粉质黏土夯筑基础或墙体，其夯筑层非常均匀，每层厚 8～10 cm，夯筑密实。汉长城（图 7.4）是由原地含有较多碎石的沙土夯筑，由于沙土黏性差，在夯筑时采用的工艺是先夯筑一层沙土，再铺一层芨芨草、芦苇或灌木枝条等，起增强土体物理力学强度的作用。烽燧和土塔也是以粉质黏土或沙土夯筑基础和部分墙基，然后以土坯砌建墙体和塔体。

图7.1　交河故城土遗址

图7.2　平遥古城土遗址

图7.3　玉门关土遗址

图7.4　汉长城土遗址

3) 陵墓

宁夏回族自治区东部贺兰山下的西夏王陵最具有代表性。西夏王陵土遗址(图7.5)包括巨大的粉质沙土夯筑的坟土、陵院的墙体、土塔和部分木构件遗迹等,其夯土遗址主要为素黄土夯筑、黄土与砾石混合夯筑体。此外,还有浙江的印山越国王陵(图7.6)等。

图7.5　西夏王陵遗址

图7.6　印山越国王陵遗址

4) 土坑、土穴、土窑、土窖

这一类的土遗址有两个典型代表,一个是陕西西安的秦始皇兵马俑土坑(图7.7)。坑道是在生土层中挖建的,上面是木构建筑,木建筑被烧毁后留下土坑遗址。部分坑壁被火烧后呈土红颜色,坑壁上残留木构件遗迹。另一个土坑遗址是河南省三门峡的虢国墓地车马坑。整个坑长67 m,宽18 m,呈"凸"字形,坑内出土了17辆完整的和一些残缺的战车,战车现以土构外形保存,具有很高的历史价值和科学价值。遗址土质属黄土类粉土,出土后由于干缩作用,遗址表层严重风化开裂,对车马土体外形损坏严重。图7.8为其中的虢仲墓。

图 7.7　秦始皇兵马俑土坑

图 7.8　虢仲墓土坑

5)夯土建筑

夯土建筑在我国有着悠久的历史。著名的有福建客家土楼(图7.9),客家土楼是以夯土作墙而建造起来的集体建筑,有方形、圆形、八角形和椭圆形等形状,这种民居建筑方式体现了客家人聚族而居的民俗特点,2008年,福建客家土楼被列入世界文化遗产。其夯土墙的厚度一般可达1~1.5 m,土内掺少量石灰,并配以不同粒径的砂、石屑、小卵石等,拌合夯筑而成,为防止夯土墙体的开裂,夯土墙内埋有竹片或木条等水平拉结筋。此外,我国西藏地区也有许多的夯土建筑遗产,如昌都地区特有的红土夯筑而成的传统民居(图7.10)。

图 7.9　福建客家土楼

图 7.10　福建客家土楼

7.2　土遗址的常见病害

土遗址所处的环境有两类:一类是露天的,如交河故城、西夏王陵、汉长城、玉门关等;另一类是保存在室内的土遗址,如西安的秦始皇兵马俑车马坑和半坡村遗址、浙江的印山越国王陵遗址等。

露天土遗址的主要病害:

(1)风蚀破坏(图7.11)。露天土遗址的风蚀作用主要指风沙对土遗址表面的吹蚀和磨蚀作用。如交河故城遗址,其长期处于一个地理位置较高的台地上,大风携带台地的沙土、沙粒以及钙结核,年复一年地对遗址造成的风蚀破坏非常严重。版筑墙面上的草泥层被磨蚀殆尽,特别是遗址面向西北的墙面被风蚀得千疮百孔,有的墙面凹凸不平,呈蜂窝状,有的呈鳞片状龟裂剥离,甚至有的墙体局部被风蚀穿透。

(2)雨蚀破坏(图 7.12)。露天土遗址在降雨作用下,土体表层首先遭受溅蚀作用,吸附力锐减。随着降雨的持续,打散的表层细质土颗粒进入土体,堵塞孔隙,引起雨水渗水深度较浅,致使土体表层饱和,从而导致表层土体变成流动土体,土的抗剪强度大幅度降低,松软的表层土体在重力作用下剥落。如交河故城遗址,它是由台地的沙土和版筑泥建造而成。这种沙土在干燥的环境中,虽有较高的强度,但遇雨便立即崩解而流失。因此在墙面形成许多凹凸不平的蜂窝状小块,凸出的小块是耐水性强的钙结核,沙土被水冲刷而凹进。

图 7.11 风蚀破坏

图 7.12 雨蚀破坏

(3)墙体开裂(图 7.13)、坍塌。由于温度热胀冷缩而引起的反复胀缩以及地震、冻融和卸荷等自然因素的影响,使得土遗址产生许多纵横交错的裂隙。在土遗址内,长期经雨水侵蚀,裂隙逐渐延伸,开裂坍塌的残垣断壁随处可见,对遗址的毁坏非常严重。

(4)冲沟破坏(图 7.14)。冲沟是指由于降雨产生的地表水沿汇水地形流动,对土遗址表面造成的侵蚀破坏作用,主要有裂隙型冲沟和径流型冲沟两类。裂隙型冲沟是指降雨在土遗址顶部汇集,沿已有的裂隙不断冲蚀、扩大缝隙,使原有裂隙尺寸增大。径流型冲沟是指由于地表水形成径流后对土遗址表面的侵蚀。如敦煌地区和贺兰山下每年七八月的暴雨使汇集的水面形成水流,这样水流冲刷致使遗址表面形成冲沟,严重毁坏遗址。

图 7.13 开裂破坏

图 7.14 冲沟破坏

(5)夯土墙(台)面片状剥离。干、湿作用下的墙(台)表面上形成片状硬壳附着在墙体上,在风力或其他力作用下墙体呈片状剥离。

(6)风化破坏。土遗址的风化主要指土体中的易溶盐类以溶解形式进入土体水中,通过毛细管水向土体表面迁移,并随其蒸发,在土体表面产生溶解物质的沉淀(结晶)。而当降雨来临时,土体中水分的运动又以重力水的下行为主,在这种作用下,由于毛细管水作用而聚集到土壤表面的易溶盐类将再次溶解并进入土体的深层。如此往返循环,可溶盐通过水的作用在土遗址表面反复溶解、结晶,可溶盐的溶解与结晶伴随着其体积的膨胀与收缩。这种反复的膨胀与收缩过程会导致土遗址结构的不断疏松和剥落。如交河故城墙体的土中含有较多的方解石,方解石是一种耐冻融较差的矿物,经反复冻融后,易产生风化。虽然遗址的土体中可溶盐含量不大,但可溶盐随雨水迁移富积在遗址的墙基处,相对含量却较高。随环境温湿度的频繁变化,可溶盐溶解收缩－结晶膨胀－再收缩－再膨胀,这样反复活动产生的风化在墙基处十分明显。

(7) 生物破坏。生物破坏是指由于生物作用对土遗址造成的破坏,包括植物病害和动物病害。植物病害主要由于植物的发达根系会破坏土遗址结构,促进土体裂隙发育,增加雨水在土遗址中的渗入,从而产生一系列衍生病害。动物病害主要指土遗址中的一些动物巢穴和虫洞等。

(8) 人为破坏。露天土遗址由于规模大,包括范围广,管理困难,参观的游人所造成的破坏也十分严重。

室内土遗址的主要病害:

(1) 风化、酥碱。土遗址中含有可溶盐成分,受环境温湿度变化和地下水的影响,可溶盐反复溶解收缩、结晶膨胀,使土遗址受到严重的风化破坏。

(2) 开裂、块状剥落。土遗址由于环境的改变而受干燥收缩或卸荷等自然因素的影响,产生开裂、块状剥落,使土遗址受到严重破坏。

(3) 严重的污染。如半坡遗址,发掘出土已有40多年,虽然当时修建了保护大厅,但因保护大厅比较简陋;四周有许多高大的窗户,遗址附近有火力发电厂、煤场和棉纺织厂。电厂的粉尘、随风飘来的煤粉以及纺织厂飘来的棉绒等,对土遗址的污染十分严重。

土遗址常用的加固方法有:

(1) 用渗透性好的无腐蚀副作用的化学材料进行渗透加固处理。

(2) 用具有表面憎水作用,又能与土质有效结合的化学材料,对其进行表面憎水处理。

(3) 用锚杆或锚索进行结构承载力和整体性加固。

7.3 案例1:南京市文物保护单位——南京六朝建康都城城墙夯土遗址锚杆加固

南京市六朝建康都城宫城东城墙遗址,位于南京市长江路北侧、东箭道东侧,紧邻总统府。2007年7月,经过一年半的考古勘探,在10 000多 m² 的面积内,先是表层一段锈迹斑斑的铁轨揭开了南京最早的小火车总督站的修理厂遗址,接着又发现了一处明代皇家建筑遗迹,最后在最底层惊喜地发现了六朝建康都城宫城的东城墙遗址。根据对现场土层分析,可以看出下面衍生部分还很长,虽然城墙上段破坏较为严重,但从留下的残根来看,基础夯土遗址部分保存十分完好,对城墙的走向研究具有重要的价值。考古发掘的"六朝建康都城宫城东城墙夯土遗址"长约30 m,宽约8.8 m。由于该段夯土遗址位于正在建设中的南京六朝博物馆内,因此,在六朝博物馆地下室开挖施工前,对该段夯土遗址四周进行了混凝土支护,如图7.15、图7.16所示。但在六朝博物馆地下室施工完毕后,需要拆除该段夯土遗址混凝土支护南侧部分,露出夯土遗址展示面,展示面高度为

4.25 m。为了确保这段遗址展示面的后期结构安全和满足展示要求,故需对其进行锚杆加固处理。

图 7.15 遗址支护现状

城墙遗址支护平面   1-1

图 7.16 遗址支护设计图

7.3.1 锚杆加固理论分析

南京六朝建康都城城墙夯土遗址长约 30 m,宽约 8.8 m。遗址拟展示面长度为 14 m,高度为 4.25 m,计算分析时,考虑夯土遗址及其往下 3.1 m 的范围,夯土遗址土层的分布和土层物理力学特性根据地质勘察报告取值,各土层的材性参数如表 7.1 所示,边坡的稳定安全系数取 1.3。

表 7.1 夯土遗址区的土层参数

土层	分布范围 (m)	密度 (kg/m³)	黏聚力 (kPa)	内摩擦 角(度)	压缩模量 (MPa)
1 层杂填土	2.35	1 700	15.0	10.0	5.0
2-1 层粉质黏土	3.2	1 900	20.3	20.8	7.12
2-2 层粉土夹粉砂	1.8	1 850	25.0	19.9	8.23

分析下列因素对遗址边坡安全系数的影响：

（1）锚杆长度：分别为 1 m、1.5 m、2 m、2.5 m、3 m、3.5 m、4 m。

（2）加固方法：分别为未加固、加锚杆、加锚杆和端板。

（3）锚杆直径：分别为 20 mm、40 mm、60 mm。

（4）锚杆弹性模量：分别为玻璃钢锚杆、不锈钢锚杆的弹模。

（5）边坡坡度：分别为垂直、5∶1、6∶1。

（6）锚杆角度：分别为 0 度、10 度、20 度。

（7）锚杆水平间距：分别为 1.0 m、1.5 m。

（8）土体含水率：分别为 5％、10％、15％、20％、27％。

采用 ANSYS 进行计算分析，采用建立在强度折减法基础上的边坡稳定分析方法，其基本原理是将边坡强度参数黏聚力 c 和内摩擦角 ϕ 同时除以一个折减系数 F_0，得到一组新的 c' 和 φ' 值。然后反复试算，当计算不收敛时，对应的 F_0 就为边坡的最小安全系数，此时边坡达到极限状态，发生剪切破坏，同时可得到临界滑动面。ANSYS 采用的是 Druker‐Prager 屈服准则，要转换为传统的极限平衡法多采用的摩尔‐库仑准则，则需要进行如下转换：

$$\eta = \sqrt{\frac{2\pi}{3\sqrt{3}} \times \frac{3+\sin\phi}{3-\sin\phi}} \tag{7.1}$$

$$F = \frac{F_0}{\eta} \tag{7.2}$$

式中：F_0——ANSYS 计算出的安全系数，而 F 为换算后符合传统理论的安全系数；

η——换算系数，当土层性质固定后，η 为常数。当取土层 2‐1 的参数时，$\eta = 1.24$；当取土层 1 的参数时，$\eta = 1.17$。

1）锚杆长度的影响

首先对锚杆长度对边坡安全系数的影响进行了分析，当锚杆角度均为 0 度，坡度为 6∶1，锚杆直径均为 20 mm，弹模为 1.95×10^{11} Pa 时，变化锚杆长度，分析边坡安全系数 F_0 与锚杆长度的关系，如图 7.17 所示。从图中可以看出，边坡的安全系数 F_0 与锚杆长度呈递增的趋势。其中，存在两个拐点。第一个拐点在 2 m 左右，当锚杆长度小于 2 m 时，随着长度的增加，安全系数缓慢增加，当锚杆长度大于 2 m 时，随着长度的增加，安全系数增速加快。第二个拐点在 3.5 m 左右，当锚杆长度超过 3.5 m 时，长度继续增加，安全系数增速减缓。

2）加固方法的影响

为了增进锚杆加固的效果，在锚杆端部增设 200 mm × 200 mm 的端板。对在锚杆角度为 0、不同锚杆长度下加端板以及无端板锚杆加固这三种情况与边坡安全系数 F_0 的关系进行了对比分析，如图 7.18 所示。从图中可以看出，当边坡坡度为 6∶1 时，未加固时的边坡

图 7.17　锚杆长度‐F_0 的关系

图 7.18　加固方法‐F_0 的关系

安全系数恒为 1.87,经换算为符合传统理论的安全系数小于 1.3,不满足安全要求。在锚杆增设端板以后,除了锚杆长度为 1 m 时之外,其余情况下边坡的安全系数 F_0 与不设端板时相比都有不同程度的提高。其中,存在一个拐点,当锚杆长度超过 3.5 m 时,锚杆长度增加,安全系数的增速减缓。

3)锚杆直径的影响

对锚杆直径对边坡安全系数的影响进行了分析。当边坡坡度为 6:1、锚杆角度为 0、设置端板时,变化锚杆直径。计算结果显示:当锚杆长度为 3.5 m 时,变换锚杆直径,分别为 20 mm、40 mm、60 mm,在这三种情况下计算的 F_0 其结果相差 1% 以内,因此,锚杆直径对 F_0 几乎无影响。

4)锚杆弹性模量的影响

对锚杆弹性模量对边坡安全系数的影响进行了分析。当边坡坡度为 6:1、锚杆角度为 0 度、锚杆长度为 3.5 m、设置端板时,变化锚杆的弹性模量进行分析,计算结果显示:当锚杆为不锈钢锚杆(弹模取 1.95×10^{11} Pa)时的 F_0,和当锚杆为玻璃钢锚杆(弹模取 4×10^{10} Pa)时的 F_0,两者计算结果相差 2% 以内,因此,锚杆的弹性模量对 F_0 的影响也很小。

5)锚杆角度的影响

变换锚杆角度,分别为 0 度、10 度、20 度,分析其对边坡安全系数 F_0 的影响。图 7.19 为锚杆角度对有、无端板时的 2.5 m、3.5 m 长锚杆加固的边坡 F_0 的影响。可见锚杆角度的影响比较复杂,若只考虑锚杆锚固长度充分的情况,即锚杆长度超过原主滑动面的情况时,锚杆角度为 0 度相对有利。

6)坡度的影响

对边坡坡度与边坡安全系数的关系进行了分析。对于用锚杆加固的边坡,比较了不同坡度(5:1 和 6:1)、不同锚杆长度(从 1 m 到 4 m)、有无端板等因素对 F_0 的影响,结果如图 7.20 所示。从图中可见,5:1 和 6:1 这两个边坡坡度的 F_0 结果差别很小,5:1 的坡度比 6:1 的坡度稍好。根据计算分析,对于垂直边坡,即使采用锚杆加端板的方式加固,其换算后符合传统理论的安全系数仍不满足要求,而坡度 6:1 和 5:1 的边坡均可满足安全要求,如图 7.20～图 7.22 所示。

图 7.19　锚杆角度-F_0 的关系

图 7.20　边坡坡度-F_0 的影响

7)锚杆水平间距的影响

当采用二维平面应变单元分析时,假定沿着纵向塑性应变的分布是均匀的,但对于三维单元模型,由于不是理想平面应变、锚杆引起的沿纵向的塑性应变的分布不均匀等因素

（a）土体等效塑料应变　　　　　　　（b）锚杆Mises应力

图 7.21　锚杆加固垂直边坡（$F_0 = 1.77$）

（a）土体等效塑料应变　　　　　　　（b）锚杆Mises应力

图 7.22　锚杆加固 6∶1 边坡（$F_0 = 2.68$）

会引入误差，使得边坡安全系数计算值偏小，因此需要对平面应变单元模型的边坡安全系数计算值进行修正，才能得出较为符合实际情况的三维单元模型的边坡安全系数。本书对锚杆长 3.5 m、角度 0 度、直径 20 mm、坡度 6∶1、高 4.25 m 时的边坡在锚杆水平间距分别为 1.0 m 和 1.5 m 时的边坡安全系数进行了分析。

当采用二维平面应变单元模型分析时，根据图 7.22 可知，F_0 为 2.68。当采用三维单元模型分析，锚杆水平间距 1 m 时，F_0 为 2.38，见图 7.23 所示，故修正系数为

$$k_1 = \frac{2.38}{2.68} = 0.89$$

锚杆水平间距 1.5 m 时，F_0 为 2.23，见图 7.24 所示，故修正系数为

$$k_2 = \frac{2.23}{2.68} = 0.83$$

8）含水率的影响

对土体含水率与边坡安全系数的关系进行了分析。参考相关文献中提及的土体黏聚力、内摩擦角与含水率之间的关系。当锚杆长度 4 m、直径 20 mm、角度为 0、有端板、坡度 5∶1、高度 4.25 m 时，改变土体含水率，使得黏聚力和内摩擦角发生相应的改变，可得土体含水率对边坡安全系数的影响结果如图 7.25 所示。从图中可以看出，当含水量在 10%～15% 区间时，边坡安全系数最大。

（a）外表显示　　　　　　　　　　　　（b）锚杆位置切片显示

图 7.23　锚杆水平间距 1 m 时的土体等效塑性应变（$F_0 = 2.38$）

（a）外表显示　　　　　　　　　　　　（b）锚杆位置切片显示

图 7.24　锚杆水平间距 1.5 m 时的土体等效塑性应变（$F_0 = 2.23$）

图 7.25　土体含水率-F_0 的关系

通过上述的参数分析，可以得出如下结论：

（1）采用锚杆加固可显著提高边坡的安全系数，锚杆长度越大，加固效果越好，但超过 3.5 m 后增速减缓；锚杆端部增设端板可在一定程度上提高加固效果。

（2）锚杆的直径和弹性模量变化对加固效果影响很小，但综合考虑耐久性和施工可操作性等因素，锚杆直径应不小于 20 mm。

（3）5∶1 和 6∶1 这两个边坡坡度的安全系数结果差别很小，5∶1 的坡度比 6∶1 的坡度稍有利。

（4）锚杆角度的影响较复杂，若取锚杆长度大于 3.5 m 时，则锚杆角度为 0 度相对有利。

（5）当土体含水率在 10%～15% 区间时，边坡的安全系数最大。

7.3.2 锚杆加固试验研究

考虑到夯土城墙遗址具有较高的文物价值,在采用新技术和新工艺对其进行保护时,要遵循先试验再使用的原则。因此,专门对锚杆和灌浆粘结材料进行了试验研究。由于工程常用的土钉锚杆主要采用普通钢筋和水泥砂浆。这种材料不宜直接用于文物本体的加固中,因此,本次试验的主要目的是研究适合该夯土城墙遗址加固的锚杆和粘结材料,且根据理论计算结果,锚杆的最大抗拉承载力不小于 50 kN,因此,锚杆的试验抗拉承载力不应小于 50 kN。

选取的试验场地与该夯土遗址土层分布、土体性质较为接近。为了确保后期使用过程中锚杆的结构安全和耐久性,试验选用20 mm直径的不锈钢棒,为了增加锚杆的抗拉能力,在底部焊接了 50 mm 直径的不锈钢圆板。参考相关文献,本次选用改性泥浆作为灌浆粘结材料,改性泥浆由黄泥、水泥、901 胶组成,适宜配比通过试验确定,本次试验共设计了四种配比进行比对:

(1) 黄泥:水泥=80:20,加 5% 的 901 胶;

(2) 黄泥:水泥=70:30,加 5% 的 901 胶;

(3) 黄泥:水泥=60:40,加 5% 的 901 胶;

(4) 黄泥:水泥=50:50,加 5% 的 901 胶。

水灰比控制在 0.5 左右,确保可灌性。现场试验如图 7.26、图 7.27 所示。

图 7.26　1♯锚杆(配比 1)

图 7.27　锚杆拉拔试验

现场养护 5 天后进行拉拔试验,结果如下:

1 号锚杆(配比 1):试验极限抗拉承载力为 40 kN,破坏形态为灌浆体与土体之间的粘结滑移破坏。

2 号锚杆(配比 2):试验极限抗拉承载力为 40 kN,破坏形态为灌浆体与土体之间的粘结滑移破坏。

3 号锚杆(配比 3):试验极限抗拉承载力为 50 kN,破坏形态为锚杆与灌浆体之间的粘结滑移破坏。

4 号锚杆(配比 4):试验极限抗拉承载力为 70 kN,破坏形态为锚杆与灌浆体之间的粘结滑移破坏。

根据试验结果,3 号锚杆和 4 号锚杆的试验承载力能满足理论计算结果。此外,对四种配比改性泥浆试块的材性进行了试验研究,得出了四种配比改性泥浆试块的抗压强度,见表 7.2 所示。

表 7.2　四种改性泥浆试块抗压强度

编号	比例（%）	抗压强度（MPa）	备注
	黄泥∶水泥		
配比 1	80∶20	0.13	
配比 2	70∶30	0.43	
配比 3	60∶40	0.76	
配比 4	50∶50	1.52	

根据试验结果，锚杆建议采用 20 mm 直径的不锈钢棒，底部焊接 50 mm 直径的不锈钢圆板，厚度 8 mm；锚杆长度不小于 3.5 m。灌浆材料建议采用配比 4 的改性黄泥，配比为：黄泥∶水泥 = 50∶50，水灰比 0.5，加 5% 的 901 胶。

7.3.3　锚杆加固设计方案

综合考虑理论计算和试验研究结果，对该段夯土遗址展示面的加固拟采用不锈钢锚杆和改性泥浆灌浆的方法进行。该夯土遗址的锚杆加固设计方案如图 7.28 所示。锚杆采用 20 mm 直径的不锈钢棒，底部焊接 50 mm 直径的不锈钢圆板，厚度 8 mm；上两排锚杆长度不小于 4.0 m，下两排锚杆长度不小于 3.5 m。不锈钢材质采用 316，不锈钢锚杆端部 1.5 m

（a）锚杆加固平面图　　　　　　（b）锚杆加固剖面图

（c）锚杆加固立面图

图 7.28　夯土遗址的锚杆加固设计方案

范围车出螺纹。灌浆材料建议采用配比 4 的改性泥浆,配比为:黄泥：水泥 ＝ 50：50,水灰比 0.5,加 5％的 901 胶。为了增进锚杆加固的效果,端板之间增设拉接筋,拉接筋为 10 mm 直径的不锈钢棒,不锈钢材质采用 316。拉接筋与锚杆端板焊接。

施工时,应水平略向下倾斜进行钻孔,上两排钻孔深度不小于 4.0 m,下两排钻孔深度不小于 3.5 m,孔径不小于 70 mm,采用干钻方式。插入带底板的不锈钢锚杆后,孔内低压灌注改性泥浆进行锚固,端部不锈钢板与锚杆进行焊接或螺栓连接,灌浆压力不大于 0.2 MPa。将不锈钢端板和拉接筋埋入展示面层 10 cm,表层用增强后的原土进行覆盖隐蔽。

7.4 案例 2:全国重点文物保护单位——金陵大报恩寺地宫土遗址保护技术

金陵大报恩寺遗址位于南京城南中华门外古长干里,其琉璃塔塔基发现于 2007 年末。2008 年 4 月至 8 月,经国家文物局批准,南京市博物馆对该遗址进行了考古发掘,清理出规模宏大的明代大报恩寺皇家建筑基址,并在明代大报恩寺遗址中发现了建于北宋时期的地宫。地宫位于大报恩寺遗址内最著名的单体建筑琉璃塔塔底,根据塔基与地宫的建造方法、埋藏情况,以及出土器物的铭文、时代特征,可以明确该塔基与地宫始建年代为北宋大中祥符四年(1011 年),原为长干寺真身塔的塔基与地宫。地宫深达 6.75 m,是迄今为止国内发现的最深的佛塔地宫,地宫内发现国内现今最大的宋代铁函,于铁函内出土了七宝阿育王塔等珍贵文物。七宝阿育王塔是迄今世界发现体形最大、制作最精、工艺最复杂、等级最高的阿育王塔,并在塔内发现佛祖顶骨舍利等佛教圣物,这是继陕西法门寺地宫、杭州雷峰塔地宫考古后又一次重要发现,该遗址于 2010 年当选"全国十大考古发现"。地宫内部以一层土、一层石的方式逐层夯筑,共计四十层,如图 7.29 所示。发掘证实,该地宫未经后期扰动。图 7.30 为地宫发掘时的现场照片。考古发掘完成后,地宫遗址发生了不同程度的坍塌、井壁表层土体粉化剥落、顶部土体开裂等,直接威胁到地宫遗址的结构安全。为防止地宫大规模坍塌,采取了在井内设置钢圈网结构围护与整体脚手架支顶的临时支护措施。目前,覆盖地宫遗址的报恩寺新塔主体结构已基本完成,新塔基础采用钻孔灌注桩形式,且距离地宫遗址较远,未对地宫遗址产生任何不利影响。因此,为了更好地保护和展示地宫遗址,迫切需要研究适合永久保护地宫遗址结构安全的技术措施。

图 7.29 地宫内部结构图
(据南京博物馆祁海宁)

图 7.30 地宫发掘现场

7.4.1 结构性能分析

为了深入地了解该地宫遗址存在的结构安全隐患,采用ANSYS软件对遗址主体结构进行了非线性有限元数值模拟分析,重点分析地宫遗址在不同工况作用下的结构性能。该地宫遗址土体现状有不同程度的开裂,假定对裂缝等进行了修补,将地宫土体简化为各向同性连续均质材料。几何尺寸按现场实际测绘尺寸取值,土体分布按地质勘察结果取值,近似按双轴对称考虑,取主体结构整体的1/4建立模型进行分析。土体外侧边界处理方法为周边加侧向约束,底部加竖向约束,对称面加对称约束。

7.4.1.1 参数取值

固定参数:取12 m厚的土层进行分析,其中上层土9 m,下层土厚3 m,洞口直径2 m,土体外径6 m。土体密度为1 900 kg/m³,上层压缩模量6 MPa,弹性模量按压缩模量放大5倍到10倍取值,考虑到碎石夹层,取上限值,这里取60 MPa,泊松比取0.35,黏聚力取40 kPa,内摩擦角取3度;下层压缩模量11 MPa,弹性模量取80 MPa,黏聚力取60 kPa,内摩擦角取4度。地下水位在地面下1.1 m左右,这里偏保守取与洞口平齐,水压力(包括侧压力和浮力)作为面荷载直接加在主体结构上。地面的附加堆载取5 kPa。

待定参数:需要根据对比分析和参数分析确定的值。①护壁材料可选树脂基、水泥基、金属。树脂基、水泥基及金属材料的弹性模量分别取2 GPa、30 GPa和200 GPa。②锚杆材料可选玻璃钢、金属。玻璃钢、金属的弹性模量分别取40 GPa、200 GPa。直径一般为16~25 mm,长度一般为1~5 m。锚杆的间距也待定。

7.4.1.2 有限元模型

1)单元划分

采用商用有限元软件ANSYS(13.0版本)建立实体模型,并划分单元,有限元网格如图7.31所示。典型模型的单元类型为6 375个SOLID45单元(土层,采用Drucker - Prager模型)和195个SHELL单元(护壁材料,线弹性)和480个BEAM188单元,单元边长约为0.5 m,单元总数约为7 000。

（a）土体　　　　（b）护壁　　　　（c）环向锚杆　　　　（d）竖向锚杆

图7.31　有限元网格(1/4遗址主体)(彩图见章后二维码)

2)工况类型

对该地宫遗址主体结构在2个工况组合作用下的裂缝、变形和应力进行了非线性分析,2个工况分别如下:①自重+土压力组合工况,模拟现状荷载;②自重+土压力+附加堆载组合工况,主要由于附属建筑荷载、施工临时堆载、人群荷载等造成的不利工况组合。

3）有限元分析结果

计算分析表明：地宫遗址在工况组合1作用下，土体的变形以深度方向的变形为主，侧向变形较小，如图7.32（a）所示。在自重和土侧压力作用下，土体在洞口底部侧壁1~1.2 m范围内出现塑性区，如图7.32（b）所示，最大等效塑性应变值为0.0012。而地宫遗址在工况组合2作用下，土体的变形仍以深度方向的变形为主，侧向变形较小，如图7.33（a）所示。在自重和土侧压力作用下，土体在洞口底部侧壁1~1.2 m范围内也出现塑性区，如图7.33（b）所示，最大等效塑性应变值为0.0015，较工况组合1增加了25%。

综合以上分析结果，未加固土体在现有两种荷载组合作用下均存在塑性区，洞侧壁底部容易发生局部坍塌，若地面有附加堆载，会增大其隐患。因此，必须进行加固处理。

（a）土体变形　　　　　　　　　　　　　（b）土体等效塑性应变

图7.32　工况组合1下的分析结果（彩图见章后二维码）

（a）土体变形　　　　　　　　　　　　　（b）土体等效塑性应变

图7.33　工况组合2下的分析结果（彩图见章后二维码）

7.4.2　保护技术分析

7.4.2.1　保护原则

根据保护规划要求，将对地宫遗址采用现状保护的方式，本着"不改变原状"，保护文物完整性、真实性、延续性的修缮原则，尽可能多地保存真实的历史信息，最低限度地干预文物本体，为后人保护、研究地宫遗址提供可能与方便。

7.4.2.2　保护技术比较

根据保护原则,综合考虑地宫构造特征以及计算分析结果,参考相关文献,对地宫遗址提出下面两种保护方法进行比较研究。

1)仅用护壁进行保护

采用护壁抵抗土压力、水压力和附加堆载,水浮力由护壁内的配重抵抗,如图 7.34 所示。

图 7.34　仅用护壁的保护方案

为了确定护壁材料,首先对不同护壁材料进行对比分析,模型 A 的护壁材料为树脂基,模型 B 的护壁材料为水泥基,模型 C 的护壁材料为不锈钢。对三个模型在以下 4 个工况组合作用下的变形和应力及应变进行了非线性分析:

(1)自重＋土压力,模拟现状荷载。

(2)自重＋土压力＋水压力,主要模拟在最大水位下由于水侧压力等原因造成的不利工况组合。

(3)自重＋土压力＋附加堆载,主要由于附属建筑荷载、施工临时堆载、人群荷载等造成的不利工况组合。

(4)自重＋土压力＋水压力＋附加堆载,综合考虑(2)、(3)的组合影响。

图 7.35～图 7.37 分别为模型 A、模型 B 和模型 C 在工况组合 4 作用下的分析结果。

计算分析表明:

(1)增设护壁层之后,土体的塑性区从洞口底部侧壁转移到洞口底部,且塑性区和等效塑性应变的值都有所减小。

(2)模型 B(水泥基护壁)和模型 C(不锈钢护壁),其弹性模量相对于模型 A(树脂基护壁)大,因此变形相对较小,但其变化不显著。

（a）土体变形　　　　（b）土体应力　　　　（c）土体等效塑性应变　　　（d）护壁层应力

图 7.35　模型 A 在工况组合 4 作用下的分析结果（彩图扫描章后二维码）

（a）土体变形　　　　（b）土体应力　　　　（c）土体等效塑性应变　　　（d）护壁层应力

图 7.36　模型 B 在工况组合 4 作用下的分析结果（彩图扫描章后二维码）

（a）土体变形　　　　（b）土体应力　　　　（c）土体等效塑性应变　　　（d）护壁层应力

图 7.37　模型 C 在工况组合 4 作用下的分析结果（彩图扫描章后二维码）

（3）模型 B 和模型 C 相对于模型 A，其土体的应力较小，塑性区的范围缩小，等效塑性应变数值变小。其效果较明显，例如在工况 1 作用下的等效塑性应变降低了 11%。

（4）对于护壁本身而言，由于树脂基护壁弹性模量较低，其等效应力也相对较小，例如模型 A 的等效应力相对于模型 B 在工况 4 作用时要小 84%。而且，树脂基材料的拉压强度差异不明显，而水泥基材料抗拉强度低。

综合以上分析结果，建议护壁材料的优先级为：不锈钢＞树脂基＞水泥基。优先采用强度高、弹性模量高的不锈钢护壁。其次可考虑弹性模量较低的树脂基护壁材料，如果要采用弹性模量较高但易开裂的水泥基护壁材料，应进行改性，使之有足够高的抗拉强度，否则，容易因开裂漏水而产生隐患。但无论哪种护壁材料，如果仅仅增设护壁层，则无法消除土体的塑性区，因此必须联合采取其他加固措施，如增设锚杆。

2）采用护壁＋锚杆进行保护

采用护壁＋水平锚杆抵抗土压力、水压力和附加堆载，水浮力则由竖向锚杆抵抗，如图7.38 所示。

计算分析时，水平和竖向锚杆的弹性模量均为 200 GPa。水平锚杆直径 2 cm，长 2 m，竖向每隔 1 m 1 排，共 6 排，环向每隔 18 度 1 排；竖向锚杆直径 2.5 cm，长 2.5 m，外圈每隔 18 度 1 根，共 6 根，中部 3 根，圆心 1 根。对模型 A（树脂基护壁＋锚杆）、模型 B（水泥基护壁＋锚杆）和模型 C（不锈钢护壁＋锚杆）在 4 个工况组合作用下的变形和应力及应变进行了非线性分析。图 7.39～图 7.41 分别为模型 A、模型 B 和模型 C 在工况组合 4 作用下的分析结果。

图 7.38　采用护壁和锚杆的保护方案

（a）土体变形　　　（b）土体等效塑性应变　　　（c）护壁层应力　　　（d）锚杆应力

图 7.39　护壁 A 在工况组合 4 作用下的分析结果（彩图扫描章后二维码）

（a）土体变形　　　（b）土体等效塑性应变　　　（c）护壁层应力　　　（d）锚杆应力

图 7.40　护壁 B 在工况组合 4 作用下的分析结果（彩图扫描章后二维码）

计算结果表明：

（1）增设锚杆之后，洞口附近土体未出现塑性区，塑性区转移到竖向锚杆根部，且塑性区和等效塑性应变的值都有明显减小。

（2）竖向锚杆的等效应力比水平锚杆的大，其作用也相对较大。四种工况下锚杆的等效应力均小于一般钢锚杆的强度。

（3）护壁弹性模量增大、厚度增加之后，对土体的应力和自身应力都有显著影响。

综合以上分析结果，护壁材料要有足够的弹性模量和厚度，并应增设水平锚杆和竖向锚杆。

（a）土体变形　　　（b）土体等效塑性应变　　　（c）护壁层应力　　　（d）锚杆应力

图 7.41　护壁 C 在工况组合 4 作用下的分析结果（彩图扫描章后二维码）

3）参数分析

为了明确各参数对加固效果的影响，对护壁和锚杆的主要参数进行了计算分析。主要参数有：护壁层弹性模量和厚度、竖向锚杆直径和长度、水平锚杆直径和长度。因为锚杆强度一般较高，因此主要关注容易破坏的土体和护壁的应力应变。图 7.42 和图 7.43 分别为护壁材料弹性模量和护壁层厚度的影响结果。

（a）护壁材料弹模对土体最大塑性应变的影响　　　（b）护壁材料弹模对护壁层等效应力的影响

图 7.42　护壁材料弹性模量的影响结果

（a）护壁层厚度对土体最大塑性应变的影响　　　（b）护壁层厚度对护壁层等效应力的影响

图 7.43　护壁层厚度的影响结果

计算分析表明：护壁材料的弹性模量和厚度对土体最大塑性应变的影响很显著；竖向锚杆对洞底土体塑性区的影响较为明显，不同的直径和长度会引起塑性区范围和位置的变化；水平锚杆对降低应力和变形的贡献较小，主要起到加强土体的整体性、稳定性和增加安全储备的作用。因此，加固的优先级为：设置护壁层＞洞底设置竖向锚杆＞洞侧壁设置水平锚杆。

7.4.2.3 保护建议

根据保护原则,结合计算分析,建议对大报恩寺地宫遗址保护采取不锈钢护壁＋锚杆的方法进行。若采用 316 不锈钢护壁,其筒壁厚度应大于 8 mm,筒底厚度应大于 10 mm。不锈钢锚杆直径不小于 20 mm,建议直径大于 35 mm;长度应大于 3 m;竖向锚杆设置方式:外圈和中圈每隔 45 度 1 根,圆心 1 根,共 17 根。水平锚杆设置方式:竖向间距 1.2～2 m,环向每隔 45 度 1 根。

7.4.3 结论

金陵大报恩寺地宫遗址在发掘之前内外均有土层,因此地宫结构是一个平衡和安全的状态,但在发掘之后,其平衡状态被打破,结构存在安全问题。为确保其日后的安全,必须对其采取保护措施。笔者希望通过对该地宫遗址结构性能及保护技术研究的介绍,提供类似文物保护设计分析的参考。

(1) 在保护设计前,应进行遗址在不同工况作用下的结构性能分析,找出其存在的安全隐患,为保护设计提供科学依据。

(2) 未加固的地宫遗址无法承受水压,在自重和土压力作用下洞底部侧壁存在塑性区,容易发生局部坍塌;若地面有附加堆载,会增大其隐患。因此,必须进行加固处理。

(3) 水压力对土体和护壁层都产生较大的应力,因此应做好防水和排水系统;若荷载非均匀对称,附加堆载也可能产生隐患,因此应避免荷载直接传到主体结构上,避免严重的局部不均匀荷载,在施工和使用过程中应严格控制不对称荷载。

(4) 护壁材料的弹性模量和厚度对土体最大塑性应变的影响很显著;竖向锚杆对洞底土体塑性区的影响较为明显;水平锚杆主要起到加强土体的整体性、稳定性和增加安全储备的作用。因此,地宫遗址加固的优先级:设置护壁层＞洞底设置竖向锚杆＞洞侧壁设置水平锚杆。

彩图 7.31　　　　　　彩图 7.32　　　　　　彩图 7.33

彩图 7.35　　　　　　彩图 7.36　　　　　　彩图 7.37

彩图 7.39　　　　　　彩图 7.40　　　　　　彩图 7.41

8 砖石古塔的保护技术及案例

8.1 概述

古塔是与牌坊、歇山殿齐名的中国代表性古建筑,是我国古代人民智慧和汗水的结晶,它记录了我国古代的历史文化和营造工艺。在古代,塔常常高高突出于其他建筑,而且造型及塔身装饰精美,所以古塔在民间素有"宝塔"的美誉。我国是世界文明古国,历史悠久,存世的古建筑很多。我国现存的古塔主要有木构和砖构两类,但是由于木结构很容易受到自然环境和人为破坏影响而不易长时间保存,因此现存古塔大部分都为不易破坏的砖石结构,只有少数木构古塔或者只将木构用于塔身的装饰。据不完全统计,现存的砖石古塔数量为3 000~3 800座。现存的砖塔数量众多并且形式多样,给我们留下了跨越十几个朝代的珍贵历史财富。这些砖塔的主要代表结构形式有楼阁式塔、密檐式塔、喇嘛塔等。

砖石古塔的结构形式有实心、空心、双筒式,还有中间为立柱的单筒式。按内部构造的不同分为以下几种:①空筒式结构;②壁内折上式结构;③壁边折上式结构;④穿壁式结构与穿心绕平座式结构;⑤错角式结构;⑥回廊式结构;⑦穿心式结构;⑧实心结构;⑨扶壁攀登式结构;⑩螺旋式结构;⑪混合式结构。图8.1和图8.2分别为砖石古塔的代表苏州虎丘塔和西安大雁塔。

图 8.1 虎丘塔　　　　　　　　　　图 8.2 大雁塔

8.2 砖石古塔的常见病害

8.2.1 砖石古塔的倾斜和纠偏加固

砖石古塔的基础形式一般比较简单,这是由于古代建筑设备和技术条件的限制。除少数古塔采用木桩基础外,多数古塔的基础采用石板砌筑或砖块砌筑的基础形式,尺寸一般比塔身平面稍大一点,而形状与塔身平面形状基本一致。基座材料有方砖、毛石、砖皮土芯等。砖石古塔一般在建造时很少对塔下地基进行加固处理,因此,许多砖石古塔的地基存在软土厚薄不均的情况,容易造成塔体的偏心和倾斜。此外,由于砖石古塔的长细比较大,材料密度很大导致塔体的偏心弯矩较大,容易导致倾斜方向的地基受力增大,从而加速塔体进一步倾斜,形成恶性循环,所以,砖石古塔倾斜的纠偏加固是保护古塔的十分重要的环节。从目前所搜集到的资料来看,国内的许多砖石古塔均存在不同程度的倾斜问题,如表 8.1 所示。

表 8.1　国内部分砖石古塔的倾斜情况(纠偏前)

塔名	倾斜方向	倾斜角度/倾斜量	塔名	倾斜方向	倾斜角度/倾斜量
大秦寺塔	东北	3°15′8″	定林寺塔	西北	7°30′
八云塔	东北	1°36′25″	净光寺塔	东北	4°20′
耀县塔	西南	1°24′27″	虎丘塔	西北	3°59′
兴平北塔	东北	0°16′37″	绥中塔		12°
大象寺塔	东北	3°36′48″	护珠塔		7°
报本寺塔	东北	4°35′48″	玉泉塔		1.5°
圣寿寺塔	东北	0°19′32″	海盐镇海塔		1.25°
万佛寺塔	东北	2°42′48″	万寿塔	西北	1.17 m
兴福寺塔	东北	1.325 m	延安宝塔	西北	0.3 m
兰州白塔	西北	8 mm	奎光塔	东北	1°29′19″
文峰塔	东北	1.7 m	元魁塔		68 cm
玉煌塔	西南	3°	李塔		1°00′36″
天马山塔	东南	7°	慧光塔		1.1 m
瑞州古塔	东北	1.7 m	温州西塔	东南	7°

　　古塔的纠偏加固技术的难度和风险性远远高于正常的地基基础施工技术,是一个世界性难题。例如,意大利比萨斜塔的纠偏工程历时 17 年,共耗资 4 000 万美元才宣告完成。我国工程人员主要在以下几个方面对古塔纠偏加固技术进行了研究:周围环境状况的研究、古塔现状测绘、塔体材料性能试验、古塔结构可靠性诊断的方法研究、纠偏技术、维修加固等。目前,国内外技术人员对古塔纠偏加固技术的研究主要是针对实际工程来进行的,采用的技术也是各种各样,大多数工程都取得良好的纠偏效果。

　　凌均安在文献中介绍了兰州白塔的纠偏加固情况。为了较好地纠偏塔体,甘肃文物管理部门采取了先进的观测手段和严密的保护措施,并且针对白塔倾斜和塔体损坏严重的情况,通过结构加强、基础托换和掏土-加压的组合纠偏法来完成纠偏工作。在稳定基础方面,采用结构围箍加固、钢筏托换基础、掏土-加压纠偏和压力灌浆的方式。陈平等在对陕西眉县静光寺塔纠偏时,考虑塔体自身状况,决定采用"成孔-软化"的技术方案。其基本思路是:先在塔南侧基础下面钻排孔,通过排孔注水来使孔间土软化,这样塔的南侧就会下沉,从而塔整体回倾。纠偏后,塔身回倾达 70%。丘秉达对广州六榕塔进行了纠偏加固,对塔身墙体的维修采用了新工艺、新材料,其中超厚墙体通过灌浆加固,外部墙体利用碳纤维加固,这样保持了六榕塔原有外貌,同时彻底改变六榕塔的受力状况,从而排除结构安全隐患。这种加固修复方式符合了古建筑"修旧复旧"的文物维修原则。1981年至1986年期间,中国工程界采用"围、灌、盖、调、换"的加固技术,对苏州虎丘塔进行了全面的纠偏加固,以强化地基为主、塔体纠偏为辅,基本控制了塔基沉降,稳定了塔身倾斜。虎丘塔倾斜纠偏加固的成功实施为我国的古塔保护加固提供了成功的案例,对我国古今建筑的加固修缮具有十分重要的参考价值,也为人类文化遗产的保护提供了很好的借鉴。1990年,意大利政府成立了拯救比萨斜塔国际委员会,1992年初,国际委员会决意在沉降较小的北侧采用分期分批地进行增加铅锭堆载促沉法进行纠偏,使得比萨斜塔800年来第一次开始回倾。之后在塔北侧地基下钻孔取土并严密监视斜塔动向。至2007年6月27日宣告完工,斜塔已回复到1838年的倾斜角度。

对倾斜古塔修复加固主要分为以下几个步骤:工程实施前周密调查研究,分析判断倾斜原因,提出纠偏可行性方案。由国内大多数古塔的倾斜现状来看,其倾斜原因主要有以下几个方面:

(1)地基的不均匀沉降:由于古代匠师缺乏处理地基的知识,古塔常建造于软弱地基之上而且没有详细地质勘察资料,许多古塔常常未设基础或基础埋深很浅。所以,很多古塔的地基土层由于在各方向土层厚度分布不均原因导致地基土体的压缩性有较大差异。古塔建造在饱和黏土层、淤泥或淤泥质土等欠固结土层的软弱地基上,存在暗沟、墙基驳岸等软硬异常区,这些因素均会造成古塔的不均匀沉降。

(2)地基承载能力的不足:古代匠人在设计建造古塔时,往往更多地去考虑塔体的造型和美观效果,限于当时条件而缺乏对古塔的结构受力和地基基础受力的分析。而我国大多数砖石古塔的重量大且基础面积小,导致很多古塔的基础出现承载能力问题。古塔基底土层由于过大受力产生塑性区;膨胀土和湿陷性黄土、冻土等特殊土类在相应的不利条件下产生较大的沉降变形;岩溶、土洞、潜蚀、塌陷、振动液化的影响;地基土受污染侵蚀丧失强度和承载力等都会引起古塔的倾斜。

(3)地下水位的差异变化:多数古塔基础下水文地质条件复杂,因受地貌、地质、构造及岩性等因素的制约,地下水的贮存条件差异较大,而地下水作为岩土体的组成部分,直接影响岩土体的性能和行为。同时地下水的储存状态与渗流特性对古塔基础变形、承载能力、稳定性与耐久性都起着不可忽视的作用。塔基各方向的地基土含水量的差异变化,使古塔地基土压缩产生不等的沉降量,从而造成古塔的倾斜。

(4)边坡松弛及滑坡蠕动:我国是一个多山的国家,滑坡在我国是一种常见的山区地质灾害。不良的工程地质条件及岩体结构条件是影响边坡稳定性和促成边坡滑动的主要原因。影响边坡稳定的因素有很多,如人为的切坡脚开挖、大量降雨、边坡的地下开挖以及大爆破等。绝大多数滑坡都是由于降雨/水作用引起的,边坡岩/土体的不良水理性质是影响边坡稳定性的最重要的地质因素之一。我国砖石古塔大多依山而建,地形坡度较陡,遭遇地质灾害因素是有可能产生古塔倾斜或顺坡滑动的现象。

(5)偏心受压导致恶性循环:古塔长细比大、偏心弯矩大,对地基十分敏感,因而,古塔下部地基条件的不良很容易导致古塔产生不同程度的倾斜,古塔一旦倾斜后,倾斜方向的地基受力和压缩变形会增大,会进一步加速塔体倾斜,形成恶性循环。

(6)地震影响:我国是多地震国家,许多砖石古塔都经受过地震而发生了坍塌和不同程度的损坏。由于砖石为脆性材料,在地震作用下易出现裂缝,塔体结构的抗剪性能降低,使结构松弛,并且裂缝扩展会使塔体局部塌落或整体坍塌。

古塔的纠偏加固原则:古塔的维修加固应严格遵照"不改变文物原状"的原则进行,既要以科学的方法防止其损毁,延长其寿命,又要最大限度地保存其历史、艺术、科学价值。古塔常用的纠偏加固方法见表 8.2 所示。

表 8.2 古塔常用的纠偏加固方法

古塔倾斜损坏原因	加固纠偏方法与措施	注意事项
① 地基不均匀沉降; ② 基础承载力不足	① 基础加固,加大基础面积; ② 围箍加固; ③ 基础托换、钢筏托换基础; ④ 桩基础加固; ⑤ 掏土-加压纠偏; ⑥ 压力灌浆	① 应遵循古建筑维修加固的原则和模式; ② 桩基加固时,考虑机械挖桩的不利影响,尽量采用人工挖孔桩; ③ 施工过程中一定要采取监测措施
地下水位差异变化	① 地下水的回灌; ② 做好总体平面和竖向设计,改善塔体周围排水系统; ③ 采取防水地坪、散水等排除塔檐雨水的措施	① 应视基础下地质情况而定; ② 控制回倾速率; ③ 经常性的保养维护工作包括瓦顶除草、补漏、疏通水道、清理杂草树木等
边坡松弛、滑坡蠕动	① 设置抗滑桩、锚索框架梁; ② 全部拆除、异地重新组合	① 抗滑桩可以用木桩或混凝土桩; ② 迁建工程非万不得已不要做,应谨慎选择新的地址,尽可能与原环境相似
屋顶、局部构件的破坏	① 屋面防渗防漏; ② 揭瓦亮椽,更换屋顶木构件及漆饰	遵循古建筑维修原则,要修旧如旧
墙体裂缝、开裂	① 局部换砖; ② 纤维布加固补强; ③ 压力灌浆	局部换砖造价高、维修期长、外观破坏较大

8.2.2 砖石古塔的震害及抗震加固

8.2.2.1 震害特征

砖石古塔属高耸结构,体形简单且构件单一,属静定结构,从多道抗震防线来看,其抗震能力远低于超静定结构。塔身采用砖石砌体,粘结材料一般为黄土泥浆和石灰浆两类,由于长期的风化及腐蚀,砖和粘结材料的强度均较低,在地震或其他荷载作用下易出现不同程度的损坏。笔者通过对汶川地震中砖石古塔震害资料的调研整理得出,其震害主要有下面几点。

1) 塔刹震落或震歪

位于塔顶的塔刹一般质量比较集中,自身高度也比较高,塔刹在地震作用下由于鞭鞘效应将产生较大的地震力,因此塔刹震害比较普遍。如汶川地震中,邛崃回澜塔宝顶倾斜,第四层外部形成裂缝(图 8.3)。回澜塔又名镇江塔,四川省文物保护单位,十三级六边形楼阁式砖塔,通高 75.48 m,名列全国第三高砖塔,是四川省境内最高的古塔。此外,汶川地震也造成简阳圣德寺塔(图 8.4)塔顶脱落,吊落的砖块打破塔体并损坏四周的附属物。圣德寺白塔属砖石仿木结构、四周攒尖顶、十三级密檐式佛塔,为国内仅见的抱厦和舍利塔造型。

2) 塔身顶部震塌

地震中,塔体上部产生较大的层间位移角,容易坍塌。在汶川地震中,这种震害特征尤为显著。例如安县文星塔,此次地震中,塔体几乎完全倒塌(图 8.5)。文星塔原名文星阁,阁身全用土砖砌筑,共十三层,高 28 m,始建于清光绪十六年(1890 年),为四川省重点文物保护单位。

图 8.3　邛崃回澜塔

图 8.4　简阳圣德寺塔

（a）震前

（b）震后

图 8.5　安县文星塔

　　四川阆中古城明代白塔（图 8.6）在此次地震中，震塌六层。白塔是古城风水坐标，400多年来，保存完好，是四川省重点文物保护单位，共有十二层，高 32 m，始建于明代。

（a）震前

（b）震后

图 8.6　阆中白塔

四川盐亭笔塔(图8.7),在此次地震中,大部分垮塌,仅余约 9 m。笔塔始建于清光绪十四年(1888 年),为重檐歇山式楼阁塔,七层六面,高 30 m。因其高标夺目的形体像一管指向蓝天的巨笔,故名。塔基周长 36.8 m,用巨石砌成三级台阶。塔身用青砖和精工烧成的筒瓦以及预制饰件砌成,塔顶装置三连宝葫芦状塔刹。

（a）震前　　　　　　　　　　　　　　（b）震后

图 8.7　盐亭笔塔

四川广元来雁塔(图8.8),在此次地震中,五层以上已全部倒塌。来雁塔共十三层,高 36 m,呈八卦形,每层八角,始建于清同治十一年(1872 年),1985 年被列为县级重点文物保护单位。

（a）震前　　　　　　　　　　　　　　（b）震后

图 8.8　广元来雁塔

四川中江北塔(图8.9)在汶川地震中严重损毁,十层以上全部垮塌,塔身开裂。中江北塔始建于北宋神宗西宁年间,距今已有千年的历史,十三级的砖塔在地震中直接损毁近四级。

四川苍溪崇霞宝塔(图8.10)在汶川地震中,顶部三层已完全倒塌。崇霞宝塔为明天启六年(1626 年)修建的楼阁式六棱形白塔,塔身共九层,通高约 25 m,除塔座和第一层塔柱为石料建成外,其余八层均为特制大砖修建。1988 年,广元市政府公布为市级文物保护单位。

（a）震前

（b）震后

图 8.9　中江北塔

（a）震前

（b）震后

图 8.10　崇霞宝塔

　　四川崇州街子镇字库塔（图 8.11）在汶川地震中，顶部倒塌。字库塔建于清道光年间，用石条、石墩和青砖建成。塔高 15 m。塔呈六方体形，共五层。

（a）震前

（b）震后

图 8.11　崇州字库塔

四川绵竹回漾塔(图 8.12)在此次地震中,顶部倒塌。回漾塔建于清朝同治四年(1865 年),高 27 m,墙厚约 1 m,共十三层。重庆黔江文峰塔(图 8.13)在汶川地震中也损坏严重,塔顶的塔刹和第五层塔身已全部垮塌,第四层约 1/3 的塔体垮塌,第三层也有小部分垮塌,所垮塌石构件坠入山谷。文峰塔始建于清道光二十九年(1849 年),石结构楼阁式,五层一塔刹,高 15.5 m,素面塔身,呈六边形。

图 8.12　绵竹回漾塔　　　　　　　　**图 8.13　重庆黔江文峰塔**

四川阆中市保宁镇玉台山石塔(图 8.14)在地震中受损严重,塔顶震落、损毁,塔身变形。玉台山石塔,始建于唐初(7 世纪初叶),塔全用石建造,通高 8.25 m,塔基呈四方形,塔身呈圆钵状。2006 年被国务院公布为全国重点文物保护单位。

　　　　　(a) 震前　　　　　　　　　　　　　(b) 震后

图 8.14　玉台山石塔

3) 沿塔竖向中轴线劈裂及角部裂缝

地震时,古塔沿竖向中轴线和角部位置容易开裂,究其原因,主要有以下四点:①古塔竖向地震反应显著,对塔体破坏很明显;②很多古塔的地基和场地不是很好;③地震作用下,在悬臂杆中和轴处将产生最大剪应力,而古塔一般沿中轴线习惯开设门窗洞,更增大了剪切破坏的可能性;④地震作用时,角部位置容易产生应力集中。汶川地震中,这种震害特征也较为显著。

都江堰奎光塔(图 8.15)在汶川地震中,虽然没有出现坍塌,但塔身多处开裂。奎光塔建于清道光十一年(1831 年),青砖结构,楼阁式。塔身为平面六角形,十七层,高 57 m。20

世纪 80 年代初,奎光塔出现明显倾斜,塔体下部东侧砖体被压酥,西侧严重拉裂。2001 年,经都江堰市政府批准,对该塔进行了纠偏处理,并对其基础及一层至六层进行了加固处理。汶川地震中,正好是六层以上部位出现裂缝。

(a) 震前   (b) 震后

图 8.15　奎光塔

汶川地震导致四川广安白塔(图 8.16)墙体多处开裂。广安白塔又名"舍利"宝塔,南宋淳熙至嘉定(公元 1174 年至 1224 年)年间建。位于广安城南 2 km 渠江聋子滩侧,四方形,通高 36.7 m。塔身为砖石结构,仿木楼阁式建筑,共九层。一层至五层为石结构,六层至九层为方砖结构,彩裱三层。受汶川地震影响,四川邛崃石塔寺石塔(图 8.17)塔顶开裂,塔始建于南宋乾道八年(1172 年),塔体通高 17.8 m,全部用红色砂岩砌筑,平面四方形,为十三层密檐式。由塔基、塔身和塔刹三部分组成,为全国重点文物保护单位。

图 8.16　广安白塔　　　　　　　　**图 8.17　邛崃石塔寺石塔**

此外,汶川地震也波及四川省外的一些砖石古塔,例如银川海宝塔(图 8.18),在汶川地震后,塔体部分墙面现裂缝,该塔第四层至九层的四面拱门以上均发现有裂缝,塔内第六层裂缝较宽,南北两边拱门裂缝宽 3 mm 左右。南拱门砖缝松动,有 30 cm 左右长的明显裂缝,北拱门有长 10 cm 左右的裂缝一条。海宝塔始建年代不详,据史载为赫连勃勃(大夏国王,407—427 年)重修,系楼阁式九层十一级砖砌方形塔,总高 53.9 m,造型独特别致,每层四面置券门,券门的两侧设凹檐,塔刹是绿色琉璃桃形四角攒尖刹顶。汶川地震也造成山西运城安邑千年古塔(图 8.19)裂度加大,安邑古塔始建于宋代,原有十三层高,属楼阁式八角形砖塔,历史上曾经历过三次大地震,导致塔身出现裂缝,塔高由 86 m 降为 71 m,但古塔依然耸立不倒。2008 年 5 月 12 日,四川汶川地震发生时,古塔摇晃了 2 min 左右,致使塔顶上的土砖掉落、塔门堵塞,塔身的裂缝也进一步加大。

图 8.18 银川海宝塔

图 8.19 运城安邑千年古塔

4) 塔身倾斜

汶川地震中,塔身出现倾斜现象也较为普遍,倾斜的原因主要有以下几点:①地基的不均匀沉降:古塔建造时,场地由于基础不均匀,各方向土层厚度不等,已产生倾斜;②地基承载能力的不足:大多数砖石古塔,基础面积小、重量大,在偏心受压作用下,地基承载能力不足,导致倾斜;③地下水位的差异变化:地下水位发生变化,使塔体压缩产生不等的沉降量,从而使塔体倾斜;④边坡松弛及滑坡蠕动;⑤偏心受压导致恶性循环;⑥地震导致土体断层或液化,因此产生不均匀沉降。

汶川地震造成四川南部县神坝砖塔(图 8.20)地基沉陷,塔身严重倾斜。神坝砖塔,1864 年兴建,高 14 m,为七层六角形仿木结构浮雕砖塔,具有奇特的艺术风格。汶川地震使得德阳龙护舍利塔(图 8.21)塔身倾斜,塔身外墙粉饰脱落。龙护舍利塔又名孝泉舍利塔,为密檐式四方砖塔,外形十三层,高 37 m,是四川省现存唯一的一座元代砖塔,1991 年,四川省人民政府核定公布为省级文物保护单位。

图 8.20 南部县神坝砖塔

图 8.21 德阳龙护舍利塔

受地震影响,四川蓬溪鹫峰寺塔(图 8.22)塔身倾斜,开裂,外墙粉刷脱落。此塔始建于南宋嘉泰四年(1204 年),以砖砌成,塔高 32 m,分十三级,以正方四角造型,现为全国重点文物保护单位。汶川地震也导致岳池白塔(图 8.23)塔身倾斜,岳池白塔,又名文明塔,于清朝嘉庆二十五年(1820 年)开始修建,塔高 30 余 m,共九层,呈密檐式六棱椎体。

图 8.22　蓬溪鹫峰寺塔　　　　　　　图 8.23　岳池白塔

5) 塔身的斗拱、塔檐掉落

汶川地震中,一些古塔的斗拱、塔檐部位塌落,究其原因,由于这些装饰件与结构主体的连接不牢靠。例如在汶川地震中,简阳圣德寺塔的部分塔檐坍塌,塔东面第十二、十三级和北面第十三级塔檐坍塌,塔角的十六只风铃掉落五只,垂带式梯踏崩裂。地震导致岳池白塔一层至五层塔檐断裂、垮塌。

8.2.2.2　古塔的抗震加固建议

根据参考文献,我们对砖石古塔抗震加固后需要达到的目标是:古塔当遭受低于本地区设防烈度的多遇地震影响时,结构基本不损坏;当遭受本地区设防烈度的地震影响时,可能损坏,经一般修理或不需修理仍可继续使用;当遭受高于本地区设防烈度的罕遇地震影响时主要承重体系不坍塌,并不产生重大的毁坏,经大修后仍可恢复原状。笔者根据国内外对砖石古塔加固的经验,结合计算结果,提出对砖石古塔抗震加固的几点建议:

(1) 古塔的地基和基础加固:古塔若位于不良场地,如山坡、断层破碎带、存在岩溶或土洞等场地,应先对地基进行加固。对塔体基础可采用钢筋混凝土基础进行整体性和承载力的加固。

(2) 裂缝灌浆:古塔墙体裂缝不仅影响外观,而且降低了塔体的整体性,使其抗震能力大大降低。对已有裂缝可采用压力灌浆处理,浆液可采用化学浆液或水泥浆液。

(3) 塔体加箍:箍的形式可采用钢板箍、钢筋混凝土箍、砖筋箍、碳纤维箍等,加箍的作用主要是防止竖向裂缝开展并局部提高砌体的抗剪强度,增强整体性,提高抗震性能。

(4) 构造加固:增设构造柱和圈梁,为保持古塔外貌,增设的构造柱与圈梁应设在塔内。

(5) 纠偏方法:可采用顶升法或迫降法或综合法。

8.3 案例:江苏省文物保护单位——南京定林寺塔纠偏加固及修缮

8.3.1 工程概况

定林寺塔(图8.24)位于南京市江宁区方山北麓,始建于南宋乾道九年(1173年),七级八面,为仿木结构楼阁式砖塔,底层边长约1.64 m,直径约3.46 m,向上逐层收缩,高约12.3 m,底层平面和塔身剖面分别见图8.25和图8.26所示。2001年9月,测得塔身倾斜角度7°32′。

图8.24 定林寺塔

图8.25 底层平面　　　　　　　**图8.26 塔身剖面**

8.3.2 倾斜原因

（1）古塔基础恰好位于低强度和高强度的土层分界线附近，场地北面中软弱土层比南面厚（图 8.27），多年的差异沉降是造成塔身向北倾斜的因素之一。

（2）古塔塔基位于冲洪积层之上（图 8.28），南侧 30～200 m 内有两条大的环状滑移面，②层粉质黏土之下为软～可塑的③层青灰色粉质黏土，两者之间为滑面。且基岩南高北低，给土层向北滑移形成了地质因素，这是塔身向北倾斜的因素之二。

图 8.27　基底地质剖面图

图 8.28　周围地质状况

（3）地层结构面南高北低，地下水由南向北渗流，由于地表水渗入和地下水侵蚀造成基底土流失较为严重，这是塔身向北倾斜的因素之三。

8.3.3　纠偏方法

（1）设置环形分布的人工挖孔桩

人工挖孔桩采用环形布置，古塔北侧土层较厚，桩长较长，南侧土层较薄，桩长较短，利用桩顶刚度较大的环形压顶梁可有效地协调长短桩之间的变形，形成类似框架的空间体系（图8.29），可有效地约束基底土体的滑动，人工挖孔桩对山地作业比较适合且对土体扰动较小。

（2）注浆固土、纠偏

塔基下水土流失比较严重，对基底土体进行注浆加固，以达到压密土体的目的。由于纠偏量不是很大（1°～2°），先考虑以较高的压力注浆抬升塔体偏压一侧以达到纠偏的目的。当压密注浆无法达到设计的纠偏度时，在人工挖孔桩过程中进行冲水掏土纠偏（图8.30）。

图8.29　人工挖孔桩及压
顶梁轴线图

图8.30　人工挖孔桩及压密注浆
顺序布置

（3）防水和排水措施

为阻挡坡上水对基底土的侵蚀，在塔体南侧约20 m处开挖一条截水沟。为保证排水效果，截水沟须挖至第②层土，长度须延伸至冲洪积层边缘。由于人工挖孔桩桩距较小，致使人工挖孔桩所围区域内土体排水不畅，为防止该区域内大气降水渗入地下后排水不畅造成土体承载力下降，须在该区域做防水地坪。具体布置详见图8.31所示。

图8.31　防排水措施示意

（4）止滑挡土（未实施）

从场地地质状况图可以看出从定林寺塔沿坡而上存在两个陡坎，这两个陡坎都是会造成大规模山体滑坡的地质条件。因此，若要彻底治理滑坡，必须对这两个陡坎进行治理。可考虑使用锚杆（索）对土体进行加固。由于资金条件的限制，目前暂未治理此二陡坎。

8.3.4　纠偏效果

2004年3月18日《香港商报》讯："世界倾斜角度最大的古塔——南京方山定林寺塔纠偏成功，已由倾斜角度最大时的7度59分变为倾斜5度25分，仍保持'世界最斜古塔'的纪录，但再无倒塌之虞"。

8.3.5　加固修缮

纠偏后的定林寺塔仍保持一定的斜度，为了增加砖塔的强度和整体性，我们对其进行了压力灌浆。为了达到最佳的保护效果，我们对浆液配比进行了试验，选择了三种不同配比的灌注浆液进行试验（表8.3），最终选用强度适中、性能稳定、颜色匹配的配比C组。图8.32和图8.33分别为压力灌浆施工和修缮完成后的古塔。

表8.3　定林寺塔注浆配比试验

配比	901胶（g）	白灰（g）	白水泥（g）	砂子（g）	水（g）	抗压强度（MPa）
A组	200	500	1 250	3 000	600	6.2
B组	300	500	1 500	3 000	600	9.6
C组	200	1 000	1 250	3 000	600	9.0

图8.32　压力灌浆施工图

图8.33　修缮后的定林寺塔

9 建筑遗产平移技术、托换技术及案例

9.1 概述

建筑物的平移是指在保持房屋整体性和可用性不变的前提下,将其从原址移到新址,包括纵横向移动、转向或者移动加转向。建筑物的平移对技术要求较高,而且具有很大的风险性。它要求结构在不造成损坏的前提下,通过平移和转动,使移位后的建筑物能满足规划、市政要求。平移一般是由于旧城区改造、道路拓宽、历史性建筑保护等原因而进行的。

建筑物平移的施工步骤是:首先在新位置修建新基础,在新旧基础之间修建轨道,轨道上摆放滚轴,然后对上部结构进行加固托换,结构托换完成后将建筑物和上部结构分离,这样整个上部结构就形成一个可移动体,支撑在轨道梁上的移动装置(滚轴)上,通过千斤顶施加推力或拉力,建筑物在轨道上缓缓移动,到位后将墙、柱和新基础连接(图 9.1)。

图 9.1 建筑物整体平移技术

建筑物平移工程的设计和施工中,关键的技术环节包括轨道技术、托换技术、切割技术(上部结构和基础分离技术)、同步移动技术、就位连接技术。

建筑物的平移技术始于 20 世纪初。1901 年,由于校园扩建,美国艾奥瓦大学三层高、建筑面积约 3 000 m² 的科学馆进行了整体平移,滚动装置采用直径 6 in(152.4 mm)的圆木滚轴,托换采用木梁托换,移动过程中为了绕过另一栋楼,还采用了转向技术,旋转了 45°。二战前,苏联的莫斯科市已整体平移了 20 多栋高层的大型楼房,其中仅在扩建高尔基大街时就完成了 9 栋大楼的平移。

在我国也有许多建(构)筑物移位成功的案例,如:

(1)1987 年上海外滩天文台平移工程,利用托盘工艺将天文台从原处整体移位到离原地 24.2 m 的位置。

(2)1992 年晋江市糖业烟酒公司综合楼成功平移。

(3)1995 年河南孟州市市政府办公楼成功平移。

（4）1998 年广东阳春大酒店楼房成功平移。

（5）2000 年 7 月，大连远洋供应公司综合楼，通过采用智能控制液压同步顶进技术，成功实现了平移。

（6）2000 年 12 月，山东临沂市 L 形的国家安全局办公楼，建筑面积 3 500 m²，共 9 层，高 34.5 m，上有 35.5 m 高的铁塔，总重约 60 000 kN。其主楼实现了自东向西平移 96.9 m，再向南平移 74.5 m，累计成功移动 171.4 m。

（7）2001 年 5 月，江苏省南京市因拓宽马路，将建筑面积达 5 424 m²，总重量约为 80 000 kN 的江南大酒店，成功实现了平移，解决了带伸缩缝建筑的一体托换和同步控制的难题。

（8）2001 年 6 月，上海市在静安寺地区开发过程中，为保护原位于愚园路 81 号的刘长胜故居，把这栋自重约 12 000 kN 的四层楼向东移动了 79.5 m。

（9）广州锦纶会馆是一栋建于清代雍正元年，集中了岭南古建筑的特色，具有近 300 年历史的会馆，且为广州市唯一幸存的会馆。其结构虽基本完好，但墙体是岭南特色的"空斗墙"，结构整体性较差，在工程技术人员的努力下，2001 年 8 月对其成功进行了平移（图 9.2）。

图 9.2　广州锦纶会馆平移

（10）2002 年，山东省东营市孤岛镇永安商场实现旋转移位。该商场为四层框架结构，基础为桩基础，高 18.3 m，建筑面积 4 811.5 m²，总重 57 738 kN 的楼房。移位施工时以西北角为圆心成功地顺时针旋转 20°，旋转半径最大达到 74.6 m，旋转最长距离为 26.04 m，解决了结构荷载托换、新老基础不均匀沉降、移动弧形轨迹难控制三大技术难题，开创了国内外建筑物以固定端为轴心进行旋转移位的先河。

（11）2003 年 4 月至 7 月，一栋建于 1931 年，长 48.76 m、宽 27.56 m、高 21 m，3 层（局部 4 层），建筑面积约 2 600 m² 的优秀近代保护建筑上海音乐厅，采用液压悬浮式滑动技术、计算机控制的液压同步顶升和移位技术，成功实现整体顶升 3.38 m，移位 66.46 m（图 9.3）。

图 9.3　上海音乐厅平移

（12）广西梧州市人事局的综合大楼，10层，高36 m，总面积约8 836 m²，重约130 000 kN以上。2004年5月25日，在14台液压千斤顶和数量众多的滚轴同时作用下，推动整栋大楼向北移动了30.3 m。

（13）2005年9月28日，位于山东省济南市纬六路的"老洋行"楼，建于20世纪20年代，是山东省城现存的唯一一座南欧风格的老建筑。通过布设双上轨道梁、钢滚轴及下轨道梁，用多台同步液压千斤顶将该老建筑牵引平移到新位置(图9.4)。

图9.4　济南"老洋行"平移

（14）2004年，河南安阳市至林州高速公路开工建设，因慈源寺南北地下均为煤矿采空区，拟建的高速公路只能从寺院中部通过，为保护这一民族优秀遗产，河南省政府决定将慈源寺整体迁移保护(图9.5)。

图9.5　河南千年慈源寺平移

建筑物平移工程的设计内容主要有：

（1）荷载计算：计算承重结构作用于托换底盘梁系结构上墙体的线荷载或柱子的集中荷载值。

（2）结构计算：包括托换底盘梁系的结构设计，截面计算、配筋计算以及结构的联结构造措施。

（3）下轨道设计：下轨道即原建筑物的基础受力验算和补强设计。

（4）临时轨道基础设计：移位过程中临时轨道基础的受力、变形验算及补强设计。

（5）地基基础设计：①移位路线的地基，按永久性进行设计，安全系数可取永久性设计时的 80%；②移位后的地基基础设计，若出现新旧基础的交错，应考虑既有建筑地基承载力的提高，造成新旧基础间地基变形的差异，必要时应作加固处理。

（6）滚动支座设计：①滚动支座一般采用钢板焊接制作，根据所受的各种力，选用不同规格的材料。②滚动支座要设有限位卡。③滚动支座的间距及数量应根据支承力的大小设计。

（7）移动装置的设计：①移动装置有牵引式及顶推式两种，一般牵引式用于荷载较小的小型建筑物，顶推式用于较大型的建筑物，必要时可两种方式并用。②托换梁系作为移动的上轨道梁，基础作为下轨道梁，移位前应进行下轨道梁的修整和找平。③上下轨道梁系应同时根据移位荷载的滚动压力进行设计。

建筑物平移工程的施工要点有：

（1）移位施工首先要有施工组织计划、完善指挥及监测系统，做好水平及垂直变位的观测。

（2）托换时分段置入上下钢板及置入滚动支座，控制施工的准确度，保证钢板的水平。

（3）严格按设计要求进行上轨道梁的钢筋混凝土浇筑施工。要建立严格的施工管理及质量检测体系。

（4）结构托换及移动路线施工完毕并达到设计强度，经验收后方可开始移动。

（5）推顶施工或牵引力要有测力装置，确保提供有效牵引力，严格按设计要求施工。

（6）移位时要控制适当的前进速率，保持匀速前进，并设置限制滚动装置。移位到位时应立即进行结构的连接并分段浇捣混凝土，竣工后要进行变形观测，并竣工验收资料。

建筑物平移工程的施工程序一般是：

整体移位准备→整体托换→置入行走机构→上下轨道梁的切割分离→设置反力支座→安装油压千斤顶→确定顶推力参数→平移推进（千斤顶推进、千斤顶回程、置入垫箱、安装反力座）→偏位监测→偏位调整→就位。

9.2 案例 1：南京某民国建筑的分段平移

9.2.1 工程概况

南京某民国建筑为三层钢筋混凝土结构，建筑面积 3 153.6 m²。由于其现在位置正好位于在建的遗址公园区域内，影响了遗址区的考古发掘和在建遗址公园格局的完整性，因此，业主会同省市文物局商讨，拟将该民国建筑向南边迁移约 142 m，迁移至南侧新址，最大限度地保证该民国建筑的原真性。图 9.6 为该建筑平移前的现状外貌。

图 9.6 该建筑现状外貌

9.2.2 方案比选

迁移保护方案可以整体平移,也可以分段平移。建筑物的整体平移是指在保持房屋整体性和可用性不变的前提下,将其从原址移到新址,包括纵横向移动、转向或者移动加转向。这是一项技术要求较高,具有一定风险性的工程,要求通过平移和转动,不仅使移位后的建筑物能满足规划、市政方面的要求,而且不能对结构造成损坏。建筑物的分段平移是指在保持房屋结构整体和外观基本不变的情况下,根据其结构布置和平移要求,综合考虑平移过程中结构的刚度、临时加固、施工安全、工程造价等因素,在平移前将结构进行分段并加固后,平移至新址再在对分段结构进行连接恢复。两者比较详见表 9.1 所示。

表 9.1　两种迁移方案比较

比较项目	整体平移	分段平移
保护文物原真性	能够完整保留文物原真性	能够完整保留文物原真性
施工难易程度	运用新技术回避传统工艺建造中可能的原真性改变,整体平移的体量较大,施工组织难度较高	分段平移的体量较小,质量更容易控制,平移安全性能大大提高,施工相对简便
结构安全性	建筑物整体体量较大,平移过程对建筑产生的损伤较大	建筑物分段体量较小,平移过程对建筑产生的损伤较小
经济性	平移施工时在结构转交处、楼梯间等薄弱部位容易发生破坏,为了满足平移施工结构刚度和安全要求,需要增设大量连接支撑,临时加固费用较高	采用分段平移,将不规则结构在其薄弱部位进行分割,将其变成多段规则结构,能有效减小平移前加固工作量,临时加固费用较低
工期	结构整体平移时,结构体型大,重量大,要求平移轨道的地基有较高的承载力,同时平移轨道需要覆盖结构整体范围,施工量较大,工期较长	采用分段平移,体型和重量都大大减小,平移轨道地基承载能力可根据分段重量进行降低;根据分段结构形式和平移要求,可用共用部分平移轨道,减小平移轨道的施工工作量,工期缩短
交通影响	影响较大	影响较小
环境保护	建设工程污染小,破坏平移路线中的树木较多,约为 50 棵	建设工程污染小,破坏平移路线中的树木较少,约为 16 棵

经过认真的实地测绘和勘察,该民国建筑为三层钢筋混凝土结构,建筑面积 3 153.6 m²。根据该建筑新的选址及平移路线场地条件勘察,为尽量减小对平移路线树木的破坏以及提高平移过程中建筑本体的结构安全度,经综合考虑,该建筑需采取分段平移方法。

9.2.3　平移方案设计

9.2.3.1　平移概况

房屋平移的基本原理是将房屋上部结构与基础脱开后托换到移动装置上,用千斤顶施加推力或拉力,使建筑物和滚动装置在轨道上行走,到房屋新址后与新基础进行就位连接。建筑物分段平移是指在保持房屋结构整体和外观基本不变的情况下,根据其结构布置和平移要求,综合考虑平移过程中结构的刚度、临时加固、施工安全、工程造价等因素,在平移前将结构进行分段并加固后,平移至新址再对分段结构进行连接恢复。

建筑物分段平移主要适用于建造年代早,结构形式差,整体刚度弱、结构布局不规则的建筑,采用分段平移相比整体平移主要有以下优点:

(1)提高平移施工的安全可靠性,结构分段后,单体重量小、形式规则,平移过程中更容易控制,平移安全性能大大提高。

(2)减小建筑物平移加固工作量,建筑物平面布置不规则时,平移施工时在结构转交处、楼梯间等薄弱部位容易发生破坏,为了满足平移施工结构刚度要求,往往需要增设大量连接支撑,保证平移时结构安全。采用分段平移,将不规则结构在其薄弱部位进行分割,将其变成多段规则结构,能有效减小平移前加固工作量。

(3)平移轨道工作量减小。结构整体平移时,结构体型大,重量大,要求平移轨道的地基有较高的承载力,同时平移轨道需要覆盖结构整体范围,施工量较大。采用分段平移,结构分段后,体型和重量都大大减小,平移轨道地基承载能力可根据分段重量进行降低,同时分段后,根据分段结构形式和平移要求,可用共用部分平移轨道,减小平移轨道的施工工作量。

根据对该栋民国建筑迁移路线和拟迁移新址的地质勘查,平移路线及新址具有适合本次平移所需要的地基承载力,但在正式平移前,仍需进行地基承载力的静载试验,并进行适当的地基压实处理。

9.2.3.2 平移步骤

该民国建筑分段平移,分 C1 段和 C2 段,如图 9.7 所示。

① 将 C1 段向南平移 40 m,然后顺时针旋转 7°,然后斜向东南向平移 23.833 m,然后斜向西南向平移 25.427 m。

② 将 C2 段向西平移 32.804 m,然后向南平移 45 m,然后顺时针旋转 7°,然后向东南向平移 53.753 m,然后向南向平移 19.042 m。

③ 将 C1 段和 C2 段建筑上部结构连接恢复,将结构与新基础连接。

图 9.7 该建筑分段平移过程图

9.2.3.3   平移前结构的整体性加固

考虑到该建筑建造年代较早并且未设置抗震构造,结构整体性和刚度较差,为保证平移过程中结构安全和平移对结构的刚度要求,需要对该结构进行临时加固处理。

结构平移前的临时加固分三步进行,如图 9.8 所示:

（1）首先拆除结构外部围护结构及室外楼梯、台阶等附属设施。

（2）在结构外围新增钢梁、钢柱将原有建筑整体包裹并形成整体。新增环套柱锚入上托盘轨道梁中。在新增换套梁、柱间增设斜向 X 支撑。

（3）根据分段平移要求,在结构分段处采用静力切割将结构整体分离,并对分离部位增设临时钢梁、钢柱与加固梁、柱形成整体。

(a) C2段结构临时加固平面   (b) C1段结构临时加固平面

(c) C2段结构临时加固立面   (d) C1段结构临时加固立面

(e) C1段、C2段施工现场   (f) 行保楼临时性加固现场施工

图 9.8   该建筑临时性加固示意图

9.2.3.4   上轨道梁设计

平移轨道分为下轨道和上轨道,下轨道是结构旋转及平移线路上连接新旧基础用于支撑滚轴的结构。上轨道梁是平移结构底部,设置在滚轴上部用于托起上部建筑的结构。轨道一般由下轨道梁和铺设的钢板组成。轨道梁起安全支撑作用,钢板起减小摩擦和防止滚轴受力不均匀引起的局部承压破坏的作用。

本建筑物的上轨道梁采用在墙体和柱两侧设置夹梁,并间隔一段距离将墙体打通采用横向梁将夹梁连接成整体的方法进行上托盘轨道梁施工。上轨道梁必须确保上部集中荷载可靠地转换到上轨道梁。上轨道梁承受的荷载通过位于梁底部均匀布设

的滚轴传至下轨道梁上,上轨道梁的受力近似于倒置的框架梁。柱托换采用钢筋混凝土梁直接包柱的托换方式,新旧混凝土交界面打齿槽,并且植筋,确保柱力传递的可靠性。上轨道梁设计见图9.9、图9.10所示,现场施工照片见图9.11所示。

图9.9 上轨道梁平面布置图

图9.10 上轨道梁大样图

图9.11 上轨道梁现场施工图

9.2.3.5 下轨道梁设计

下轨道梁在原结构基础顶部以及结构旋转及平移线路上进行设置。下轨道梁类似于柱下条形基础,承受上轨道梁通过滚轴传来的移动荷载。本工程原基础为柱下独立基础,将其连起来,再在上面新做下轨道梁,这种方法既简单方便,又受力可靠。下轨道梁设计见图9.12、图9.13所示,图9.14为现场施工照片。

图 9.12　下轨道梁平面图

图 9.13　下轨道梁大样图

图 9.14　下轨道梁现场施工图

9.2.3.6　滚轴设计

本工程滚轴摆放方式采用点式集中摆放方式(图 9.15),这种方式的滚轴数量较少,对上轨道梁产生的弯矩作用最小,因此是最经济的方式。

滚轴采用 60 mm 直径的钢管混凝土,钢管为 Φ60×7,内灌微膨胀混凝土,强度等级为 C40,两端用 5 mm 厚钢板焊接封口,滚轴间距 300 mm。每个滚轴抗压承载力设计值

$$F = 11DLf_t = 11 \times 60 \times 250 \times 1.71 = 282 \text{ kN}$$

上轨道钢板厚度为 10 mm,下轨道钢板厚度为 10 mm,钢板与下轨道梁之间铺 2 mm 粉

细砂。图 9.16 为现场施工图。

图 9.15 滚轴布置图

图 9.16 滚轴的现场施工图

9.2.3.7 反力支座设计

轨道梁施工完成后,为了尽量减小对原结构的损伤和扰动,采用无损静力切割技术对该建筑上部结构与基础进行分离。无损静力切割设备可选用水钻。结构分离完成后,开始可移动反力支座的安装。

考虑到本次平移结构单体多,平移路线长,因此移动装置采用千斤顶顶推和高强钢绞线牵引结合的方式,平移前先进行反力架的材料的加工制作,按设计要求进行钢滚轴和反力支架的材料加工,在下轨道梁上每隔 0.6 m 设有一组预留孔,以便安装移动反力支座。反力支座采用可移动的钢结构制作,这种支座是可拆卸的,和钢筋混凝土相比更方便快捷,而且经济。每轴安放千斤顶。图 9.17 和图 9.18 分别为千斤顶与钢支座的设计图和现场施工图。

图 9.17 千斤顶与钢支座设计图

图 9.18 千斤顶顶推和钢绞线牵引的现场施工图

9.2.3.8 平移监测

为了及时了解各种作用的大小和对整个建筑物(包括承重结构和装修)的影响,并进行有效的控制,需要对平移施工中的各个关键环节进行系统科学的实时监测,从而保证平移工程的顺利进行。监测内容包括平移工程中的静动态实时监测两部分:

(1)平移前期的关键参数的测试试验项目,包括:所有房屋的结构构件和非结构构件完好情况勘察;地基处理静载试验;上部结构和基础切断时托换结构的沉降差测试;轨道平整度监测;平移加载参数的现场测定。

(2)房屋移动过程中的实时监测内容:轨道沉降的监测;上部结构沉降差的监测;移动速度和行程监测;移动动力大小监控;房屋倾角监测;关键部位的裂缝调查。

9.2.3.9 精确就位的控制方法

在距离就位点还有 3 m 距离时,进入建筑物移位就位距离以内,其移位姿态控制等级要提高一个等级。当距离 3~1.5 m,调整跑偏警戒值为 10 mm,当建筑物跑偏超过此限值就立即采取纠偏措施;当距离 1.5~0 m,调整跑偏警戒值为 5 mm,当建筑物跑偏超过此限值就立即采取纠偏措施。在就位阶段运用假定圆心法进行建筑物移位姿态调整的过程中,应该结合该建筑物移位以来每一个行程的数据分析,以便更加准确的找出假定圆心的位置,指导建筑物精确就位。

9.2.3.10 平移施工

本工程的施工要点有:

(1)移位施工首先要有施工组织计划、完善指挥及监测系统,做好水平及垂直变位的观测。

(2)托换时分段置入上下轨道钢板及置入滚动支座,控制施工的准确度,保证钢板处于水平状态。

(3)严格按设计要求进行上轨道梁的钢筋混凝土浇筑施工。要建立严格的施工管理及质量检测体系。

(4)结构托换及移动路线施工完毕并达到设计强度,经验收后方可开始移动。

(5)顶推施工要有测力装置,确保提供有效顶推力,严格按设计要求施工。

（6）移位时要控制适当的前进速率，保持匀速前进，并设置限制滚动装置。

（7）移位到位时应立即进行结构的连接并分段浇捣混凝土，竣工后要进行变形观测，并准备好竣工验收资料。

本工程的施工程序是：

移位准备→置入行走机构→采用无损静力切割分离→设置钢结构反力支座→安装液压千斤顶→确定顶推力参数→平移推进（千斤顶推进、千斤顶回程、置入垫箱、安装反力座）→偏位监测→偏位调整→就位。

本工程采用 PLC 同步控制系统，该系统由液压系统（油泵、油缸等）、检测传感器、计算机控制系统等几个部分组成。液压系统由计算机控制，可以全自动完成同步位移，实现力和位移控制、操作闭锁、过程显示、故障报警等多种功能。

9.2.4 总结

该工程在设计和施工上达到了预想的工程效果，说明本书所述整体平移的设计和施工合理，可为民国钢筋混凝土建筑的平移提供经验：

（1）滚轴采用点式集中摆放的方式，对上轨道梁产生的弯矩作用最小，是最为经济合理的方式。

（2）反力支座采用钢结构支座，既方便快捷，又经济可靠。

（3）采用 PLC 同步控制系统，可以最为精确的实施建筑物同步位移，对整个建筑物的影响最小，安全可靠。

（4）整个平移过程需做好偏位监测和沉降观测，确保平移过程顺利完成。

9.3 案例 2：镇江某混凝土建筑的整体平移

镇江某临街商业房位于镇江市学府路，该楼为两层钢筋混凝土框架结构，东西向长116.6 m，南北向长 12 m，共两层，总建筑面积 2 780 m²。由于该楼所处位置不满足规划要求，位于道路规划红线范围以内，需进行处理。若拆除重建，工程造价约 170 万元；若对该楼进行整体平移，工程造价约 70 万元，可节约造价约 100 万元。因此，有关方面决定对该楼进行整体平移，即向南平移 2.5 m（图 9.19）。虽然该建筑并非建筑遗产，但对框架结构建筑遗产的整体平移具有参考价值。

图 9.19 该楼平移前后总平面图

9.3.1 平移设计

建筑物整体平移的步骤是：首先在新位置修建新基础，在新旧基础之间修建轨道，轨道上摆放滚轴，然后对上部结构进行加固托换，结构托换完成后将建筑物和上部结构分离，这样整个上部结构就形成一个可移动体，支撑在轨道梁上的移动装置（滚轴）上，通过千斤顶施加推力或拉力，建筑物在轨道上缓缓移动，到位后将墙、柱和新基础连接。

建筑物整体平移过程时间很短，因此平移过程中平移构件的受力荷载可考虑为临时荷载，平移构件的受力计算采用荷载的标准值。

建筑物整体平移工程中，关键的技术环节包括轨道技术、托换技术、切割技术（上部结构和基础分离技术）、同步移动技术、就位连接技术。

本工程整体平移工程的设计内容主要有：①荷载计算；②上轨道设计；③下轨道设计；④新基础设计；⑤滚轴设计；⑥千斤顶顶推力及反力支座设计等。

9.3.1.1 上轨道梁设计

本建筑物为框架结构，上部所有填充墙均未砌筑，因此，平移构件的荷载计算采用上部结构的自重标准值。上部的所有荷载均集中至底层框架柱，上轨道梁必须确保上部集中荷载可靠地转换到上轨道梁。上轨道梁承受的荷载通过位于梁底部均匀布设的滚轴传至下轨道梁上，上轨道梁的受力近似于倒置的框架梁。柱托换采用钢筋混凝土梁直接包柱的托换方式，新旧混凝土交界面打齿槽，并且植筋，确保柱力传递的可靠性。上轨道梁设计见图9.20、图9.21所示，现场施工照片见图9.22所示。

9.3.1.2 下轨道梁设计

下轨道梁类似于柱下条形基础，承受上轨道梁通过滚轴传来的移动荷载。本工程原基础为柱下独立基础，将其连起来，再在上面新做下轨道梁，这种方法既简单方便，又受力可靠。下轨道梁设计见图9.23、图9.24所示，图9.25为现场施工照片。

图9.20 上轨道梁平面布置图

图9.21 上轨道梁大样图

图 9.22　上轨道梁现场施工图

图 9.23　下轨道梁平面图

图 9.24　下轨道梁大样

图 9.25　下轨道梁现场施工图

9.3.1.3　滚轴设计

本工程滚轴摆放方式采用点式集中摆放方式(图 9.26),这种方式的滚轴数量较少,对上轨道梁产生的弯矩作用最小,因此是最经济的方式。

滚轴采用 60 mm 直径的钢管混凝土,钢管为 $\Phi60\times5$,内灌微膨胀混凝土,强度等级为 C40,两端用 5 mm 厚钢板焊接封口,滚轴间距 400 mm。每个滚轴抗压承载力设计值

$$F = 11DLf_t = 11 \times 60 \times 250 \times 1.71 = 282 \text{ kN}$$

上轨道钢板厚度为 8 mm,下轨道钢板厚度为 10 mm,钢板与下轨道梁之间铺 2 mm 粉细砂。图 9.27 为现场施工图。

图 9.26　滚轴布置图

图 9.27　滚轴现场施工图

9.3.1.4　千斤顶顶推力及反力支座设计

本工程滚轴滚动摩擦系数取 0.07,最大千斤顶顶推力取值 200 kN,采用的千斤顶最大出力 1 000 kN,行程 15 mm。

反力支座采用可移动的钢结构支座,这种支座是可拆卸的,和钢筋混凝土支座相比更方便快捷,而且经济(图 9.28)。图 9.29、图 9.30 分别为千斤顶与钢支座的现场施工图。

9.3.1.5　就位连接设计

就位连接是整体平移工程的最后一个关键环节,本工程的就位连接主要指柱与新基础的就位连接。柱中纵筋与新基础中的预埋钢筋焊接,扩大后浇混凝土范围,从柱托换节点外边缘扩大150 mm,扩大范围内增设锚固钢筋,钢筋数量等同于原柱纵筋数量,具体做法见图 9.31、图 9.32 所示。

图 9.28　钢结构支座

图 9.29 千斤顶现场同步顶推施工图

图 9.30 钢支座现场施工图

图 9.31 就位连接

图 9.32 就位连接现场施工图

9.3.1.6　沉降观测

在平移过程中对建筑物的沉降进行了观测,在上轨道梁上共布设了8个沉降观测点,观测结果最大沉降量为2.8 mm,最小沉降量为2.0 mm。沉降结果表明建筑物平移过程中上、下轨道梁刚度均可以满足受力要求,对上部结构受力没有附加影响。

9.3.1.7　平移施工

本工程的施工要点有:

（1）移位施工首先要有施工组织计划、完善指挥及监测系统,做好水平及垂直变位的观测。

（2）托换时分段置入上下轨道钢板及置入滚动支座,控制施工的准确度,保证钢板处于水平状态。

（3）严格按设计要求进行上轨道梁的钢筋混凝土浇筑施工。要建立严格的施工管理及质量检测体系。

（4）结构托换及移动路线施工完毕并达到设计强度,经验收后方可开始移动。

（5）顶推施工要有测力装置,确保提供有效顶推力,严格按设计要求施工。

（6）移位时要控制适当的前进速率,保持匀速前进,并设置限制滚动装置。

（7）移位到位时应立即进行结构的连接并分段浇捣混凝土,竣工后要进行变形观测,并准备好竣工验收资料。

本工程的施工程序是:

整体移位准备→置入行走机构→采用电镐切割分离→设置钢结构反力支座→安装液压千斤顶→确定顶推力参数→平移推进（千斤顶推进、千斤顶回程、置入垫箱、安装反力座）→偏位监测→偏位调整→就位。

本工程采用PLC同步控制系统,该系统由液压系统（油泵、油缸等）、检测传感器、计算机控制系统等几个部分组成。液压系统由计算机控制,可以全自动完成同步位移,实现力和位移控制、操作闭锁、过程显示、故障报警等多种功能。

9.3.2　结语

该工程平移施工过程仅用1天时间,2.5 m全部平移到位。工程总工期50天,总投资70万元,和拆除重建相比,既节约了总造价,又缩短了工期。目前工程已经竣工,结构状况良好,说明本书所述整体平移的设计和施工合理,可为框架建筑的整体平移提供经验:

（1）滚轴采用点式集中摆放的方式,对上轨道梁产生的弯矩作用最小,是最为经济合理的方式。

（2）反力支座采用钢结构支座,既方便快捷,又经济可靠。

（3）采用PLC同步控制系统,可以最为精确的实施建筑物同步位移,对整个建筑物的影响最小,安全可靠。

（4）整个平移过程需做好偏位监测和沉降观测,确保平移过程顺利完成。

9.4　案例3:全国重点文物保护单位——金陵大报恩寺御碑遗址的隔震加固

金陵大报恩寺遗址位于南京城南中华门外古长干里,其地北抵秦淮河,南至雨花台。2008年4月至8月,经国家文物局批准,南京市博物馆对该遗址进行了考古发掘,清理出规模宏大的明代大报恩寺皇家建筑基址。金陵大报恩寺御碑遗址共有两处,分处大报恩寺遗址中轴线南北两侧,南侧为明永乐年间所立御碑,北侧为明宣德年间所立御碑。南碑龟趺身上的御碑目前已缺失,龟趺身上多处开裂;北碑龟趺身上的御碑虽然保留,但表面被水泥砂浆面层和型钢包裹,且龟趺的头部已缺失,身上多处开裂。南北两块御碑均存在严重的安全隐患,因此,迫切需要研究南北御碑的保护措施。图9.33和图9.34分别为南碑和北碑的测绘及现状图。

图9.33 南碑测绘图及现状

图9.34 北碑测绘图及现状

9.4.1 南碑结构性能计算

为了深入地了解南碑遗址潜在的结构安全隐患,采用ANSYS软件对遗址主体结构进行了非线性有限元数值模拟分析,重点分析南碑在自重、变形、地震作用等工况作用下,主体结构的受力特征和安全性。

9.4.1.1 简化和假定

南碑和北碑石材根据南京当地石材特性和时代特征判定为石灰岩。主体结构有一定残损,整体性差,假定对裂缝、孔洞等进行了修补,将其简化为各向同性连续均质材料。几何尺寸按现场实际测绘尺寸建立模型。

9.4.1.2 参数取值

材料参数按偏保守的原则取值,石灰岩的密度取2 660 kg/m³;静弹性模量是21~84 GPa,取30 GPa;垂直于石灰岩层理方向时,抗压强度为60~140 MPa,平行于层理方向时,抗压强度为70~120 MPa,这里假定为各向同性均质材料,取60 MPa;取石灰岩抗拉强度为其抗压强度的 1/60,即 1 MPa。

9.4.1.3 有限元模型

采用商用有限元软件 ANSYS(13.0 版本)建立南碑实体模型,并划分单元,南碑有限元网格如图 9.35 所示。共 18 313 个 SOLID65单元(采用 William - Warnke 模型,考虑开裂和压溃)。单元边长约为 0.5 m。

图 9.35　南碑有限元网格

9.4.1.4　静力分析结果

南碑静力非线性分析结果如图 9.36 所示。南碑在自重作用下的变形很小,最大变形为0.3 mm。南碑主拉应力最大值位于龟颈上部,为 0.18 MPa,小于石灰岩抗拉强度。南碑主压应力最大值位于龟颈下部,为 0.18 MPa,小于石灰岩抗压强度。南碑在自重作用下未见开裂和压溃。

（a）龟趺变形　　　　　　　　　　　　（b）龟趺应力

图 9.36　南碑静力分析结果

9.4.1.5　动力分析结果

南碑前三阶模态如图 9.37 所示。其中,第一阶振型为龟趺头部的水平摆动($f_1 = 102.27$ Hz),第二阶振型为龟趺头部的竖向摆动($f_2 = 107.63$ Hz),第三阶振型为龟趺的整体扭动($f_3 = 171.88$ Hz)。

（a）第一阶振型　　　　　　（b）第二阶振型　　　　　　（c）第三阶振型

图 9.37　南碑模态分析结果

根据《建筑抗震设计规范》(GB 50011—2010),南京地区抗震设防烈度为 7 度,设计基

本地震加速度值为 $0.1\,g$，设计地震分组为第一组。选用 elcentro 波对结构横向进行时程分析，根据规范，7 度罕遇地震下时程分析所用地震加速度时程曲线的最大值为 $2.2\,\text{m/s}^2$。根据计算结果，龟颈根部节点为最不利节点，地震产生的最大主拉应力接近 1 MPa。地震产生的最大主压应力为 0.040 MPa 左右，远小于 60 MPa。地震产生的最大结构变形很小，约为 $1.3\times10^{-5}\,\text{m}$。

9.4.2 北碑结构性能计算

9.4.2.1 有限元模型

采用商用有限元软件 ANSYS(13.0 版本)建立北碑实体模型，并划分单元，北碑有限元网格如图 9.38 所示。共 38 086 个单元。静力分析时采用 SOLID65 单元(采用 William - Warnke 模型，考虑开裂和压溃)。动力分析时采用 SOLID45 单元，单元边长均为 0.2 m。

图 9.38 北碑有限元网格

9.4.2.2 静力分析结果

北碑在自重作用下的静力分析结果如图 9.39 所示。北碑在自重作用下的变形很小，最大变形为 0.3 mm。主拉应力最大值位于龟背上部，为 0.02 MPa，小于石灰岩抗拉强度。主压应力最大值位于碑底部，为 0.28 MPa，小于石灰岩抗压强度。在自重作用下未见开裂和压溃。

（a）龟趺和御碑变形　　　　　　　　　（b）龟趺和御碑应力

图 9.39 北碑在自重作用下的静力分析结果

北碑在侧向变形下的静力分析结果如图9.40所示。当顶部侧向位移小于2 mm时，结构无裂缝；当顶部侧向位移大于2 mm时，碑底开始出现裂缝；当顶部侧向位移大于4 mm时，裂缝贯穿整个碑底截面，可以认为此时底部已经形成塑性铰，无法继续承载。在顶部附加约束，并继续施加位移，使得顶部侧向位移大于8 mm时，裂缝向龟背发展；顶部侧向位移大于9 mm时，碑中大部分布满裂缝，结构失效。

|（a）3 mm侧向变形|（b）7 mm侧向变形|（c）9 mm侧向变形|

图9.40　北碑侧向变形下的静力分析结果

9.4.2.3　动力分析结果

北碑前四阶模态如图9.41所示。根据计算结果，第一阶振型为御碑的前后摆动（$f_1 = 8.945\,\text{Hz}$），第二阶振型为御碑的左右摆动（$f_2 = 16.245\,\text{Hz}$），第三阶振型为御碑的弯曲振动（$f_3 = 57.162\,\text{Hz}$），第四阶振型为御碑的扭动（$f_4 = 58.107\,\text{Hz}$）。由于龟身刚度很大，因此基本不参与振型，而主要由碑体完成。

|（a）第一阶振型|（b）第二阶振型|（c）第三阶振型|（c）第四阶振型|

图9.41　北碑模态分析结果

根据计算结果，在7度多遇地震作用下，碑顶为变形最大位置，地震产生的最大变形为0.4 mm左右，发生在2.62 s，远小于2 mm。地震产生的最大主压应力、主拉应力分别为0.02 MPa左右和0.3 MPa左右，远小于石灰岩强度。在7度罕遇地震作用下，碑顶为变形最大位置，地震产生的最大变形为2.4 mm左右，发生在2.62 s。地震产生的最大主压应力、主拉应力均为2 MPa，主拉应力超过1 MPa，会在碑底部位产生裂缝。

对比北碑和南碑的动力分析结果，可以发现：带有御碑的北碑的第一阶自振频率约为不带御碑的南碑的0.087；地震作用下，带有御碑的北碑最有可能破坏的部位是御碑，而不带御碑的南碑最有可能破坏的部位是龟趺头部。

9.4.3 保护技术分析

9.4.3.1 保护方案

综合考虑御碑遗址现状以及计算分析结果,参考相关文献,对南北两块御碑遗址提出增设隔震支座的方法进行保护。

南碑和北碑底部分别设置 4 个 GZY500 铅芯型橡胶隔震支座。橡胶支座在竖向采用 BEAM188 单元,在与主体结构接触处耦合竖向自由度,在 x、y 两个方向设置 COMBIN40 弹簧单元,单元参数为:等效刚度 K_1、屈服后刚度 K_2、屈服力 Q_d、等效阻尼比 C、间隙 GAP 等。

9.4.3.2 南碑增设隔震支座

南碑基底增设隔震支座后的有限元模型如图 9.42 所示。计算结果显示,施加隔震支座后,结构的振动频率明显减小,基频减小到原来的 3‰,隔震支座起到了非常显著的效果,将建筑物的振动周期延长了 37.4 倍。通过时程分析,南碑在 7 度罕遇地震作用下,第一主应力的最大值减小到 0.024 MPa,远小于 1 MPa;第三主应力的最大值减小到 0.024 MPa,远小于 60 MPa。隔震结构在 7 度罕遇地震的情况下不会发生开裂和压溃。

图 9.42 南碑隔震模型

9.4.3.3 北碑增设隔震支座

北碑基底增设隔震支座后的有限元模型如图 9.43 所示。计算结果显示,施加隔震支座后,结构的振动频率明显减小,基频减小到原来的 18%,隔震支座起到了非常显著的效果,将建筑物的振动周期延长了 5.4 倍。通过时程分析,北碑在 7 度罕遇地震作用下,第一主应力和第三主应力的最大值减小到原来的 1/4,即,从未隔震时的 2 MPa 减小到约 0.5 MPa,小于 1 MPa,隔震结构在 7 度罕遇地震的情况下不会发生开裂和压溃。

图 9.43 北碑隔震模型

9.4.3.4　隔震支座施工

　　在对南碑和北碑安装隔震支座前,先采用型钢梁和机械式千斤顶进行托换,托换过程需严格控制碑体的垂直度和支座的水平度,然后置入隔震支座,隔震支座安装完毕后拆除原有型钢梁和千斤顶托换装置。图9.44~图9.46为御碑隔震支座安装的现场施工图。

图 9.44　御碑托换支架现场施工图

图 9.45　御碑垂直度和水平度控制现场施工图

图 9.46　御碑隔震支座现场施工图

9.4.4　结语

　　目前学界对于石碑的保护研究主要关注于化学材料的保护,而对石碑的结构保护技术研究甚少。笔者希望通过对金陵大报恩寺南北御碑遗址结构性能及保护技术研究的介绍,提供类似文物保护研究的参考。

（1）在保护设计前，应进行御碑遗址在正常使用和地震作用下的结构性能分析，找出其存在的安全隐患，为保护设计提供科学依据。

（2）静力分析结果：南碑遗址和北碑遗址在自重作用下结构不会开裂和压溃，但北碑遗址由于龟趺和御碑的同时存在，御碑顶部侧移大于 2 mm 时碑底出现开裂，当顶部侧移大于 4 mm 时，裂缝贯穿整个碑底截面，此时可以认为底部已经形成塑性铰，无法继续承载。

（3）动力分析结果：南碑遗址仅存龟趺，其前两阶为龟趺头部的摆动，第三阶为龟趺的整体扭动。南碑遗址在 7 度罕遇地震作用下，龟颈根部节点为最不利节点，容易开裂。和南碑遗址相比，北碑遗址相对较柔，前三阶为御碑的平动振型，由于龟趺刚度很大，因此基本不参与振型。在 7 度多遇地震作用下，北碑遗址结构基本安全；在 7 度罕遇地震作用下，北碑遗址碑底会发生开裂，结构局部损坏。

（4）增设隔震支座后的效果：南北两块御碑遗址施加隔震支座后，结构的振动频率、主拉应力和主压应力均明显减小，隔震后的南北御碑遗址在 7 度罕遇地震的情况下均不会发生开裂和压溃。

参考文献

[1] Chun Qing. Research on Prestress Identification of Structure Based on Neural Network Algorithms[C]// Proceedings of the International Symposium on Innovation & Sustainability of Structures in Civil Engineering, Volume 4, 2005(11):2974-2982.

[2] 淳庆,邱洪兴,等.钢筋混凝土结构的双筋植筋的锚固性能试验研究[J].工业建筑,2006(2):98-100.

[3] 淳庆,邱洪兴,等.中国民族工商业博物馆加固改造设计[J].建筑技术,2006(6):412-414.

[4] 淳庆,邱洪兴,等.钢筋混凝土结构的植筋技术及工程应用[J].特种结构,2006(1):86-89.

[5] 淳庆,胡石,等.无锡阿炳故居修缮加固设计与施工[J].文物保护工程,2006(3).

[6] Chun Qing. Strengthening Design of Ganxi's Former Residence[C]. 6th International Conference on Structural Analysis of Historical Construction, July 2008:1441-1444.

[7] 淳庆.某传统木构建筑的修缮设计[C].全国建筑物鉴定与加固改造第九届学术交流会议,2008:382-385.

[8] 淳庆,李今保.临街商业房的整体平移技术[J].建筑技术,2009,40(9):803-805.

[9] Chun Qing. Damage Analysis of Masonry Pagodas in Wenchuan Earthquake[C]. International Conference Protection of Historical Buildings by Reversible Mixed Technologies, 21-24 June 2009:467-474.

[10] 淳庆,潘建伍.减振沟在强夯施工时的减振效果研究[J].振动与冲击,2010,29(6):115-120.

[11] 淳庆,胡石.泰顺廊桥-文兴桥结构残损分析及修缮探讨[J].建筑技术,2011,42(6):495-498.

[12] 淳庆,胡亮亮.留园曲溪楼加固修缮设计[J].建筑技术,2011,42(7):618-620.

[13] 淳庆,潘建伍.碳-芳混杂纤维布加固木柱轴心抗压性能试验研究[J].建筑材料学报,2011,14(3):427-431.

[14] 淳庆,潘建伍,等.碳-芳混杂纤维布加固木梁抗弯性能试验研究[J].东南大学学报:自然科学版,2011,41(1):168-173.

[15] 淳庆,潘建伍.碳-芳混杂纤维布加固木梁抗剪性能分析[J].解放军理工大学学报:自然科学版,2011,12(6):654-658.

[16] Chun Qing, Zhou Qi. Strengthening Design of a Business Architecture Built During the Period of the Republic of China in Nanjing[C]. 7th International Conference on Structural Analysis of Historical Construction, October 2010.

[17] 淳庆.汶川地震砖石古塔震害分析[J].文物保护工程,2010.

[18] Chun Qing, Yue Zhi, Pan Jianwu. Experimental Study on Seismic Characteristics of Typical Mortise-tenon Joints of Chinese Southern Traditional Timber Frame Buildings[J]. Science China Technological Sciences, 2001,54(9):2404-2411.

[19] Chun Qing. Experimental Study on Bending Behavior of Timber Beams Reinforced with CFRP/AFRP Hybrid FRP Sheets[C]. 2011 International Conference on Civil Engineering and Building Materials，2011.

[20] 朱光亚，蒋惠. 开发建筑遗产密集区的一项基础性工作——建筑遗产评估[J]. 规划师，1996(1)：33-38.

[21] 吴美萍. 文物古迹损毁诊断系统——欧洲建筑遗产保护技术软件 MDDS 的介绍[J]. 文物保护工程，2010(2)：31-36.

[22] Arjo Klamer. The Value of Culture：On the Relationship between Economics and Arts[M]. Amsterdam：Amsterdam University Press，1997；Arjo Klamer. Accounting for Social and Cultural Values[J]. De Economist，2002，150(4)：453-473.

[23] David Throsby. Cultural Goods Consumption and Cultural Capital［EB/OL］. http://www. uni-siegen. de/-vwliv/papers/current/86-00. pdf.

[24] Randall Mason，Marta de la Torre. Heritage Conservation and Values in Globalizing Societies[M]//联合国教科文组织. 世界文化报告. 关世杰，等译. 北京：北京大学出版社，2002：161.

[25] 王婉晔. 历史风貌建筑的鉴定与加固研究[D]. 上海：同济大学，2004.

[26] 王建国，等. 后工业时代产业建筑遗产保护更新[M]. 北京：中国建筑工业出版社，2008.

[27] 王建国. 文物建筑与历史地段保护的规划设计[M]//建筑与文化论文集. 武汉：华中理工大学出版社，1996：149-153.

[28] Wang Jianguo，Jiang Nan. Conservation and Adaptive-reuse of Historical Industrial Building in China in the Post-industrial Era[J]. Frontier of Architecture and Civil Engineering in China，2007，1(4)：474-480.

[29] 朱光亚，等. 建筑遗产评估的一次探索[J]. 新建筑，1998(2)：22.

[30] 王涛. 江苏省历史地段综合价值和管理状况评估模式研究[D]. 南京：东南大学建筑学院，2001.

[31] 阮仪三. 经济发达地区城市化进程中建筑环境的保护与发展[R]. 课题报告，1997.

[32] 陈志华. 乡土建筑的价值和保护[J]. 建筑师，1997(78).

[33] 董鉴泓，阮仪三. 名城文化鉴赏与保护[M]. 上海：同济大学出版社，1993.

[34] 俞茂宏，方东平. 西安古城墙研究——建筑结构和抗震[M]. 西安：西安交通大学出版社，1993.

[35] Rabun J S. Structural Analysis of Historic Building[M]. New York：John Wiley & Sons，2000.

[36] D B Woodham. Imaging Structural Elements of a Cathedral Using Ground Penetrating Radar[J]. STREMAH，2011，55（Ⅶ）：315-323.

[37] 高久斌. 古砖木塔结构安全评估和修缮加固技术的研究[D]. 南京：东南大学，2003.

[38] 李飞. FRP 加固木梁抗弯性能的试验研究[D]. 厦门：华侨大学，2009.

[39] 李丽娟. 大雁塔抗震性能及其可靠度分析[D]. 西安：西安交通大学，1990.

[40] 高大峰. 小雁塔塔体抗震、抗风性能及其地基的极限承载力探讨[D]. 西安：西安交通大学，1995.

[41] 赵均海，杨松岩. 西安东门城墙的弹塑性有限元分析[J]. 西北建筑工程学院学报：自然

科学版,1998,15(3):1-7.

[42] 赵均海,俞茂宏,等.西安东门城墙有限元动力分析[J].西北建筑工程学院学报:自然科学版,1999,16(4):1-5.

[43] 成卜乾.钟楼结构特点及其抗震特性分析[D].西安:西安交通大学,1986.

[44] 丁磊,王志骞,俞茂宏.西安鼓楼木结构的动力特性及地震反应分析[J].西安交通大学学报,2003,37(9):986-988.

[45] 俞茂宏,刘晓东,方东平,等.西安北门箭楼静力与动力特性的试验研究[J].西安交通大学学报,1991,25(3):55-62.

[46] 李铁英.应县木塔现状结构残损要点及机理分析[D].太原:太原理工大学,2005.

[47] 邱洪兴,蒋永生.古塔结构损伤的系统识别Ⅰ:理论[J].东南大学学报:自然科学版,2001,31(2):81-85.

[48] 邱洪兴,蒋永生.古塔结构损伤的系统识别Ⅱ:应用[J].东南大学学报:自然科学版,2001,31(2):86-89.

[49] 邓春燕.砖土拱城门结构的安全性分析及加固技术研究[D].南京:东南大学,2004.

[50] 余志祥,赵世春,等.青城山上清宫门楼古建筑震害机理分析与研究[J].四川大学学报:工程科学版,2010,42(5):292-296.

[51] 周家汉,张德良.在高速列车运营状态下虎丘塔的稳定性分析[R].北京:中国科学院力学研究所研究报告,1999.

[52] 袁建力,刘殿华,等.虎丘塔的倾斜控制和加固技术[J].土木工程学报,2004,37(5):44-49.

[53] Coney William B. Restoring Historic Concrete[J]. Construction Specifier, 1989, 42: 42-51.

[54] O'Connor Jerome P, Cutts James M, et al. Evaluation of Historic Concrete Structures[J]. Concrete International, 1997, 19: 57-61.

[55] Collepardi M. Degradation and Restoration of Masonry Walls of Historical Buildings [J]. Materials and Structures, 1990, 23(2): 81-102.

[56] Papayianni I, Stefanidou M. Mortars for Intervention in Monuments and Historical Buildings[J]. Advances in Architecture, Structural Studies, Repairs, and Maintenance of Heritage Architecture Ⅷ, 2003, 15: 57-64.

[57] 陈国莹.古建筑旧木材材质变化及影响建筑形变的研究[J].古建园林技术,2003,15(3):49-60.

[58] 国家技术监督局,中华人民共和国建设部.古建筑木结构维护与加固技术规范(GB 50165—92)[S].北京:中国建筑工业出版社,1992.

[59] 李沛豪.历史建筑遗产生物修复加固理论与实验研究[D].上海:同济大学,2009.

[60] 石灿峰.武汉市历史建筑结构诊断与修缮工法对策研究[D].武汉:华中科技大学,2005.

[61] Hartwig M Künzel. Simultaneous Heat and Moisture Transport in Building Components[M]. Fraunhofer Institute of Building Physics, Fraunhofer IRB Verlag Stuttgart, 1995.

[62] Clarke J A, et al. A Technique for the Prediction of the Conditions Leading to Mould Growth in Buildings[J]. Building and Environment, 1999, 34(2):515-521.

[63] Rowan N J, et al. Prediction of Toxigenic Fungal Growth in Buildings by Using a

Novel Modeling System[J]. Applied and Environmental Microbiology，1999，65(11)：4814-4821.

[64] Sedlbauer K，Krus M，Zillig W，et al. Mold Growth Prediction by Computational Simulation[C]. San Fransisco：Tagungsabend Zur ASHRAE-Konferenz IAQ，2001.

[65] Watanabe K. Prediction of Evolution in Time of Dynamic Behavior of Wood Structures[C]. The 5th World Conference on Timber Engineering，1998，2：11-17.

[66] J W G van de Kuilen. Service Life Modelling of Timber Structures[J]. Materials and Structures，2007，40(1)：151-161.

[67] 李瑜. 古建筑木构件基于累积损伤模型的剩余寿命评估[D]. 武汉：武汉理工大学，2008.

[68] 龚荣华，邱洪兴. 基于承载力的古建筑木构件剩余使用寿命评估[C]. 第七届全国土木工程研究生学术论坛，南京，2009.

[69] G Aaccardo，E Giani，A Giovagnoli. The Risk Map of Italian Cultural Heritage[J]. Journal of Architectural Conservation，2003，9(2)：10-15.

[70] Van Balen K，Mateus J，Binda L. Expert System for Evaluation of Deterioration of Ancient Brick Masonry Structures：scientific background of the damage atlas and the masonry damage diagnostic system[M]. Luxembourg：Office for Official Publications of the European Communities，1999.

[71] 陈嵘. 苏州云岩寺塔维修加固工程报告[M]. 北京：文物出版社，2008.

[72] 中国文物研究所. 应县木塔监测系统设计[R]. 北京：中国文物研究所，2007：3-18.

[73] 路杨，吕冰，等. 木构文物建筑保护监测系统的设计与实施[J]. 河南大学学报：自然科学版，2009，39(3)：327-330.

[74] Peter Bullen. Adaptive Reuse and Sustainability of Commercial Buildings[J]. Facilities，2007，25(1/2)：20-31.

[75] Craig Langstona，Francis Wong，Eddie Hui，et al. Strategic Assessment of Building Adaptive Reuse Opportunities in Hong Kong[J]. Building and Environment，2008，43：1709-1718.

[76] Norman Tyler. Historic Preservation[M]. W. W. Norton and Company Inc.，2000.

[77] Martin E Weaver. Conserving Buildings：Guide to Techniques and Materials[M]. New York：John Wiley & Sons，Inc.，1993.

[78] B M Feilden. The Conservation of Historic Buildings[M]. Butterworths-Heinemann Ltd.，1982.

[79] J Ashurst，N Ashurst. Practical Building Conservation[M]. Aldershot，Hants：Gower Technical Press，1988.

[80] Klaus Zwerger. Wood and Wood Joints：Building Traditions of Europe and Japan[M]. Basel；Boston：Birkhäuser，2000.

[81] Klaas Ruitenbeek. Carpentry and Building in Late Imperial China：A Study of the Fifteenth-century Carpenter's Manual Lu Ban Jing[M]. Leiden；New York：E. J. Brill，1993.

[82] 文化财建造物保存技术协会. 文化财建筑物传统技法集成[M]. 京都：便利堂，1986.

[83] 渡边晶. 日本建筑技术史の研究——大木道具の発达史[M]. 东京：中央公论美术出

版,2004.

［84］王鑫.浅谈砌块结构体系的加固与修补［J］.城市建设理论研究(电子版),2011(16).

［85］张伟斌.南京某近代砖木结构加固与改造设计［C］.首届全国既有结构加固改造设计与施工技术交流会,2007.

［86］朱力元.中山东路一号研究［D］.南京:东南大学,2010.

［87］朱光亚.中国古代建筑区划与谱系研究初探［M］//陆元鼎,潘安.中国传统民居营造与技术.广州:华南理工大学出版社,2002.

［88］张十庆.建筑技术史中的木工道具研究:兼记日本大工道具馆［J］.古建园林技术,1997(1).

［89］李乾朗.台湾传统建筑匠艺(一辑-七辑)［M］.台北:燕楼古建筑出版社,1995-2003.

［90］李永辉.环境监测平台与南唐二陵保护模式的探讨［J］.文物保护工程,2011,25(1):55-58.

［91］李最雄.我国古丝绸之路土遗址保护加固研究［C］.中国文物保护技术协会首届学术年会,2001.

［92］吕恒柱.砖石古塔纠偏加固的分析方法与监测技术的研究［D］.扬州:扬州大学,2005.

［93］崔晋余.苏州香山帮建筑［M］.北京:中国建筑工业出版社,2004.

［94］李浈.中国传统建筑形制与工艺［M］.上海:同济大学出版社,2006.

［95］张玉瑜.福建民居及其区系研究［D］.南京:东南大学,2000.

［96］李哲扬.潮汕传统建筑大木构架研究［D］.广州:华南理工大学,2005.

［97］宾慧中.中国白族传统合院民居营建技艺研究［D］.上海:同济大学,2006.

［98］杨慧.匠心探源——苏南传统建筑屋面与筑脊及油漆工艺研究［D］.南京:东南大学,2004.

［99］李新建.苏北传统建筑工艺研究［D］.南京:东南大学,2004.

［100］乐志.中国传统木构架榫卯及侧向稳定研究［D］.南京:东南大学,2004.

［101］石宏超.苏南浙南传统建筑小木作匠艺研究［D］.南京:东南大学,2005.

［102］郑林伟.福建传统建筑工艺抢救性研究——砖作、灰作、土作［D］.南京:东南大学,2005.

［103］卢明全.建(构)筑物移位技术研究［C］.全国第六届建筑物改造与病害处理学术研讨会,2004.

［104］手册编委会.建筑结构试验检测技术与鉴定加固修复实用手册［M］.北京:世图音像电子出版社,2002.

后　　记

　　建筑遗产保护是近些年来国内外学者研究的热门课题之一，由于建筑遗产存在的问题往往是多学科领域的问题，通常包括自然因素、材料因素、物理因素、化学因素、生物因素、人为因素等导致的残损病害。因此，建筑遗产保护应该是一门多学科交叉的科学研究。如果仅仅从建筑学的视角对建筑遗产进行保护，往往会因为"结构不干预"而造成建筑遗产后期使用的不安全；但如果仅仅从结构学的视角对建筑遗产进行保护，往往又会因为"结构过度干预"而造成建筑遗产的历史、艺术和科学价值的损失。本书着重从建筑学、结构学、材料学等多学科交叉的视角，对中国典型建筑遗产的保护技术进行研究，试图找出一套适用于中国典型建筑遗产类型的保护技术和方法。

　　我自2001年在东南大学土木工程学院读研开始接触建筑遗产的保护项目，从硕士研究生阶段、博士研究生阶段、博士后研究阶段，至今一直从事建筑遗产保护技术的研究，已先后完成50多项各类各级文物保护单位和历史建筑的保护技术研究，这些实际案例为本书的编写积累了详实的基础资料。

　　感谢东南大学邱洪兴教授、曹双寅教授、朱光亚教授、王建国教授、张十庆教授、陈薇教授、周琦教授曾经给予的指导。

　　感谢书中案例的项目合作者为这些建筑遗产保护工程的顺利完成所付出的辛苦和贡献。

　　感谢我的研究生——吕伟、董运宏、许先宝、韩宜丹、孟哲为本书的排版工作所付出的辛苦。

　　感谢家人的无私奉献和支持。

　　感谢东南大学出版社的大力支持。

　　感谢国家自然科学基金的大力支持，本书属于国家自然科学基金项目"中国城镇建筑遗产适应性保护和利用的理论和方法"（项目批准号：51138002）和国家自然科学基金项目"江南传统木构建筑典型构架体系的榫卯构造及结构机制研究"（项目批准号：51578127）的研究成果。

　　最后需要指出的是，建筑遗产保护是一项极其复杂的工作，而本人无论在理论还是实践方面均涉足尚浅，因此，书中必定存在不少不足之处，敬请各位专家、学者、业界同仁和读者们批评指正。

淳　庆

2015年12月1日于中大院